U0270530

完全适合自学和教学辅导

职场求生

中文版

3ds Max+VRay

家装效果图渲染全揭秘

精通 软件操作

高手 活学活用

全能 职场选手

优图视觉 编著

专门为零基础渴望自学成才在职场出人头地的你设计的书

机械工业出版社
CHINA MACHINE PRESS

本书是一本全面介绍使用中文版 3ds Max/VRay 制作效果图的自学类图书。本书内容针对初学者，循序渐进，从易到难，使读者掌握所学知识，逐步达到学会和精通制作效果图的目的。

本书从效果图设计应用的基础理论和基本操作入手，使读者在学习 3ds Max 之前，学会基础知识，并结合大量的经典实例详细地讲解了 3ds Max/VRay 制作效果图的完整流程。

图书在版编目（CIP）数据

3ds Max+VRay 家装效果图渲染全揭秘 / 优图视觉编著 . -- 北京：机械工业出版社，2014.1
（职场求生）

ISBN 978-7-111-45207-2

Ⅰ . ① 3… Ⅱ . ①优… Ⅲ . ①室内装饰设计－计算机辅助设计－三维动画软件 Ⅳ . ① TU238-39

中国版本图书馆 CIP 数据核字（2013）第 304472 号

机械工业出版社（北京市百万庄大街 22 号 邮政编码 100037）
策划编辑：刘志刚　　　责任编辑：刘志刚 范成欣
封面设计：张　静　　　责任印制：乔　宇
北京汇林印务有限公司印刷
2014 年 5 月第 1 版 · 第 1 次印刷
184mm×260mm · 35.5 印张 · 888 千字
标准书号：**ISBN 978-7-111-45207-2**
　　　　　　ISBN 978-7-89405-345-9（光盘）
定价：99.00 元（含 DVD）

凡购本书，如有缺页、倒页、脱页，由本社发行部调换
电话服务　　　　　　　　　　网络服务
社服务中心：（010）88361066　　教 材 网：http://www.cmpedu.com
销 售 一 部：（010）68326294　　机工官网：http://www.cmpbook.com
销 售 二 部：（010）88379649　　机工官博：http://weibo.com/cmp1952
读者购书热线：（010）88379203　　**封面无防伪标均为盗版**

前　言

3ds Max 是世界范围内应用最为广泛的三维软件,以其强大的建模、灯光、材质、动画、渲染等功能著称。3ds Max 广泛应用于室内设计、工业设计、广告设计、动画设计、游戏设计等行业。

本书的写作方式新颖、章节安排合理、知识难点全面、层次从入门到精通。具体章节内容介绍如下。

第1章效果图相关的理论知识主要讲解了效果图制作中色彩三大元素、色彩视觉感受、构图技巧、光线和质感等。第 2 章 3ds Max 2014 基本操作主要针对新手讲解了 3ds Max 2014 入门的基本操作,并以大量基础案例作为练习。第 3 章几何体建模主要讲解了室内外设计中,几何体建模的常用技巧及常见模型的制作方法。第 4 章二维图形建模主要讲解了室内外设计中,二维图形建模的常用技巧及常见模型的制作方法。第 5 章修改器建模主要讲解了室内外设计中,修改器建模的常用技巧及常见模型的制作方法。第 6 章多边形建模主要讲解了室内外设计中,多边形建模的常用技巧及常见模型的制作方法。第 7 章渲染器参数详解主要讲解了 VRay 渲染器的详细参数,以及测试渲染和最终渲染的推荐方案。第 8 章灯光技术主要讲解了室内外灯光的表现技法,包括光度学灯光、标准灯光、VRay 灯光的使用方法。第 9 章材质和贴图技术主要讲解了室内外常用材质和贴图的知识、常用材质和贴图的设置方法。第 10 章摄影机技术主要讲解了几种常用的摄影机的创建和使用方法。第 11 章 VRay 渲染综合主要详细讲解了使用 VRay 渲染器综合制作完整的效果图的基本方法。第 12 章 Photoshop 后期处理主要讲解了使用 Photoshop 后期处理效果图的技巧。第 13～20 章以 8 个大型综合案例讲解了室内设计中不同风格、不同场景、不同光线的效果图表现手法,细致地讲解了所应用到的灯光、材质、摄影机、渲染器、后期处理。

本书附带一张 DVD 教学光盘,内容包括本书所有实例的场景文件、源文件、贴图,并包含本书所有实例的视频教学录像,同时编者精心准备了 3ds Max 2014 快捷键索引、常用物体折射率表、效果图常用尺寸附表等,供读者使用。

本书技术实用、讲解清晰,不仅可以作为 3ds Max 室内外设计师初、中级读者学习使用参考书,也可以作为大中专院校相关专业及 3ds Max 三维设计培训班的教材。

本书由优图视觉策划,曹茂鹏和瞿颖健共同编写。参与本书编写和整理的还有艾飞、曹爱德、曹明、曹诗雅、曹玮、曹元钢、曹子龙、崔英迪、丁仁雯、董辅川、高歌、韩雷、鞠闯、李化、李进、李路、马啸、马扬、瞿吉业、瞿学严、瞿玉珍、孙丹、孙芳、孙雅娜、王萍、王铁成、杨建超、杨力、杨宗香、于燕香、张建霞、张玉华等。

由于时间仓促,加之编者水平有限,书中难免存在错误和不妥之处,敬请广大读者批评和指正。

编　者

目 录

Chapter 01
效果图相关的理论知识

本章学习要点：

- 色彩三大元素。
- 色彩视觉感受。
- 构图技巧。
- 光线和质感。

在学习使用 3ds Max 制作效果图之前，首先需要了解基本的理论知识。深入、全面地理解这些理论知识，非常有助于效果图的设计和制作。图 1-1 所示为优秀的效果图作品。

图 1-1

1.1 色彩三大元素

在深入学习色彩之前，首先要了解色彩的三大元素：明度、色相、纯度。只要应用好色彩的三大元素，就可以快速地搭配好适合的颜色，更有利于制作效果图。

1.1.1 明度

明度是眼睛对光源和物体表面的明暗程度的感觉，主要是由光线强弱决定的一种视觉经验。明度也可以简单地理解为颜色的亮度。明度越高，色彩越白越亮，反之则越暗，如图1-2和图1-3所示。

图 1-2   图 1-3

色彩的明暗程度有两种情况：同一颜色的明度变化和不同颜色的明度变化。同一色相的明度深浅变化效果如图1-4所示。不同的色彩也都存在明暗变化，其中黄色明度最高，紫色明度最低，红、绿、蓝、橙色的明度相近，如图1-5所示。

图 1-4   图 1-5

1.1.2 色相

色相就是色彩的"相貌"，是区别色彩的名称或种类。色相与色彩的明暗无关。色相是根据该颜色光波长短划分的，只要色彩的波长相同，色相就相同，波长不同才产生色相的差别。

"红、橙、黄、绿、青、蓝、紫"是日常中最常听到的基本色，在各色中间加插一两个中间色，其头尾色相，即可制出十二基本色相，如图1-6所示。

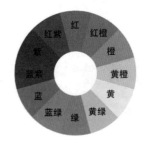

图 1-6

1.1.3 纯度

纯度是指色彩的鲜浊程度，也就是色彩的饱和度。物体色彩的饱和度取决于该物体表面选择性的反射能力。在同一色相中添加白色、黑色或灰色都会降低它的纯度。图1-7所示为有彩色与无彩色的加法。

色彩的纯度也像明度一样有着丰富的层次，使得纯度的对比呈现出变化多样的效果。混入的黑色、白色、灰色成分越多，则色彩的纯度越低。以红色为例，在加入白色、灰色和黑色后其纯度都会随着降低，如图 1-8 所示。

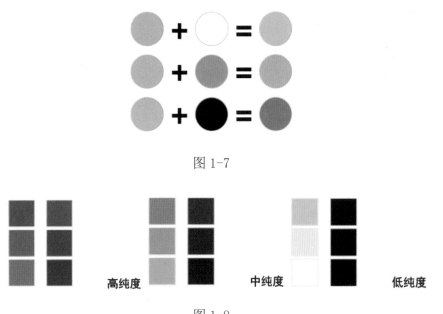

图 1-7

高纯度　　　　　　中纯度　　　　　　低纯度

图 1-8

1.2 色彩视觉感受

　　色彩是神奇的，它不仅具有独特的三大属性，还可以通过不同属性的组合给人们带来冷、暖、轻、重、缓、急等不同的心理感受。色彩的心理暗示往往可以在悄无声息的情况下对人们产生影响，在进行作品设计时将色彩的原理融合于整个作品中，可以让设计美观而舒适。

1.2.1 室内色彩的冷与暖 ◀◀重点

　　色彩的冷暖感是一种心理感受，为什么能产生这种感受呢？其实很简单，人在看到某种颜色时会自动联想这种颜色的物体。例如，红色、橙色、黄色常让人联想到太阳和火焰，有温暖的感觉；蓝青色常使人联想到大海、天空、寒冰，有寒冷的感觉。色彩的冷暖与明度、纯度也有关。高明度的色彩一般有冷感，低明度的色彩一般有暖感。无彩色系中白色有冷感，黑色有暖感。在室内色彩设计中合理利用色彩的冷暖对比与统一，是提高室内环境气氛的一种有效方法。

　　色彩有冷暖之分。色环中绿一边的色相称为冷色，色环中红一边的色相称为暖色。冷色使人联想到海洋、天空、夜晚等，传递出一种宁静、深远、理智的感觉，所以在炎热的夏天，在冷色环境中会感觉到舒适。暖色则使人联想到太阳和火焰等，给人一种温暖、热情、活泼的感觉，如图 1-9 和图 1-10 所示。

1.2.2 室内色彩的轻重与软硬 ◀◀重点

　　色彩的重量感与明度有直接的关系，与感觉颜色越深越重，颜色越浅越轻是一个道理。对比同等明度的颜色来说，轻与重的差别则难以区分。因此，明度越亮，感觉越轻、软，明度越暗，感觉越重、硬。明度较高的含灰色系具有软感，明度较低的含灰色系具有硬感；纯

图 1-9 图 1-10

度越高越具有硬感，纯度越低越具有软感；强对比色调具有硬感，弱对比色调具有软感。沙发的色彩对比柔弱，色彩纯度低，给人的感觉就很柔软、舒服。

其实颜色本身是没有重量的，但是有些颜色使人感觉到重量感。例如，同等重量的白色与蓝色物体相比，会感觉蓝色更重些，如图 1-11 所示。当然同等重量的蓝色与黑色物体相比，黑色又会看上去更重。

图 1-11

1.2.3 室内色彩的前进与后退 ◀◀重点

色彩具有前进色和后退色的效果，有的颜色看起来向上凸出，而有的颜色看起来向下凹陷，其中显得凸出的颜色被称为前进色，而显得凹陷的颜色被称为后退色。前进色包括红色、橙色等暖色，而后退色则主要包括蓝色和紫色等冷色。同样的图片，红色会给人更靠近的感觉，如图 1-12 所示。

图 1-12

1.2.4 室内色彩的明快感与忧郁感 重点

　　色彩的明快感和忧郁感与纯度有直接的关系。越明亮、鲜艳的颜色越有明快感,越昏暗、混浊的颜色越具有忧郁感。因此,低纯度的基调色易产生忧郁感,高纯度的基调色易产生明快感;强对比色调具有明快感,弱对比色调具有忧郁感,如图 1-13 所示。

图 1-13

1.3 构图技巧

　　构图是一幅作品中非常重要的知识,当然设计不应该有太多的条条框框,不一定完全遵守一些规则,但是大部分优秀作品是有很多共同点可参考的。只有了解、并熟练地掌握这些技巧,然后再根据自己的想法、心得进行灵活变通,这样才会有更快的进步。

　　构图的技巧很多,常用的技巧有对称构图、倾斜构图、曲线构图、中心构图、满版构图等。

　　(1) 对称构图:对称构图一般会出现较为严谨、规矩的视觉效果。图 1-14 所示为对称的构图。

图 1-14

　　(2) 倾斜构图:倾斜构图是将版面中的主体进行倾斜布局。这样的布局会给人一种不稳定的感觉,但是能引人注意,画面有较强的视觉冲击力。图 1-15 所示为倾斜的构图。

　　(3) 曲线构图:曲线构图具有灵活性和流动性,在室内和建筑设计中添加曲线可以增加画面的时尚感、飘逸感、趣味性,使整个设计充满柔软的感觉,会引导人的视线随着画面中的元素走向产生变化。图 1-16 所示为曲线的构图。

图 1-15

图 1-16

（4）中心构图：中心构图是将人的视线集中到某一处，产生视觉焦点，使主体突出。图 1-17 所示为中心的构图。

图 1-17

（5）满版构图：版面以图像充满整版，并根据版面需要将文字编排在版面的合适位置上。满版型版式设计层次清晰，传达的信息准确明了，给人简洁大方的感觉。图 1-18 所示为满版的构图。

图 1-18

1.4 光线和质感

光线和质感是室内设计非常重要的两个部分。光线是指自然光、灯具灯光等产生的光照和阴影效果。质感是指室内设计中采用的不同的材质，如木地板、玻璃、金属等。

1.4.1 光线和阴影

不同的光线会产生不同的阴影效果。在装修设计之前都要充分考虑光线和阴影的效果，即通常所说的采光。不同的空间对灯光的设计要求也是不同的，如会议室空间要求灯光产生宽敞明亮的效果，KTV 灯光要求产生绚丽多彩的效果。

灯光的设置宜精不宜多，过多的灯光会使工作过程变得杂乱无章，难以处理。灯光要体现场景的明暗分布，要有对比层次性，切不可把所有灯光一概处理。布光时应该遵循由主题到局部、由简到繁的过程。

1. 清晨

清晨由于太阳还没有完全升起，所以清晨的光线一般比较柔和，物体产生的阴影也比较柔和，如图 1-19 所示。

2. 正午

正午阳光是最刺眼的，光线垂直照向地面会产生强烈的日光效果，当然阴影的颜色也会比较深、轮廓比较清晰，如图 1-20 所示。

图 1-19　　　　　　　　　　　　　　图 1-20

3. 黄昏

黄昏是指太阳开始落山的时刻，一般光线的颜色趋向于橙色，非常温暖，如图 1-21 所示。

4. 夜晚

夜晚是指太阳已经完全落山了，只剩下天空的蓝色。在制作夜晚效果图时，就需要特别注意室外的蓝色冷色调和室内的黄色暖色调的对比，如图 1-22 所示。

图 1-21

图 1-22

5. 强阴影

强烈的灯光会产生强阴影效果，会使得画面对比较为明显，如图 1-23 所示。

图 1-23

6. 弱阴影

弱的阳光会产生弱阴影效果，当然过渡柔和的室内灯光也能产生弱阴影效果，如图 1-24 所示。

图 1-24

1.4.2　质感

在装修中使用的材质的不同会直接影响到最终设计的效果，也会产生不一样的气氛。图1-25所示为分别使用布艺软包、欧式壁纸、陶瓷锦砖贴砖3种不同的材质制作的效果。

图 1-25

图1-26所示为分别使用旧效果墙面、砖石墙面、黑沙墙面3种不同的质感制作的效果。

图 1-26

图1-27所示为分别使用紫色、绿色床品，粉色、绿色床品，绿色床品3种不同的质感制作的效果。

图 1-27

图1-28所示为分别使用白色地面瓷砖、紫色地面瓷砖、灰色地面瓷砖3种不同的质感制作的效果。

图 1-28

1.5 精彩效果图赏析

　　图 1-29 所示的作品以咖啡色系进行色彩搭配，体现出低调、唯美的画面感觉，仿佛是一幅美丽的油画，作品中搭配复古的家具，凸显了设计的品位和情怀。图 1-30 所示的作品以缤纷的色彩进行搭配，颜色杂而不乱，凸显了创造力和艺术气息。

图 1-29　　　　　　　　　　　　　　　　图 1-30

　　图 1-31 所示的作品以美式田园和乡村风格为主，棕色的木椅、黑色的铁艺吊灯无不突出了"设计来源于自然"的主题。图 1-32 所示的作品中颜色分布明显，顶部以白色为主、中间以米黄色为主、底部以咖啡色为主，色彩和设计都充分诠释了简洁、大方的内涵。

图 1-31　　　　　　　　　　　　　　　　图 1-32

Chapter 02
3ds Max 2014 基本操作

本章学习要点:

- ◢ 熟悉 3ds Max 2014 的操作界面。
- ◢ 掌握 3ds Max 2014 的常用工具。
- ◢ 掌握 3ds Max 2014 的基本操作。

2.1 初识 3ds Max 2014

Autodesk 3ds Max 2014 和 Autodesk 3ds Max Design 2014 提供在设计可视化、游戏、电影和电视中使用的 3D 建模、动画和渲染。图 2-1 所示为 3ds Max 制作的作品。

图 2-1

2.2 3ds Max 2014 工作界面

安装好 3ds Max 2014 后，可以通过以下两种方法来启动 3ds Max 2014。

(1) 双击桌面上的快捷方式图标  。

(2) 执行【开始】→【程序】→【Autodesk】→【Autodesk 3ds Max 2014】→【3ds Max 2014-Simplified Chinese】命令，如图2-2所示。

在启动 3ds Max 2014 的过程中，可以观察到 3ds Max 2014 的启动画面，如图 2-3 所示。

图 2-2

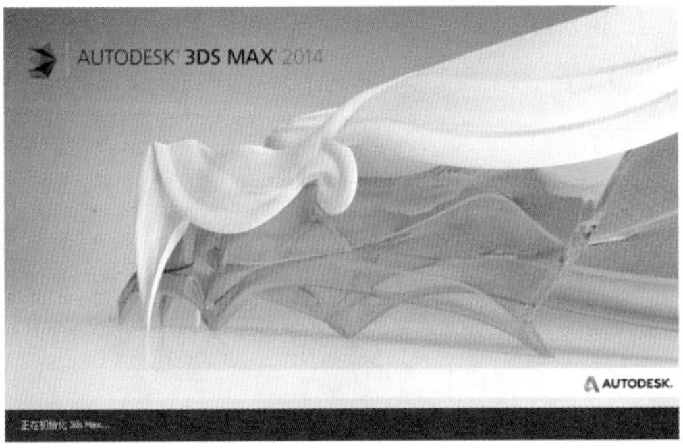

图 2-3

3ds Max 2014 的工作界面包括标题栏、菜单栏、主工具栏、视口区域、命令面板、时间尺、状态栏、时间控制按钮和视口导航控制按钮 9 大部分，如图 2-4 所示。

默认状态下 3ds Max 的各个界面都是保持停靠状态的。如果不习惯这种方式，也可以将部分面板拖曳出来，如图 2-5 所示。

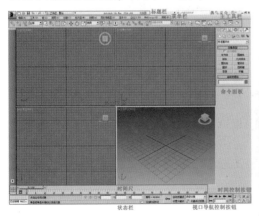

图 2-4

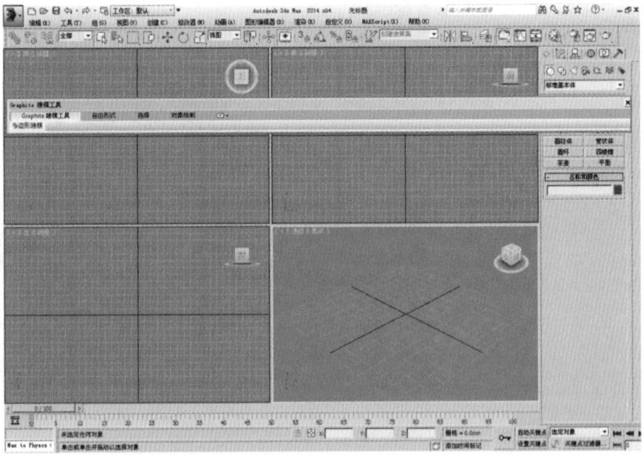

图 2-5

拖曳此时浮动的面板到窗口的边缘处，可以将其再次进行停靠，如图 2-6 所示。

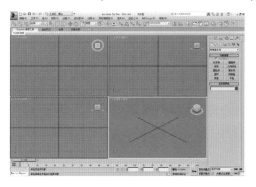

图 2-6

2.2.1　标题栏

标题栏主要包括 6 部分，分别为【应用程序按钮】、【快速访问工具栏】、【工作区】、【版本信息】、【文件名称】和【信息中心】，如图 2-7 所示。

图 2-7

2.2.2　菜单栏

菜单栏位于工作界面的顶端，其中包含 12 个菜单：【编辑】、【工具】、【组】、【视图】、【创建】、【修改器】、【动画】、【图形编辑器】、【渲染】、【自定义】、【MAXScript（X）】和【帮助】，如图 2-8 所示。

图 2-8

2.2.3　主工具栏

主工具栏是由很多个按钮组成的，每个按钮都有相应的功能。例如，可以通过单击【选择并移动工具】按钮 ，对物体进行移动。主工具栏中的大部分按钮都可以在其他位置找到，如菜单栏中。3ds Max 2014 的主工具栏，如图 2-9 所示。

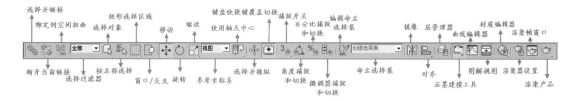

图 2-9

当用鼠标左键长时间单击一个按钮时，会出现两种情况：一种是无任何反应；另外一种是会出现下拉菜单，下拉菜单中还包含其他的按钮，如图2-10和图2-11所示。

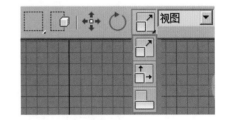

图2-10　　　　　　　　　　　　　　　　图2-11

2.2.4 视口区域

视口区域是3ds Max中用于实际操作的区域，默认为四视图显示，包括顶视图、左视图、前视图和透视图4个视图，在这些视图中可以从不同的角度对场景中的对象进行观察和编辑。每个视图的左上角都会显示视图的名称以及模型的显示方式，如图2-12所示。

视口区域右上角有一个导航器（不同视图显示的状态也不同）。如图2-13所示。

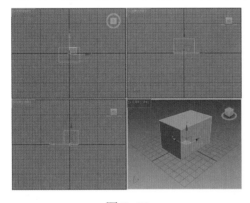
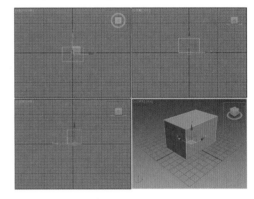

图2-12　　　　　　　　　　　　　　　　图2-13

?FAQ 常见问题解答: 如何快速切换视图?

常用的几种视图都有其相对应的快捷键：
顶视图的快捷键是T键。
底视图的快捷键是B键。
左视图的快捷键是L键。
前视图的快捷键是F键。
透视图的快捷键是P键。
摄影机视图的快捷键是C键。
大家都知道，在透视图中按住【Alt】键和鼠标中键，但是很多时候会不小心在其他视图（如前视图）执行了该操作，那么前视图会变成正交视图，如图2-14所示。

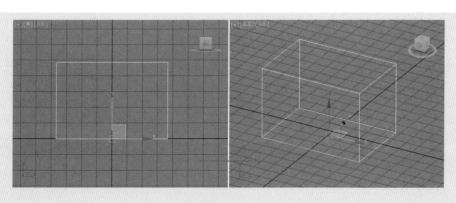

图 2-14

此时只需要执行【前视图】的快捷键【F】，即可切换回前视图，如图 2-15 所示。

也可以使用其他方法切换视图。在视图左上角的位置单击鼠标右键，也可以切换视图，如图 2-16 所示。

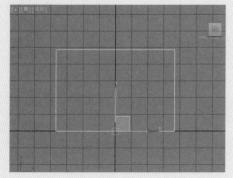

图 2-15

图 2-16

2.2.5　命令面板

命令面板是 3ds Max 最基本的面板，创建长方体、修改参数等都需要使用到该面板。【命令面板】由 6 个面板组成，分别是【创建】面板、【修改】面板、【层次】面板、【运动】面板、【显示】面板和【工具】面板，如图 2-17 所示。

2.2.6　时间尺

时间尺包括时间线滑块和轨迹栏两大部分。时间线滑块位于视图的最下方，主要用于制定帧，默认的帧数为100 帧，具体数值可以根据动画长度进行修改。拖曳时间线滑块可以在帧之间迅速移动，单击时间线滑块的向左箭头按钮 ﹤ 与向右箭头按钮 ﹥ 可以向前或者向后移动一

图 2-17

帧，如图 2-18 所示；轨迹栏位于时间线滑块的下方，主要用于显示帧数和选定对象的关键点，在这里可以移动、复制、删除关键点以及更改关键点的属性，如图 2-19 所示。

图 2-18

图 2-19

2.2.7 状态栏

状态栏位于轨迹栏的下方，它提供了选定对象的数目、类型、变换值和栅格数目等信息，并且状态栏可以基于当前光标位置和当前程序活动来提供动态反馈信息，如图 2-20 所示。

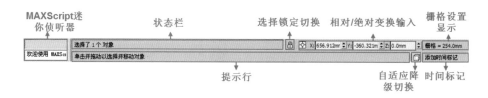

图 2-20

2.2.8 时间控制按钮

时间控制按钮位于状态栏的右侧，这些按钮主要用来控制动画的播放效果，包括关键点控制和时间控制等，如图 2-21 所示。

2.2.9 视图导航控制按钮

视图导航控制按钮在状态栏的最右侧，主要用来控制视图的显示和导航。使用这些按钮可以缩放、平移和旋转活动的视图，如图 2-22 所示。

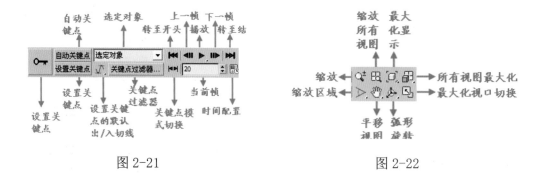

图 2-21   图 2-22

2.3　3ds Max 的基本操作

进阶案例（1）—— 导入外部文件

场景文件	无
案例文件	进阶案例 —— 导入外部文件 .max
视频教学	DVD/ 多媒体教学 /Chapter02/ 进阶案例 —— 导入外部文件 .flv
难易指数	★☆☆☆☆
技术掌握	掌握如何导入外部文件

（1）3ds Max 中导入文件并不是指导入 .max 格式的文件，而是指导入如 .3ds 格式、.obj 格式的文件。首先打开 3ds Max，如图 2-23 所示。

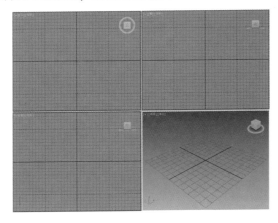

图 2-23

（2）执行 →【导入】→【导入】命令，并在弹出的窗口中选择需要导入的本书配套光盘中的【场景文件 /Chapter 02/01.obj】文件，如图 2-24 所示。

图 2-24

（3）此时就成功地把模型导入到 3ds Max 的场景中了，如图 2-25 所示。

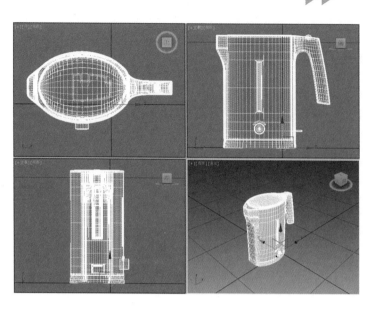

图 2-25

进阶案例（2）—— 导出场景对象

场景文件	02.max
案例文件	无
视频教学	DVD/ 多媒体教学 /Chapter02/ 进阶案例 —— 导出场景对象 .flv
难易指数	★☆☆☆☆
技术掌握	掌握如何导出场景对象

（1）打开本书配套光盘中的【场景文件 /Chapter 02/02.max】文件，如图 2-26 所示。

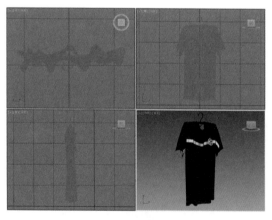

图 2-26

（2）执行 ▶ →【导出】→【导出选定对象】命令，并在弹出的窗口中选择需要导出的文件夹位置，如图 2-27 所示。

（3）接着在弹出的对话框中单击【导出】按钮，如图 2-28 所示。

（4）此时就可以看到正在执行导出的过程，如图 2-29 所示。

图 2-27

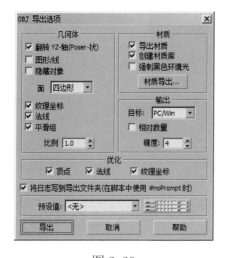

图 2-28

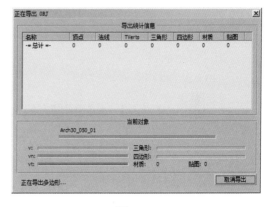

图 2-29

（5）导出完成后，在刚才设置的导出文件夹的位置下即可看到两个文件：02.obj 和 02.mlt，02.obj 是模型文件，而 02.mlt 是材质文件，如图 2-30 所示。

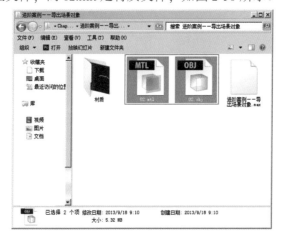

图 2-30

进阶案例（3）—— 合并场景文件

场景文件	03（1）.max 和 03（2）.max
案例文件	进阶案例 —— 合并场景文件 .max
视频教学	DVD/ 多媒体教学 /Chapter02/ 进阶案例 —— 合并场景文件 .flv
难易指数	★☆☆☆☆
技术掌握	掌握如何合并外部场景文件

（1）打开本书配套光盘中的【场景文件 /Chapter 02/03（A）.max】文件，如图 2-31 所示。

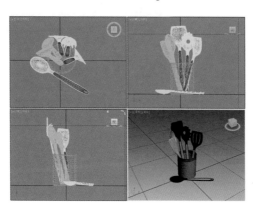

图 2-31

（2）执行 →【导入】→【合并】命令，并在弹出的窗口中选择需要合并的本书配套光盘中的【场景文件 /Chapter 02/03（B）.max】文件，如图 2-32 所示。

图 2-32

（3）在弹出的窗口中选择需要合并的名称，并单击【确定】按钮，如图 2-33 所示。

（4）此时酒瓶模型就被合并到现在的场景中了，如图 2-34 所示。

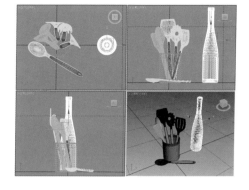

图 2-33　　　　　　　　　　　　　　　　图 2-34

进阶案例（4）—— 使用过滤器选择场景中的灯光

场景文件	04.max
案例文件	无
视频教学	DVD/ 多媒体教学 /Chapter02/ 进阶案例 —— 使用过滤器选择场景中的灯光 .flv
难易指数	★☆☆☆☆
技术掌握	掌握如何使用过滤器选择对象

（1）打开本书配套光盘中的【场景文件 /Chapter 02/04.max】文件，如图 2-35 所示。

（2）在主工具栏中找到过滤器选项，并将其设置为【L- 灯光】类型，如图 2-36 所示。

（3）此时无论在场景中如何选择，只能选择到灯光，这样就避免了选择到其他类型的对象，选择起来更准确、更便捷，如图 2-37 所示。

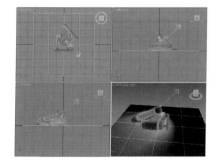

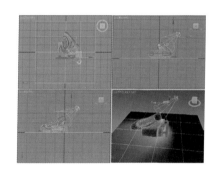

图 2-35　　　　　　　图 2-36　　　　　　　图 2-37

进阶案例（5）—— 使用套索选择区域工具选择对象

场景文件	05.max
案例文件	无
视频教学	DVD/ 多媒体教学 /Chapter02/ 进阶案例 —— 使用套索选择区域工具选择对象 .flv
难易指数	★☆☆☆☆
技术掌握	掌握如何使用【套索选择区域】工具选择场景中的对象

（1）打开本书配套光盘中的【场景文件 /Chapter 02/05.max】文件，如图 2-38 所示。

（2）在主工具栏中找到选择区域选项，并将其设置为【套索选择区域】类型　，如图 2-39 所示。

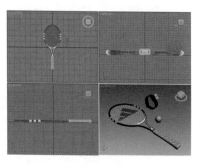

图 2-38　　　　　　　　　　　　　　图 2-39

（3）此时单击鼠标左键并拖曳即可绘制出需要的选择区域，非常方便、精准，如图 2-40 所示。

（4）绘制完成后，可以看到成功地选择了右侧的两个模型，如图 2-41 所示。

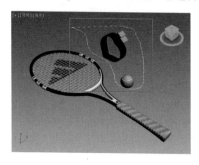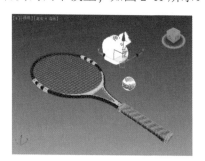

图 2-40　　　　　　　　　　　　　　图 2-41

进阶案例（6）——使用选择并移动工具复制模型

场景文件	06.max
案例文件	进阶案例——使用选择并移动工具复制模型 .max
视频教学	DVD/ 多媒体教学 /Chapter02/ 进阶案例——使用选择并移动工具复制模型 .flv
难易指数	★☆☆☆☆
技术掌握	掌握移动复制功能的运用

（1）打开本书配套光盘中的【场景文件 /Chapter 02/06.max】文件，如图 2-42 所示。

（2）使用【选择并移动】　工具选择毛巾模型，如图 2-43 所示。

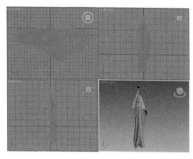

图 2-42　　　　　　　　　　　　　　图 2-43

（3）按住【Shift】键，并使用选择并移动工具，沿 X 轴向右侧进行复制。在弹出的【克隆选项】对话框中，设置【对象】为【实例】，【副本数】为 3，如图 2-44 所示。

（4）由于复制了 3 个毛巾模型，加上之前的 1 个模型，最终得到了 4 个毛巾模型，如图 2-45 所示。

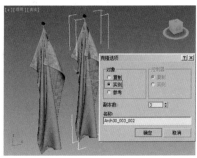

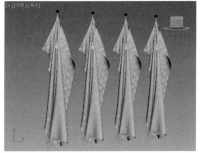

图 2-44　　　　　　　　　　　　　　图 2-45

进阶案例（7）—— 使用选择并缩放工具缩放模型

场景文件	07.max
案例文件	进阶案例 —— 使用选择并缩放工具缩放模型 .max
视频教学	DVD/ 多媒体教学 /Chapter02/ 进阶案例 —— 使用选择并缩放工具缩放模型 .flv
难易指数	★☆☆☆☆
技术掌握	掌握如何使用选择并缩放工具

（1）打开本书配套光盘中的【场景文件 /Chapter 02/07.max】文件，如图 2-46 所示。

（2）单击【选择并均匀缩放】按钮，并单击中间的地毯模型，此时将鼠标移动到坐标的中间。当看到 3 个轴向都变为黄色时，表示可以沿 XYZ 三个轴向缩放，此时单击鼠标左键并向内拖曳，可以看到模型向内均匀进行了缩放，如图 2-47 所示。

图 2-46　　　　　　　　　　　　　　图 2-47

（3）单击【选择并均匀缩放】按钮，并单击右侧的地毯模型，此时将鼠标移动到坐标的附近。当看到上方 Z 轴向变为黄色时，表示可以沿 Z 轴方向缩放，此时单击鼠标左键并向上拖曳，可以看到模型向上进行了缩放，如图 2-48 所示。

（4）最终的 3 组地毯模型效果，如图 2-49 所示。

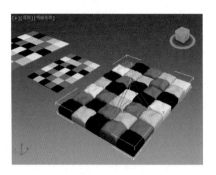

图 2-48

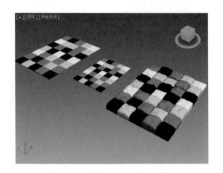

图 2-49

Chapter 03
几何体建模

本章学习要点:

- 创建面板。
- 几何基本体建模。
- 复合对象建模。
- 建筑对象建模。
- VRay 对象。

3.1 了解建模

3.1.1 建模的概念

简单来说,建模就是建立模型的过程,在 3dsMax 中可以利用多种技巧对模型进行建立。根据不同的模型可以选择不同的建模方式,如几何体建模、复合对象建模、样条线建模、修改器建模、网格建模、NURBS 建模、多边形建模等。图 3-1 所示为优秀的室内家具模型。

图 3-1

3.1.2 建模的四大步骤 ◀重点

一般来说，制作模型大致分为四个步骤：确定建模方式、建立基础模型、细化模型、完成模型。

（1）确定建模方式。这是最关键的，避免后面走弯路。例如，选择使用多边形建模制作底部，使用样条线 + 修改器建模制作顶部，如图 3-2 所示。

（2）建立基础模型。使用车削修改器将模型的大致效果制作出来，如图 3-3 所示。

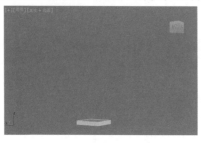　　

图 3-2　　　　　　　　　　　　　　　图 3-3

（3）细化模型。使用多边形建模将模型进行深入制作，如图 3-4 所示。

（4）完成模型。完成模型的制作，如图 3-5 所示。

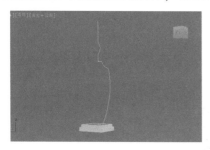　　

图 3-4　　　　　　　　　　　　　　　图 3-5

3.2 熟悉创建面板

创建模型、灯光、摄影机等对象都需要在【创建面板】下进行操作。【创建面板】包括 7 个类型，分别为几何体⭕、图形⤴、灯光⬝、摄影机🎥、辅助对象⬛、空间扭曲对象≋、系统⚙，如图 3-6 所示。

图 3-6

【创建面板】的类型详解如下。

几何体⭕：几何体最基本的模型类型，其中包括多种类型，如长方体、球体等。

图形⤴：图形是二维的线，包括样条线和 NURBS 曲线。

灯光：灯光可以照亮场景，并且可以增加其逼真感。灯光的种类很多，可模拟现实世界中不同类型的灯光。

摄影机　：摄影机对象提供场景的视图，可以对摄影机位置设置动画。

辅助对象　：辅助对象有助于构建场景。

空间扭曲对象　：空间扭曲在围绕其他对象的空间中产生各种不同的扭曲效果。

系统　：系统将对象、控制器和层次组合在一起，提供与某种行为关联的几何体。

在建模中常用的两个类型是【几何体】　和【图形】　，如图 3-7 所示。

图 3-7

求生秘籍 —— 技巧提示：创建模型的次序

　　3ds Max 新手往往对于界面较为陌生，创建模型时无从下手，不知道到单击哪些按钮。首先要明确要做什么，比如要创建一个【长方体】，那么就需要按照图中 1、2、3、4 的次序进行单击，然后再进行创建，如图 3-8 所示。

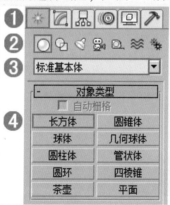

图 3-8

试一下：创建一个长方体

　　(1) 单击　(创建) →　(几何体) →　标准基本体　　→　　长方体　　按钮，如图

3-9 所示。

(2) 此时单击鼠标左键进行拖动，定义长方体底部的大小，如图 3-10 所示。

图 3-9

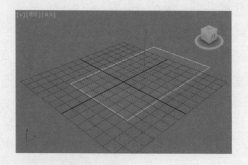

图 3-10

(3) 松开鼠标左键并进行拖动，定义长方体的高度，如图 3-11 所示。

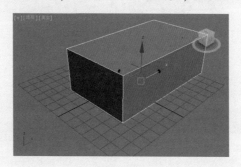

图 3-11

❓FAQ常见问题解答：如何创建长方体？

创建长方体一共需要单击两次鼠标左键。第一次单击鼠标左键并拖曳可以确定出长方体的长度和宽度，松开鼠标左键并拖曳可以确定长方体的高度，第二次单击鼠标左键是完成创建。

3.3 创建几何基本体

在几何基本体下面一共包括 14 种类型，分别为标准基本体、扩展基本体、复合对象、粒子系统、面片栅格、NURBS 曲面、实体对象、门、窗、mentalray、AEC 扩展、动力学对象、楼梯、VRay，如图 3-12 所示。

3.3.1 标准基本体

标准基本体是 3ds Max 中最常用的基本模型，如长方体、球体、圆柱体等。在 3ds Max 中，可以使用单个基本体对很多这样的对象进

图 3-12

行建模，还可以将基本体结合到更复杂的对象中，并使用修改器进一步进行优化。10 种标准基本体，如图 3-13 所示。图 3-14 所示为标准基本体制作的作品。

图 3-13

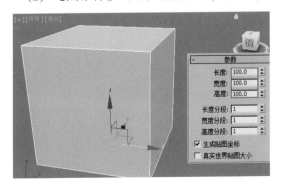

图 3-14

（1）【长方体】是最常用的标准基本体。使用【长方体】可以制作长度、宽度、高度不同的长方体。长方体的参数比较简单，包括【长度】、【高度】、【宽度】以及相对应的【分段】，如图 3-15 所示。

（2）【圆锥体】可以产生直立（或倒立）的完整或部分圆形圆锥体，如图 3-16 所示。

图 3-15

图 3-16

（3）【球体】可以制作球体、半球体或部分球体。可以使用【切片】进行修改，如图 3-17 所示。

（4）【几何球体】可以创建四面体、八面体、二十面体。如图 3-18 所示。

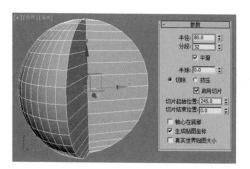
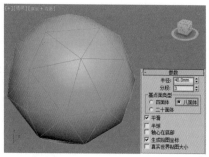

图 3-17　　　　　　　　　　　　　　　　图 3-18

（5）【圆柱体】可以创建完整或部分圆柱体。选中【启用切片】复选框后可以设置部分圆柱体，如图 3-19 所示。

（6）【管状体】可以创建圆形和棱柱管道。管状体类似于中空的圆柱体，如图 3-20 所示。

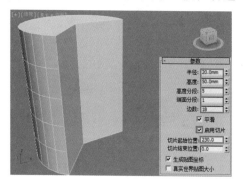
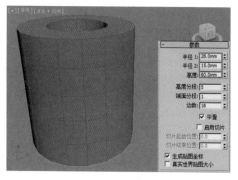

图 3-19　　　　　　　　　　　　　　　　图 3-20

（7）【圆环】可以创建一个圆环或具有圆形横截面的环。可以将平滑选项与旋转和扭曲设置组合使用，以创建复杂的变体，如图 3-21 所示。

（8）【四棱锥】可以创建方形或矩形底部和三角形侧面，如图 3-22 所示。

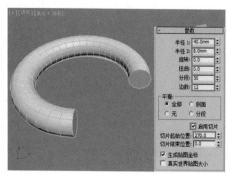
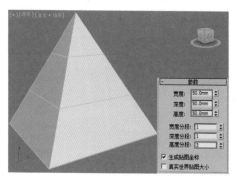

图 3-21　　　　　　　　　　　　　　　　图 3-22

（9）【茶壶】是经常使用到的模型，可以快捷地创建出一个精度较低的茶壶，其参数可以在【修改】面板中进行修改，如图 3-23 所示。

（10）【平面】与【长方体】不同，【平面】没有高度，该工具常用来放置到模型下方作为平面，如图 3-24 所示。

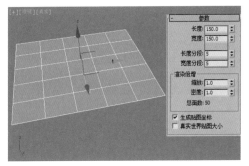

图 3-23　　　　　　　　　　　　　图 3-24

进阶案例（1）—— 使用长方体和圆柱体制作凳子

场景文件	无
案例文件	进阶案例——使用长方体和圆柱体制作凳子 .max
视频教学	DVD/ 多媒体教学 /Chapter03/ 进阶案例——使用长方体和圆柱体制作凳子 .flv
难易指数	★★☆☆☆
技术掌握	掌握【长方体】工具和【圆柱体】工具的运用

本例学习使用标准基本体下的【长方体】工具和【圆柱体】工具来完成模型的制作，最终渲染和线框效果如图 3-25 所示。

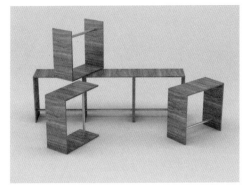
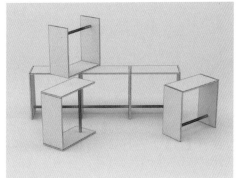

图 3-25

建模思路

01 使用长方体和圆柱体制作模型。
STEP

02 复制出多个模型。
STEP

凳子建模流程如图 3-26 所示。

制作步骤

Part 1 使用长方体和圆柱体制作模型

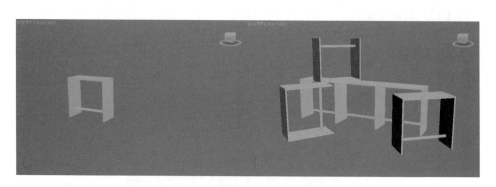

图 3-26

（1）启动3ds Max 2014中文版，单击菜单栏中的【自定义】→【单位设置】命令，弹出【单位设置】对话框，将【显示单位比例】和【系统单位比例】设置为【毫米】，如图3-27所示。

图 3-27

重点 ▶▶ 求生秘籍 —— 软件技能：单位设置

3ds Max 单位设置是在建模之前需要提前设置的。如果需要制作室内模型，那么可以将系统单位设置为【毫米】；如果需要制作室外大型场景，那么可以将系统单位设置为【米】。这样做可以使创建的模型更加准确。一般来说，只需要设置一次，下次开启 3ds Max 时会自动设置为上次的单位，不用重复进行设置。

（2）单击 ✱（创建）→ ◯（几何体）→ **长方体** 按钮，在顶视图中拖曳并创建一个长方体，接着在【修改面板】下设置【长度】为 100mm，【宽度】为 200mm，【高度】为 5mm，如图 3-28 所示。

（3）选择上一步创建的长方体，使用 ✤（选择并移动）工具按住【Shift】键进行复制，在弹出的【克隆选项】对话框中选中【复制】单选按钮，

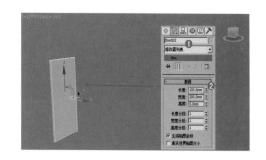

图 3-28

设置【副本数】为 2，并使用 （选择并移动）工具和 （选择并旋转）工具摆放位置，此时场景效果如图 3-29 所示。

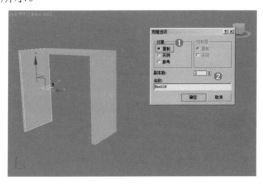

图 3-29

重点▶求生秘籍——技巧提示：复制物体的方法

在 3dsMax 中可以通过选择模型，并按住【Shift】键进行拖曳复制出模型，这种方法会使用到【选择并移动】工具。那么是否可以进行旋转复制呢？其实也是可以的，只需要选择模型，并使用【选择并旋转】工具即可。为了更准确，可以打开【角度捕捉切换】工具 ，并按住【Shift】键进行旋转复制。

（4）单击 （创建）→ （几何体）→ 圆柱体 按钮，在顶视图中拖曳创建一个圆柱体，接着在【修改面板】下设置【半径】为 5mm、【高度】为 200mm，如图 3-30 所示。

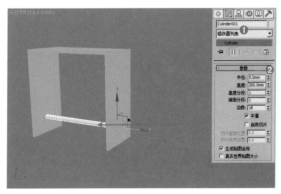

图 3-30

Part 2 复制出多个模型

（1）选择已创建的所有模型，并使用 （选择并移动）工具按住【Shift】键进行复制，在弹出的【克隆选项】对话框中选中【复制】单选按钮，设置【副本数】为 5，并使用 （选择并移动）工具和 （选择并旋转）工具摆放位置，此时场景效果如图 3-31 所示。

（2）模型最终效果如图 3-32 所示。

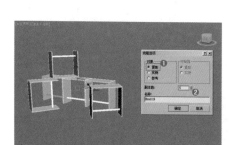

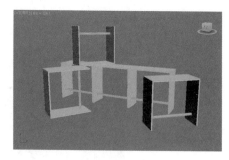

图 3-31	图 3-32

进阶案例（2）—— 使用长方体制作室内整体框架

场景文件	无
案例文件	进阶案例 —— 使用长方体制作室内整体框架 .max
视频教学	DVD/ 多媒体教学 /Chapter03/ 进阶案例 —— 使用长方体制作室内整体框架 .flv
难易指数	★★☆☆☆
技术掌握	掌握【长方体】工具的使用方法

本例学习使用标准基本体下的【长方体】工具来完成模型的制作，最终渲染和线框效果如图 3-33 所示。

图 3-33

建模思路

01 STEP 使用【长方体】制作框架模型。

02 STEP 使用【长方体】制作整体模型。

室内整体框架建模流程如图 3-34 所示。

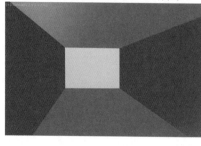

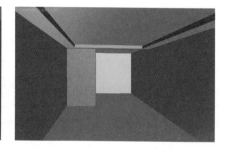

图 3-34

Part1 使用【长方体】制作框架模型

（1）单击 ☀ （创建）→ ○ （几何体）→ ▐ 长方体 ▌ 按钮，在顶视图中拖曳并创建一个长方体，接着在【修改面板】下设置【长度】为 500mm、【宽度】为 145.5mm、【高度】为 5mm，如图 3-35 所示。

（2）继续在左视图中拖曳并创建一个长方体，接着在【修改面板】下设置【长度】为 115mm、【宽度】为 500mm、【高度】为 5mm，如图 3-36 所示。

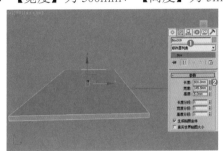 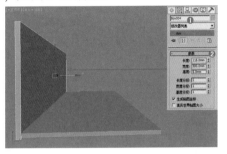

图 3-35　　　　　　　　　　　　图 3-36

（3）选择上一步创建的长方体，并使用 ✛ （选择并移动）工具按住【Shift】键进行复制，在弹出的【克隆选项】对话框中选中【复制】单选按钮，此时场景效果如图 3-37 所示。

（4）选择已创建的长方体，并使用 ✛ （选择并移动）工具按住【Shift】键进行复制，在弹出的【克隆选项】对话框中选中【复制】单选按钮，此时场景效果如图 3-38 所示。

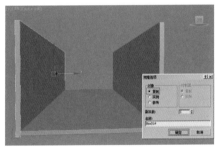 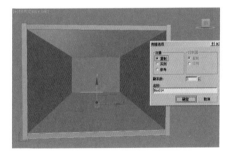

图 3-37　　　　　　　　　　　　图 3-38

（5）继续在前视图中拖曳并创建一个长方体，接着在【修改面板】下设置【长度】为 114mm、【宽度】为 155mm、【高度】为 6mm，如图 3-39 所示。

Part 2 使用【长方体】制作框架模型

（1）继续在左视图中拖曳并创建一个长方体，接着在【修改面板】下设置【长度】为 286mm、【宽度】为 15mm、【高度】为 5mm，如图 3-40 所示。

（2）选择上一步创建的长方体，并使用 ✛ （选择并移动）工具按住【Shift】键进行复制，在弹出的【克隆选项】对话框中选中【复制】单选按钮，此时场景效果如图 3-41 所示。

（3）继续在左视图中拖曳并创建一个长方体，接着在【修改面板】下设置【长度】为 145mm、【宽度】为 15mm、【高度】为 5mm，如图 3-42 所示。

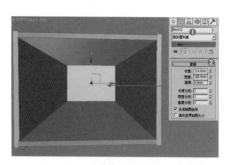
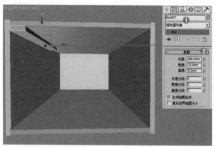

图 3-39   图 3-40

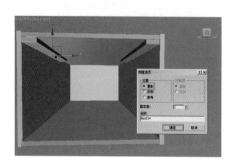
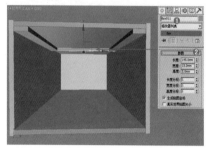

图 3-41   图 3-42

（4）继续在顶视图中拖曳并创建一个长方体，接着在【修改面板】下设置【长度】为 50mm、【宽度】为 50mm、【高度】为 103.5mm，如图 3-43 所示。

（5）模型最终效果如图 3-44 所示。

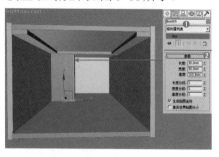

图 3-43   图 3-44

综合案例（3）——使用圆柱体、球体、切角圆柱体制作台灯

场景文件	无
案例文件	综合案例——使用圆柱体、球体、切角圆柱体制作台灯 .max
视频教学	DVD/ 多媒体教学 /Chapter03/ 综合案例——使用圆柱体、球体、切角圆柱体制作台灯 .flv
难易指数	★★☆☆☆
技术掌握	掌握【圆柱体】工具、【球体】工具、【切角圆柱体】工具和【FFD3×3×3】命令的运用

本例学习使用标准基本体下的【圆柱体】、【球体】和【切角圆柱体】来完成模型的制作，最终渲染和线框效果如图 3-45 所示。

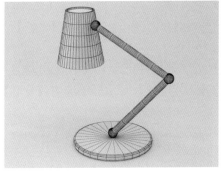

图 3-45

建模思路

01 STEP 使用【圆柱体】、【球体】和【切角圆柱体】制作模型。

02 STEP 使用【圆柱体】和【FFD3×3×3】命令制作模型。

台灯建模流程如图 3-46 所示

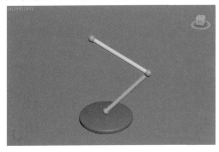

图 3-46

Part1 使用【圆柱体】、【球体】和【切角圆柱体】制作模型

（1）单击 ✴ （创建）→ ◯ （几何体）→ 扩展基本体 ▼ → 切角圆柱体 按钮，在顶视图中拖曳并创建一个切角圆柱体，接着在【修改面板】下设置【半径】为 50mm、【高度】为 8mm、【圆角】为 2mm、【圆角分段】为 2mm、【边数】为 30mm，如图 3-47 所示。

（2）单击 ✴ （创建）→ ◯ （几何体）→ 球体 按钮，在顶视图中拖曳并创建一个球体，接着在【修改面板】下设置【半径】为 6mm、 【分段】为 32，如图 3-48 所示。

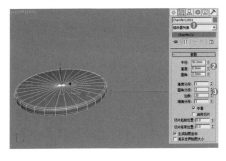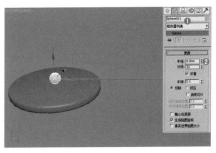

图 3-47　　　　　　　　　　　　　　　图 3-48

（3）单击 （创建）→ ◯（几何体）→ 圆柱体 按钮，在顶视图中拖曳创建一个圆柱体，接着在【修改面板】下设置【半径】为 4mm、【高度】为 100mm，如图 3-49 所示。

（4）选择已创建的球体，并使用 ✛（选择并移动）工具按住【Shift】键进行复制，在弹出的【克隆选项】对话框中选中【复制】单选按钮，此时场景效果如图 3-50 所示。

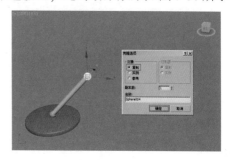

图 3-49   图 3-50

? FAQ 常见问题解答：如何做出倾斜的物体？

在 3dsMax 中无法直接创建出倾斜的物体，因此需要创建出水平垂直的物体后，再使用【选择并旋转】工具进行旋转，才可以得到倾斜的物体。

（5）选择已创建的球体和圆柱体，并使用 ✛（选择并移动）工具按住【Shift】键进行复制，在弹出的【克隆选项】对话框中选中【复制】单选按钮，此时场景效果如图 3-51 所示。

Part2 使用【圆柱体】和 FFD3×3×3 命令制作模型

（1）单击 （创建）→ ◯（几何体）→ 圆柱体 按钮，在顶视图中拖曳创建一个圆柱体，接着在【修改面板】下设置【半径】为 18mm、【高度】为 65mm、【边数】为 45，如图 3-52 所示。

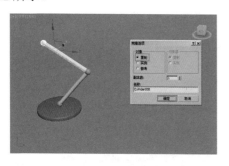
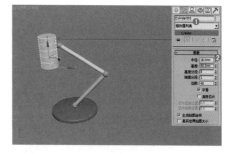

图 3-51   图 3-52

（2）选择上一步创建的圆柱体，单击鼠标右键，在弹出的快捷菜单中选择【转换为】→【转换为可编辑多边形】，如图 3-53 所示。

（3）选择圆柱体，并在【修改器列表】中加载【编辑多边形】命令，进入【多边形】

■，选择如图 3-54 所示的两个多边形（并且需要选择与这个多边形相对的一个多边形，在图中看不到）。单击 插入 按钮后面的【设置】按钮 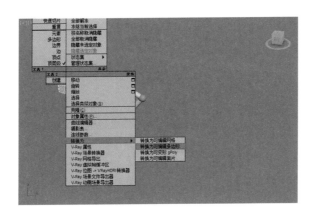，设置【插入类型】为【按多边形】，【数量】为 2mm，如图 3-55 所示。

图 3-53

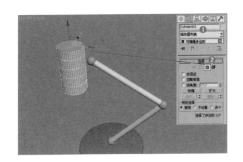

图 3-54

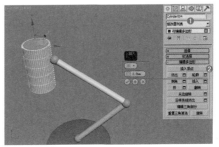

图 3-55

（4）进入【多边形】 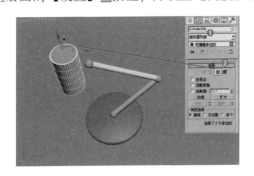，在透视图中选择如图 3-56 所示的多边形，然后单击 挤出 按钮后面的【设置】 按钮，并设置【高度】为 −2mm，如图 3-57 所示。

图 3-56

图 3-57

（5）进入【多边形】 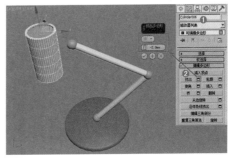，在透视图中选择如图 3-58 所示的多边形，然后单击 挤出 按钮后面的【设置】 按钮，并设置【高度】为 −60mm，如图 3-59 所示。

（6）选择上一步的模型，并在【修改器列表】中加载【FFD3×3×3】命令修改器，进入【控制点】，使用【选择并移动】 工具调节控制点的位置，如图 3-60 所示。

（7）模型最终效果如图 3-61 所示。

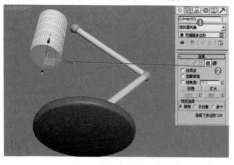

图 3-58

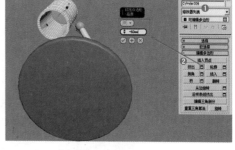

图 3-59

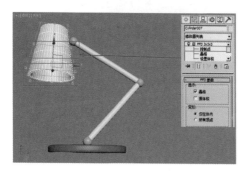

图 3-60

图 3-61

3.3.2 扩展基本体

扩展基本体是 3ds Max Design 复杂基本体的集合，其中包括 13 种对象类型：异面体、环形结、切角长方体、切角圆柱体、油罐、胶囊、纺锤、L-Ext、球棱柱、C-Ext、环形波、棱柱、软管，如图 3-62 所示。

图 3-62

图 3-63 所示为扩展基本体制作的作品。

（1）【异面体】：可以创建出多面体的对象，如图 3-64 所示。

（2）【切角长方体】：可以创建具有倒角或圆形边的长方体、如图 3-65 所示。

（3）【切角圆柱体】：可以创建具有倒角或圆形封口边的圆柱体、如图 3-66 所示。

（4）【油罐】：可以创建带有凸面封口的圆柱体、如图 3-67 所示。

图 3-63

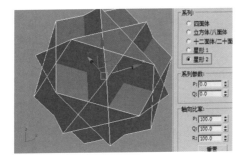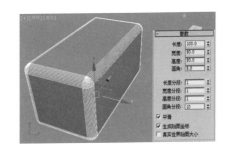

图 3-64　　　　　　　　　　　图 3-65

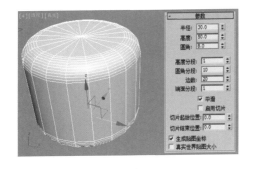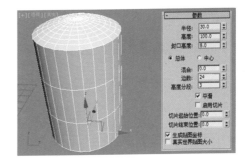

图 3-66　　　　　　　　　　　图 3-67

（5）【胶囊】：可以创建带有半球状封口的圆柱体，如图 3-68 所示。

（6）【纺锤】：可以创建带有圆锥形封口的圆柱体，如图 3-69 所示。

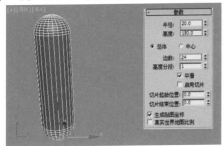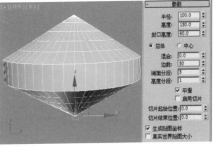

图 3-68　　　　　　　　　　　图 3-69

（7）【L-Ext】：可以创建 L 形对象，如图 3-70 所示。

（8）【球棱柱】：可以创建可选的圆角面边，创建规则面多边形，如图 3-71 所示。

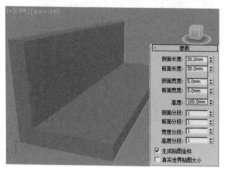
图 3-70

图 3-71

（9）【C-Ext】：可以创建 C 形对象，如图 3-72 所示。

（10）【棱柱】：可以创建带有独立分段面的三面棱柱，如图 3-73 所示。

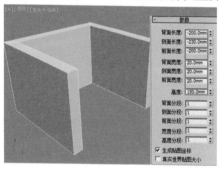
图 3-72

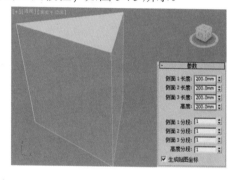
图 3-73

（11）【环形波】：可以创建出环形波状的模型（不太常用），如图 3-74 所示。

（12）【软管】：可以制作软管模型（如饮料吸管），如图 3-75 所示。

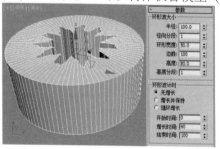
图 3-74

图 3-75

进阶案例 —— 使用切角圆柱体制作沙发

场景文件	无
案例文件	进阶案例 —— 使用切角圆柱体制作沙发 .max
视频教学	DVD/ 多媒体教学 /Chapter03/ 进阶案例 —— 使用切角圆柱体制作沙发 .flv

难易指数	★★☆☆☆
技术掌握	掌握【切角长方体】工具、【线】工具和【FFD4×4×4】命令的运用

本例学习使用扩展基本体下的【切角长方体】工具、【线】工具和【FFD4×4×4】命令来完成模型的制作，最终渲染和线框效果如图 3-76 所示。

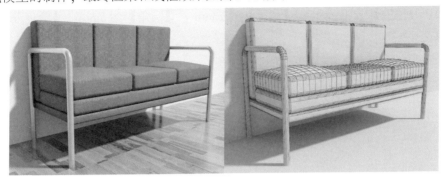

图 3-76

建模思路

01 使用【切角长方体】制作模型。
STEP

02 使用【切角长方体】、【线】和【FFD3×3×3】命令制作模型。
STEP
沙发建模流程如图 3-77 所示。

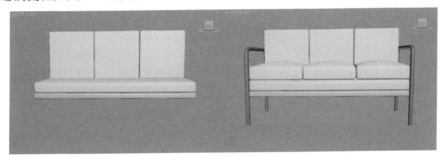

图 3-77

Part1 使用【切角长方体】制作模型

（1）单击 ☀（创建）→ ◎（几何体）→ 扩展基本体 ▼ → 切角长方体 按钮，在顶视图中拖曳并创建一个切角长方体，接着在【修改面板】下设置【长度】为 125mm、【宽度】为 300mm、【高度】为 10mm，【圆角】为 2mm、【圆角分段】为 3mm，如图 3-78 所示。

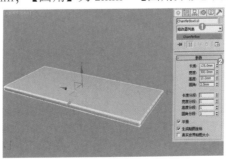

图 3-78

（2）继续在顶视图中拖曳并创建一个切角长方体，接着在【修改面板】下设置【长度】为100mm、【宽度】为300mm、【高度】为20、【圆角】为5、【圆角分段】为5，如图3-79所示。

（3）继续在顶视图中拖曳并创建一个切角长方体，接着在【修改面板】下设置【长度】为120mm、【宽度】为100mm、【高度】为25mm、【圆角】为5mm、【圆角分段】为5，如图3-80所示。

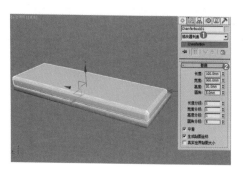
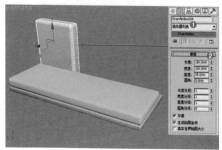

图 3-79   图 3-80

（4）选择上一步创建的切角长方体，并使用 （选择并移动）工具按住【Shift】键进行复制，在弹出的【克隆选项】对话框中选中【复制】单选按钮，设置【副本数】为2，此时场景效果如图3-81所示。

Part2 使用【切角长方体】、【线】和【FFD4×4×4】命令制作模型

（1）在顶视图中拖曳并创建一个【切角长方体】，接着在【修改面板】下设置【长度】为100mm、【宽度】为100mm、【高度】为25mm、【圆角】为5mm、【长度分段】为10、【宽度分段】为10、【圆角分段】为5，如图3-82所示。

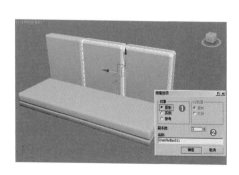
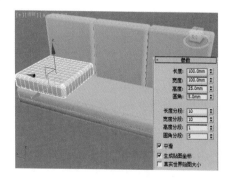

图 3-81   图 3-82

（2）选择上一步的模型，并在【修改器列表】中加载【FFD4×4×4】命令修改器，进入【控制点】，使用【选择并移动】工具，调节控制点的位置，如图3-83所示。

（3）选择上一步创建的切角长方体，并使用 （选择并移动）工具按住【Shift】键进行复制，在弹出的【克隆选项】对话框中选中【复制】单选按钮，设置【副本数】为2，此时场景效果如图3-84所示。

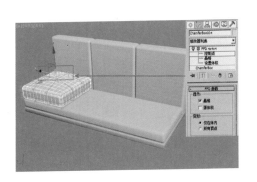

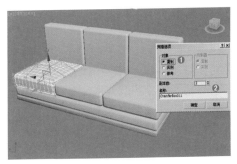

图 3-83　　　　　　　　　　　　　　　　图 3-84

（4）单击 ☀（创建）→ ⬚（图形）→ 样条线 ▼ → 线 ，在左视图中绘制一条样条线，如图 3-85 所示。

（5）接着在【修改面板】下展开【渲染】选项区，选中【在渲染中启用】和【在视口中启用】复选框，并选中【径向】单选按钮，最后设置【厚度】为 8mm，效果如图 3-86 所示。

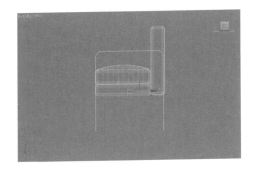

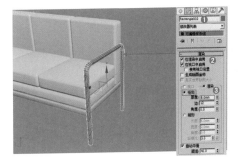

图 3-85　　　　　　　　　　　　　　　　图 3-86

（6）选择上一步创建的样条线，并使用 ✛（选择并移动）工具按住【Shift】键进行复制，在弹出的【克隆选项】对话框中选中【复制】单选按钮，此时场景效果如图 3-87 所示。

（7）模型最终效果如图 3-88 所示。

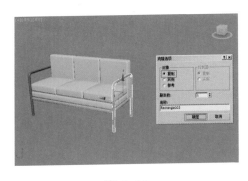

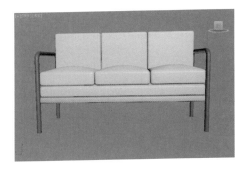

图 3-87　　　　　　　　　　　　　　　　图 3-88

3.4 创建复合对象

　　【复合对象】是一种特殊的建模方式，属于几何体建模，可以快速地制作出特殊的复杂模型，当然这种建模方式并不适合所有的模型。【复合对象】包含 12 种类型：【变形】、【散布】、【一致】、【连接】、【水滴网格】、【图形合并】、【布尔】、【地形】、【放样】、【网格化】、【ProBoolean】和【ProCutter】，如图 3-89 所示。

　　▄ 变形：可以通过两个或多个物体间的形状来制作动画。

　　▄ 一致：可以将一个物体的顶点投射到另一个物体上，使被投射的物体产生变形。

　　▄ 水滴网格：一种实体球，它将近距离的水滴网格融合到一起，用来模拟液体。

图 3-89

　　▄ 布尔：运用【布尔】运算方法对物体进行运算。

　　▄ 放样：可以将二维的图形转化为三维物体。

　　▄ 散布：可以将对象散布在对象的表面，也可以将对象散布在指定的物体上。

　　▄ 连接：可以将两个物体连接成一个物体，同时也可以通过参数来控制该物体的形状。

　　▄ 图形合并：可以将二维造型融合到三维网格物体上，还可以通过不同的参数来切掉三维网格物体的内部或外部对象。

　　▄ 地形：可以将一个或多个二维图形变成一个平面。

　　▄ 网格化：一般情况下都配合粒子系统一起使用。

　　▄ ProBoolean：可以将大量的功能添加到传统的 3dsMax 布尔对象中。

　　▄ ProCutter：可以执行特殊的布尔运算，主要目的是分裂或细分体积。

求生秘籍 —— 技巧提示：最常用的复合物体类型

　　最常用到的是【布尔】、【放样】、【图形合并】3 种复合物体类型，下面将重点讲解这几种类型。

3.4.1 图形合并

　　【图形合并】工具可以将图形快速地添加到三维模型表面，其参数面板如图 3-90 所示。

图 3-90

◢ 拾取图形：单击该按钮，然后单击要嵌入网格对象中的图形。

◢ 参考/复制/移动/实例：指定如何将图形传输到复合对象中。

◢ 【操作对象】列表：在复合对象中列出所有操作对象。

◢ 删除图形：从复合对象中删除选中的图形。

◢ 拾取操作对象：拾取选中操作对象的副本或实例。在列表窗中选择操作对象时此按钮可用。

◢ 实例/复制：指定如何拾取操作对象。可以作为实例或副本进行拾取。

◢ 饼切：切去网格对象曲面外部的图形。

◢ 合并：将图形与网格对象曲面进行合并。

◢ 反转：反转【饼切】或【合并】效果。

◢ 更新：当选中除【始终】之外的任一选项时更新显示。

试一下：图形合并的简单用法

（1）创建图形和球体，并选择图形，如图 3-91 所示。

（2）单击【创建】→【几何体】→【复合对象】→【图形合并】→【拾取图形】按钮，并单击球体，如图 3-92 所示。

（3）最终得到了模型，模型表面带有图形结构线，如图 3-93 所示。

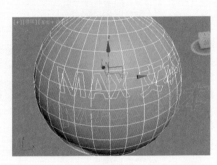

图 3-91   图 3-92   图 3-93

3.4.2 布尔

【布尔】通过对两个以上的物体进行并集、差集、交集运算，从而得到新的模型效果。布尔提供了 5 种运算方式，分别是【并集】、【交集】和【差集（A-B）】、【差集（B-A）】和【切割】。参数设置面板，如图 3-94 所示。

图 3-94

试一下：利用布尔工具制作的不同模型效果

　　（1）创建一个球体和一个长方体，如图 3-95 所示。

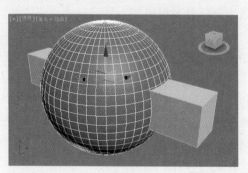

图 3-95

　　（2）首先要考虑选择哪个模型（如先选择球体），然后单击【创建】→【几何体】→【复合对象】→【拾取布尔】→【拾取操作对象 B】按钮，并选中【差集（A-B）】单选按钮，最后单击长方体，如图 3-96 所示。此时出现的模型效果，如图 3-97 所示。

图 3-96　　　　　　　　　　　　　　图 3-97

　　（3）如果选中【并集】单选按钮（见图 3-98），那么最终的模型效果如图 3-99 所示。

　　（4）如果选中【交集】单选按钮（见图 3-100），那么最终的模型效果如图 3-101 所示。

　　（5）如果选中【差集（B-A）】单选按钮（见图 3-102），那么最终的模型效果如图 3-103 所示。

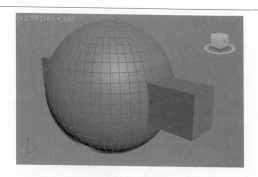

图 3-98　　　　　　　　　　　图 3-99

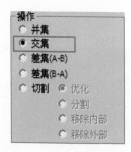

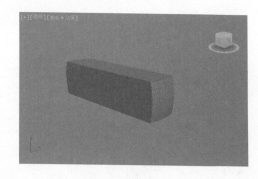

图 3-100　　　　　　　　　　图 3-101

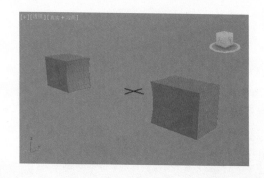

图 3-102　　　　　　　　　　图 3-103

重点▶进阶案例 —— 使用布尔运算制作蔬菜刨丝器

场景文件	无
案例文件	进阶案例 —— 使用布尔运算制作蔬菜刨丝器 .max
视频教学	DVD/ 多媒体教学 /Chapter03/ 进阶案例 —— 使用布尔运算制作蔬菜刨丝器 .flv
难易指数	★★☆☆☆
技术掌握	掌握【布尔】运算的应用

　　本例学习使用样条线下的【线】、标准基本体下的【圆柱体】和复合对象下的【布尔】运算来完成模型的制作，最终渲染和线框效果如图 3-104 所示。

建模思路

01
STEP 使用【线】制作模型。

Chapter 03

02 使用【圆柱体】和【布尔】运算制作模型。
蔬菜刨丝器建模流程图如图 3-105 所示

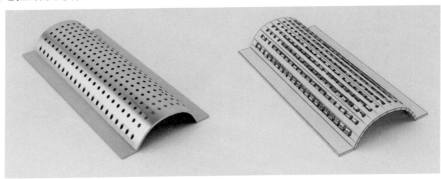

图 3-104

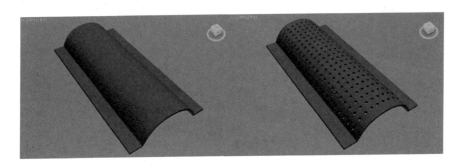

图 3-105

Part1 使用【线】制作模型

（1）单击 ☀ （创建）→ ⚙ （图形）→ 线 按钮，在前视图中绘制出如图 3-106 所示的样条线。

（2）选择绘制出的图形，然后在【修改面板】下加载【挤出】命令修改器，并设置【数量】为 400mm，如图 3-107 所示。

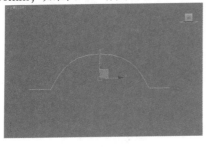

图 3-106

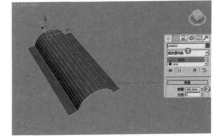

图 3-107

（3）接着在【修改面板】下加载【壳】命令修改器，并设置【内部量】为 3mm、外部量为 2mm，如图 3-108 所示。

Part2 使用【圆柱体】和【布尔】运算制作模型

（1）单击 ☀ （创建）→ ⚪ （几何体）→ 圆柱体 按钮，在顶视图中拖曳创建一个圆柱体，接着在【修改面板】下设置【半径】为 3mm、【高度】为 50mm，如图 3-109 所示。

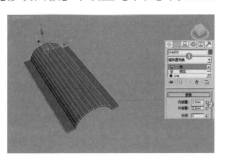

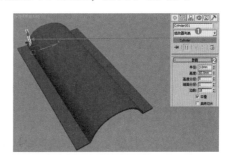

图 3-108   图 3-109

(2) 保持选择上一步中的圆柱体，并使用 （选择并移动）工具按住【Shift】键进行复制，在弹出的【克隆选项】对话框中选中【复制】单选按钮，设置【副本数】为 21，此时场景效果如图 3-110 所示。

(3) 选择所有圆柱体，并使用 （选择并移动）工具按住【Shift】键进行复制，在弹出的【克隆选项】对话框中选中【复制】单选按钮，设置【副本数】为 9，此时场景效果如图 3-111 所示。

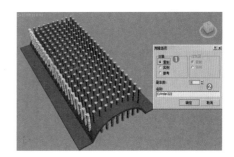

图 3-110   图 3-111

(4) 选择所有圆柱体，在 【实用程序】面板下单击【塌陷】按钮，单击【塌陷选定对象】按钮，使所有的圆柱体成为一个整体，如图 3-112 所示。

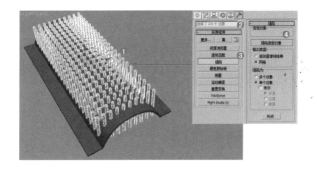

图 3-112

（5）选择蔬菜刨丝器模型，单击 （创建）→ ○（几何体）→【复合对象】→【布尔】，然后选中【差集（A-B）】单选按钮，接着单击 拾取操作对象 B 按钮，最后单击圆柱体，如图 3-113 所示。

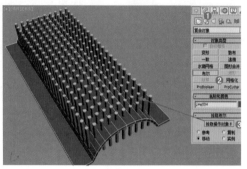

图 3-113

重点 ▶▶求生秘籍 —— 技巧提示：塌陷的目的

选择多个独立的模型，并执行【塌陷】命令，可以将所有选择的模型变为一个整体，这样后面执行【布尔】时就非常方便了。

（6）执行【布尔】运算后的效果，如图 3-114 所示。

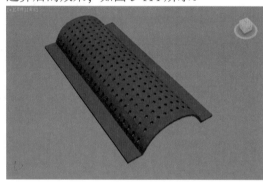

图 3-114

3.4.3 ProBoolean

【ProBoolean】工具与【布尔】工具是一类工具，都可以完成模型与模型之间的并集、交集、差集、切割处理。但是，相对来说【ProBoolean】工具更为高级一些，使用【ProBoolean】工具制作出的模型，表面的布线分布更清晰；而使用【布尔】工具制作的模型，表面的布线非常乱。ProBoolean 的参数面板，如图 3-115 所示。

3.4.4 放样 ◀◀重点

【放样】工具非常强大，可以使用两条样条线快速制作出三维的模型效果。原理很简单，可以理解为使用顶视图、剖面图可以制作出三维模型。【放样】是一种特殊的建模方法，能快速地创建出多种模型，如画框、石膏线、吊顶、踢脚线等，如图 3-116 所示。其参数设置面板如图 3-117 所示。

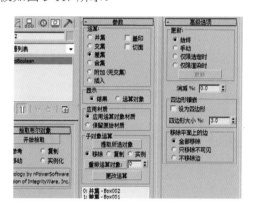

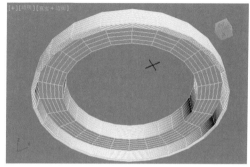

图 3-115   图 3-116

图 3-117

?FAQ 常见问题解答：为什么我创建的放样物体感觉不太对？

    使用两条线可以快速制作出放样的物体，但是制作出来以后可能会发现模型不太正确，此时可以选择放样后的模型，并单击修改，选择【图形】级别，并选择模型的【图形】，如图 3-118 所示。

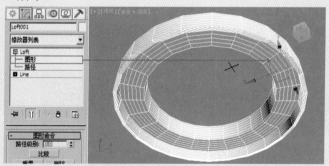

图 3-118

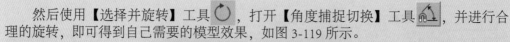

　　然后使用【选择并旋转】工具 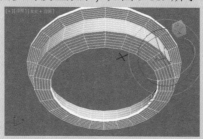，打开【角度捕捉切换】工具，并进行合理的旋转，即可得到自己需要的模型效果，如图 3-119 所示。

图 3-119

试一下： 使用两条线进行放样

　　（1）创建 1 条曲线和 1 条闭合线，如图 3-120 所示。

　　（2）选择曲线，并单击【创建】→【几何体】→【复合对象】→【放样】→【获取图形】按钮，最后再单击闭合线，如图 3-121 所示。

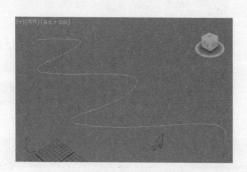

图 3-120　　　　　　　　　　　图 3-121

　　（3）最终得到的三维模型如图 3-122 所示。

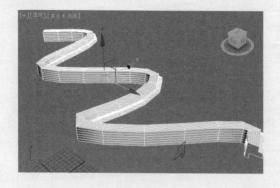

图 3-122

进阶案例（1）—— 使用放样制作顶棚石膏线

场景文件	无
案例文件	进阶案例 —— 使用放样制作顶棚石膏线 .max
视频教学	DVD/ 多媒体教学 /Chapter03/ 进阶案例 —— 使用放样制作顶棚石膏线 .flv
难易指数	★★☆☆☆
技术掌握	掌握【平面】、【样条线】、【放样】工具的运用

本例学习利用标准基本体下的【平面】、【样条线】和复合对象下的【放样】工具来完成模型的制作，最终渲染和线框效果如图 3-123 所示。

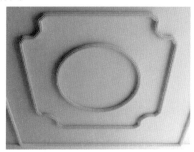

图 3-123

建模思路

01 STEP 使用【平面】制作模型。

02 STEP 使用【样条线】和【放样】工具制作模型。

顶棚石膏线建模流程如图 3-124 所示。

图 3-124

Part1 使用【平面】制作模型

单击 ※ （创建）→ ◎ （几何体）→ 平面 按钮，在顶视图中拖曳并创建一个平面，接着在【修改面板】下设置【长度】为 300mm、【宽度】为 300mm，如图 3-125 所示。

Part2 使用【样条线】和【放样】工具制作模型

（1）单击 ※ （创建）→ ⑤ （图形）→ 样条线 → 矩形 按钮，在顶视图中创建一个矩形，设置【长度】为 300mm，【宽度】为 300mm，如图 3-126 所示。

（2）单击 ※ （创建）→ ⑤ （图形）→ 样条线 → 星形 按钮，在顶视图中创建一个星形，设置【半径 1】为 3mm、【半径 2】为 2mm、【点】为 10，如图 3-127 所示。

（3）选择上一步创建的星形，单击鼠标右键，在弹出的快捷菜单中选择【转换为】→【转换为可编辑样条线】命令，如图 3-128 所示。

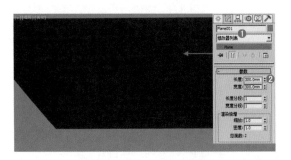

图 3-125

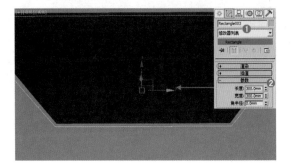

图 3-126

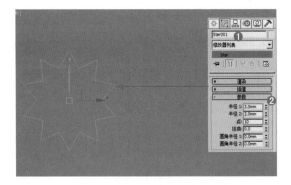

图 3-127

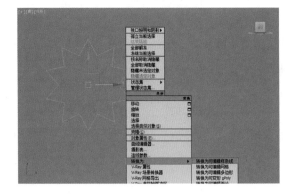

图 3-128

（4）单击（修改）面板进入【line】下的【顶点】 ，选择所有的点，展开【几何体】，设置【圆角】为 0.5mm，如图 3-129 所示。

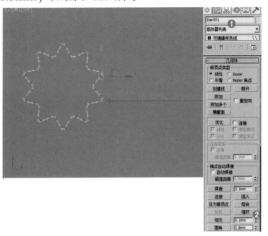

图 3-129

（5）选择上一步创建的星形，单击 （创建）→ （几何体）→复合对象 → 放样 按钮，单击创建方法下的【获取路径】按钮，拾取已创建的【矩形】，如图 3-130 所示。

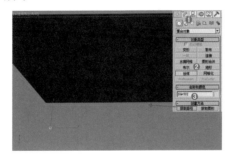

图 3-130

（6）放样后的模型效果如图 3-131 所示。

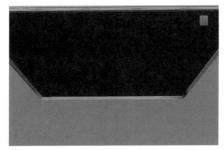

图 3-131

（7）单击 （创建）→ （图形）→ 样条线 ▼ → 线 按钮，在顶视图中创建如图 3-132 所示的样条线。

（8）选择已创建的星形，单击 （创建）→ （几何体）→ 复合对象 ▼ → 放样 按钮，单击创建方法下的【获取路径】按钮，拾取上一步创建的图形，如图 3-133 所示。

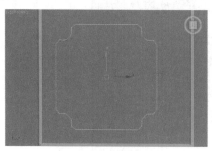

图 3-132

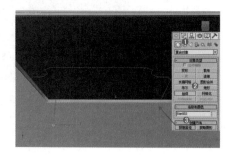

图 3-133

（9）放样后的模型效果如图 3-134 所示。

（10）单击 （创建）→ （图形）→ 样条线 ▼ → 圆 按钮，在顶视图中创建圆，在 （修改）面板下展开【参数】卷展栏，设置半径为 60mm，如图 3-135 所示。

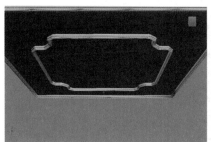

图 3-134

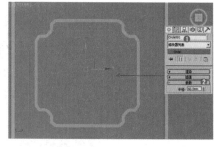

图 3-135

（11）选择已创建的星形，单击 （创建）→ （几何体）→ 复合对象 ▼ → 放样 按钮，单击创建方法下的【获取路径】按钮，拾取上一步创建的圆，如图 3-136 所示。

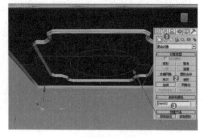

图 3-136

求生秘籍 —— 软件技能：放样后的模型宽度不合适可以修改

在放样后，可能当时绘制的图形大小尺寸不合适，因此需要调整最终放样后模型的宽度，如图 3-137 所示。

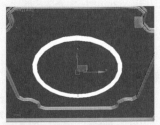

图 3-137

此时可以选择放样后的模型，并单击修改，单击 Loft 下的【图形】，如图 3-138 所示。

图 3-138

选择放样后模型的【图形】，并使用【选择并缩放】工具进行缩放，可以看到模型的宽度发生了变化，如图 3-139 所示。

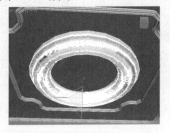

图 3-139

（12）放样后的模型最终效果如图 3-140 所示。

图 3-140

进阶案例（2）—— 使用放样制作窗户

场景文件	无
案例文件	进阶案例 —— 使用放样制作窗户.max
视频教学	DVD/ 多媒体教学 /Chapter03/ 进阶案例 —— 使用放样制作窗户.flv
难易指数	★★☆☆☆
技术掌握	掌握【线】、【矩形】和【放样】工具的运用

本例学习使用【样条线】下的【线】、【矩形】和复合对象下的【放样】工具来完成模型的制作，最终渲染和线框效果如图 3-141 所示。

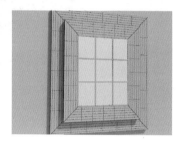

图 3-141

建模思路

01 STEP 使用【样条线】和【放样】工具制作模型。

02 STEP 使用【样条线】和【矩形】工具制作模型。

窗户建模流程如图 3-142 所示。

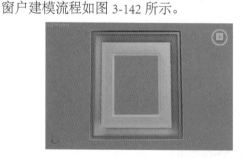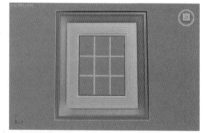

图 3-142

Part1 使用【样条线】和【放样】工具制作模型

（1）单击 ☀（创建）→ ☐（图形）→ 样条线 ▼ → 矩形 按钮，在前视图中创建一个矩形，修改参数，设置【长度】为 300mm、【宽度】为 260mm，如图 3-143 所示。

（2）单击 ☀（创建）→ ☐（图形）→ 样条线 ▼ → 线 按钮，在前视图中绘制一条样条线，如图 3-144 所示。

（3）选择上一步创建的图形，单击 ☀（创建）→ ◯（几何体）→ 复合对象 ▼ → 放样 按钮，单击创建方法下的【获取路径】按钮，拾取已创建的【矩形】，如图 3-145 所示。

（4）放样后的模型效果如图 3-146 所示。

图 3-143

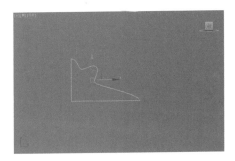

图 3-144

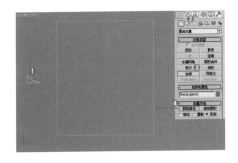

图 3-145

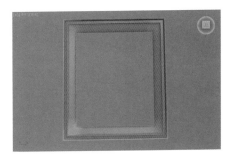

图 3-146

（5）单击 （创建）→ （图形）→样条线 ▼ → 矩形 按钮，在前视图中创建一个矩形，修改参数，设置【长度】为 280mm、【宽度】为 230mm，如图 3-147 所示。

（6）单击 （创建）→ （图形）→样条线 ▼ → 线 按钮，在前视图中绘制一条样条线，如图 3-148 所示。

图 3-147

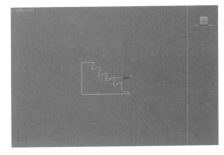

图 3-148

（7）选择上一步创建的图形，单击 （创建）→（几何体）→复合对象 ▼ → 放样 按钮，单击创建方法下的【获取路径】按钮，拾取已创建的【矩形】，如图 3-149 所示。

（8）放样后的模型效果如图 3-150 所示。

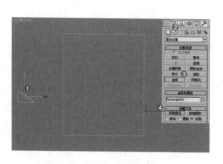

图 3-149   图 3-150

Part2 使用【样条线】和【矩形】工具制作模型

（1）单击 ✱ （创建）→ ⚙ （图形）→ 样条线 ▾ → 矩形 按钮，在前视图中创建一个矩形，在【修改面板】下展开【渲染】卷展栏，选中【在渲染中启用】和【在视口中启用】复选框，并选中【矩形】单选按钮，最后设置【长度】为 1mm、宽度为 3mm，展开【参数】卷展栏，设置【长度】为 180mm、【宽度】为 142mm，效果如图 3-151 所示。

（2）单击 ✱ （创建）→ ⚙ （图形）→ 样条线 ▾ → 线 按钮，在前视图中绘制一条样条线，在【修改面板】下展开【渲染】卷展栏，选中【在渲染中启用】和【在视口中启用】复选框，并选中【矩形】单选按钮，最后设置【长度】为 1mm、宽度为 3mm，效果如图 3-152 所示。

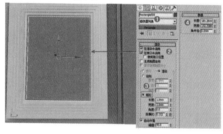
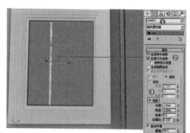

图 3-151   图 3-152

（3）选择上一步创建的样条线，使用 ✛ （选择并移动）工具按住【Shift】键进行复制，在弹出的【克隆选项】对话框中选中【复制】单选按钮，设置【副本数】为 3，并使用 ✛ （选择并移动）工具和 ↻ （选择并旋转）工具，如图 3-153 所示。

（4）模型最终效果如图 3-154 所示。

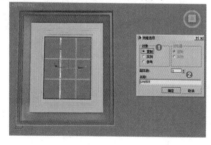
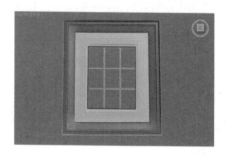

图 3-153   图 3-154

3.5 创建建筑对象

3.5.1 AEC 扩展

　　【AEC 扩展】专门用在建筑、工程和构造等领域，使用【AEC 扩展】对象可以提高创建场景的效率。【AEC 扩展】对象包括【植物】、【栏杆】和【墙】3 种类型，如图 3-155 所示。

图 3-155

1. 植物

　　使用 植物 工具可以快速地创建出系统内置的植物模型。植物的创建方法很简单，首先将【几何体】类型切换为【AEC 扩展】类型，然后单击 植物 按钮，接着在【收藏的植物】下拉列表中选择树种，最后在视图中拖曳光标就可以创建出相应的植物，如图 3-156 所示。植物参数如图 3-157 所示。

图 3-156

图 3-157

　　高度：控制植物的近似高度。这个高度不一定是实际高度，它只是一个近似值。

　　密度：控制植物叶子和花朵的数量。值为 1 表示植物具有完整的叶子和花朵，值为 5 表示植物具有 1/2 的叶子和花朵，值为 0 表示植物没有叶子和花朵。

　　修剪：只适用于具有树枝的植物，可以用来删除与构造平面平行的不可见平面下的树枝。值为 0 表示不进行修剪，值为 1 表示尽可能修剪植物上的所有树枝。

> **求生秘籍——技巧提示：植物的修剪参数**
>
> 3ds Max 从植物上修剪植物取决于植物的种类，如果是树干，则永不进行修剪。

新建：显示当前植物的随机变体，其旁边是【种子】的显示数值。

生成贴图坐标：对植物应用默认的贴图坐标。

显示：该选项区中的参数主要用来控制植物的树叶、果实、花、树干、树枝和根的显示情况，选中相应的复选框后，与其对应的对象就会在视图中显示出来。

视图树冠模式：该选项区用于设置树冠在视口中的显示模式。

未选择对象时：当没有选择任何对象时以树冠模式显示植物。

始终：始终以树冠模式显示植物。

从不：从不以树冠模式显示植物，但是会显示植物的所有特性。

> **求生秘籍——技巧提示：流畅显示和完全显示植物**
>
> 为了节省计算机的资源，可以选中【未选择对象时】或【始终】单选按钮，计算机配置较高的情况下可以选中【从不】单选按钮，如图 3-158 所示。

图 3-158

详细程度等级：该选项区中的参数用于设置植物的渲染细腻程度。

低：这种级别用来渲染植物的树冠。

中：这种级别用来渲染减少了面的植物。

高：这种级别用来渲染植物的所有面。

进阶案例 —— 使用植物制作美洲榆树

场景文件	无
案例文件	进阶案例 —— 使用植物制作美洲榆树 .max
视频教学	DVD/ 多媒体教学 /Chapter03/ 进阶案例 —— 使用植物制作美洲榆树 .flv
难易指数	★★☆☆☆
技术掌握	掌握【植物】工具、【选择并移动】工具的运用

本例学习使用标准基本体下的【植物】来完成模型的制作，最终渲染和线框效果如图 3-159 所示。

制作步骤

美洲榆树建模流程如图 3-160 所示。

图 3-159

图 3-160

（1）单击 ![创建] （创建）→ ![几何体] （几何体）→ AEC 扩展 → 植物 → ![植物图标] （美洲榆）按钮，在顶视图中拖曳创建一株植物，接着在【修改面板】下设置【种子】为 5345018，如图 3-161 所示。

（2）选择上一步创建的模型，并使用 ![选择并移动] （选择并移动）工具按住【Shift】键进行复制，随机复制出若干个模型，效果如图 3-162 所示。

图 3-161　　　　　　　　　　　图 3-162

（3）模型最终效果如图 3-163 所示。

2. 栏杆

【栏杆】对象的组件包括栏杆、立柱和栅栏，可用于制作栏杆模型。图 3-164 所示为栏杆制作的模型。

图 3-163

图 3-164

栏杆的创建方法比较简单，首先将【几何体】类型切换为【AEC 扩展】类型，然后单击 栏杆 按钮，接着在视图中拖曳光标即可创建出栏杆，如图 3-165 所示。栏杆的参数有【栏杆】、【立柱】和【栅栏】3 个卷展栏，如图 3-166 所示。

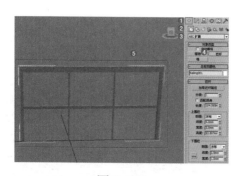

图 3-165   图 3-166

3. 墙

使用【墙】工具，在视图中单击鼠标左键可以快速地创建出墙的模型，如图 3-167 所示。

3.5.2 楼梯

【楼梯】在 3ds Max 2014 提供了 4 种内置的参数化楼梯模型：【直线楼梯】、【L 型楼梯】、【U 型楼梯】和【螺旋楼梯】，如图 3-168 所示。以上 4 种楼梯都包括【参数】、【支撑梁】、【栏杆】和【侧弦】卷展栏，而【螺旋楼梯】还包括【中柱】卷展栏，如图 3-169 所示。

【直线楼梯】、【L 型楼梯】、【U 型楼梯】和【螺旋楼梯】的参数，如图 3-170 所示。

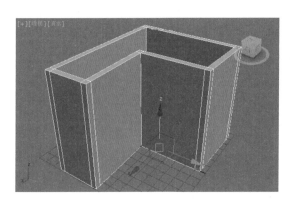

图 3-167

图 3-168

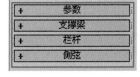

图 3-169

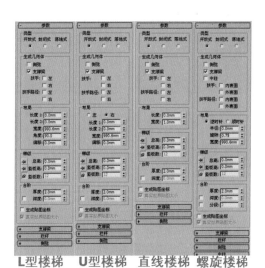

L型楼梯　U型楼梯　直线楼梯　螺旋楼梯

图 3-170

进阶案例 —— 制作 3 种类型的楼梯

场景文件	无
案例文件	进阶案例 —— 制作 3 种类型的楼梯 .max
视频教学	DVD/ 多媒体教学 /Chapter03/ 进阶案例 —— 制作 3 种类型的楼梯 .flv
难易指数	★★☆☆☆
技术掌握	掌握【直线楼梯】工具、【螺旋楼梯】工具、【L 型楼梯】工具的运用

本例学习使用几何体建模下的【直线楼梯】工具、【螺旋楼梯】工具、【L 型楼梯】工具来完成模型的制作，最终渲染和线框效果如图 3-171 所示。

 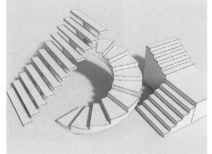

图 3-171

建模思路

01 STEP 使用【直线楼梯】工具制作模型。

02 STEP 使用【螺旋楼梯】工具和【L 型楼梯】工具制作模型。

多种类型楼梯建模流程如图 3-172 所示。

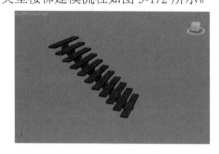 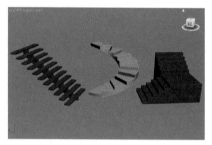

图 3-172

Part1 使用【直线楼梯】工具制作模型

（1）单击 ※（创建）→ ○（几何体）→ 楼梯 ▼ → 直线楼梯 按钮，在顶视图中拖曳创建直线楼梯，如图 3-173 所示。

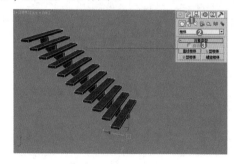

图 3-173

（2）确认直线楼梯处于选择状态，在【修改面板】下设置【类型】为【开放式】，选中【支撑梁】复选框，接着在【布局】选项区中设置【长度】为2500mm、【宽度】为1500mm，在【梯级】选项区中设置【总高】为2040mm，【竖板高】为170mm，在【台阶】选项区中设置【厚度】为60mm，最后设置【支撑梁】的【深度】为200mm、【宽度】为75mm，如图3-174所示。

（3）此时模型效果如图3-175所示。

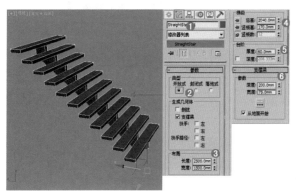
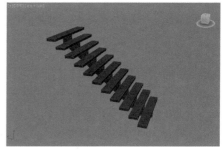

图3-174　　　　　　　　　　　　　　　　图3-175

Part2 使用【螺旋楼梯】工具和【L型楼梯】工具制作楼梯模型

（1）单击 （创建）→ （几何体）→ 楼梯 ▼ → 螺旋楼梯 按钮，在顶视图中拖曳创建，在【修改面板】下设置【类型】为【封闭式】，在【布局】选项区中设置【半径】为500mm、【旋转】为0.75、【宽度】为300mm，在【梯级】选项区中设置【总高】为600mm、【竖板高】为50mm，如图3-176所示。

（2）此时场景效果如图3-177所示。

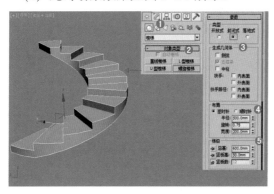
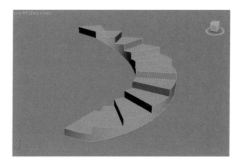

图3-176　　　　　　　　　　　　　　　　图3-177

（3）单击 （创建）→ （几何体）→ 楼梯 ▼ → L型楼梯 按钮，在顶视图中拖曳创建，在【修改面板】下设置【类型】为【落地式】，在【布局】选项区中设置【长度1】为1000mm、【长度2】为900mm、【宽度】为1000mm、【角度】为−90、【偏移】为20mm，在【梯级】选项区中设置【总高】为1200mm、【竖板高】为100mm，如图3-178所示。

（4）此时场景效果如图3-179所示。

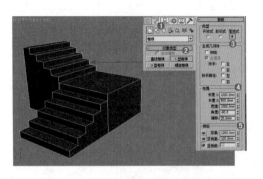

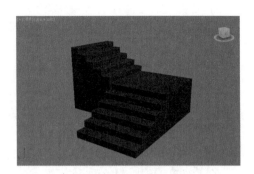

图 3-178　　　　　　　　　　　　　图 3-179

（5）模型最终效果如图 3-180 所示。

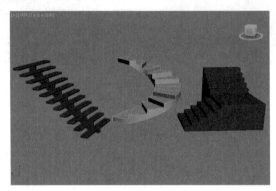

图 3-180

3.5.3 门

3ds Max 2014 中提供了 3 种内置的门模型，分别是【枢轴门】、【推拉门】和【折叠门】，如图 3-181 所示。【枢轴门】是在一侧装有铰链的门；【推拉门】有一半是固定的，另一半可以推拉；【折叠门】的铰链装在中间以及侧端，就像壁橱门一样。

这 3 种门在参数上大部分都是相同的，如图 3-182 所示。

图 3-181　　　　　　　　　　　　　图 3-182

【枢轴门】：可以制作出普通的门，如图 3-183 所示。

【推拉门】：可以制作出左右推拉的门，如图 3-184 所示。

【折叠门】：可以制作出折叠效果的门，如图 3-185 所示。

图 3-183

图 3-184

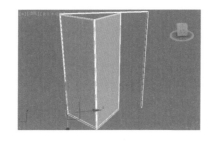
图 3-185

3.5.4 窗

3ds Max 2014 中提供了 6 种内置的窗户模型，分别为【遮篷式窗】、【平开窗】、【固定窗】、【旋开窗】、【伸出式窗】和【推拉窗】（见图 3-186），使用这些内置的窗户模型可以快速地创建出所需要的窗户。

【遮篷式窗】：有一扇通过铰链与其顶部相连的窗框。

【平开窗】：有一到两扇像门一样的窗框，它们可以向内或向外转动。

【固定窗】：是固定的，不能打开，如图 3-187 所示。

【旋开窗】：轴垂直或水平位于其窗框的中心。

【伸出式窗】：有 3 扇窗框，其中两扇窗框打开时像反向的遮篷。

【推拉窗】：有两扇窗框，其中一扇窗框可以沿着垂直或水平方向滑动，如图 3-188 所示。

图 3-186

图 3-187

图 3-188

3.6 创建 VRay 对象

安装好 VRay 渲染器之后，在【创建】面板的几何体类型列表中就会出现 VRay。VRay 物体包括【VR 代理】、【VR 毛皮】、【VR 平面】、【VR 球体】4 种，如图 3-189 所示。

图 3-189

重点▶▶求生秘籍 —— 技术专题：加载 VRay 渲染器

按【F10】键打开【渲染设置】对话框，然后单击【公用】选项卡，展开【指定渲染器】，接着单击第 1 个【选择渲染器】按钮⋯，在弹出的对话框中选择渲染器为 V-Ray Adv 2.40.03（本书的 VRay 渲染器均采用 V-Ray Adv 2.40.03 版本），如图 3-190 所示。

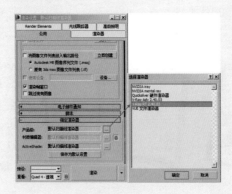

图 3-190

3.6.1 VR代理

【VR代理】物体在渲染时可以从硬盘中将文件(外部)导入到场景中的【VR代理】网格内。场景中的代理物体的网格是一个低面物体，可以节省大量的内存。其使用方法是在物体上单击鼠标右键，然后在弹出的快捷菜单中选择【VRay网格导出】命令，在弹出的【VRay网格导出】对话框中进行相应的设置即可（该对话框主要用来保存VRay网格代理物体的路径），如图3-191所示。图3-192所示为制作的效果。

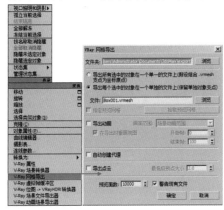

图 3-191 | 图 3-192

▌ 文件夹：代理物体所保存的路径。

▌ 导出所有选中的对象在一个单一的文件上：可以将多个物体合并成一个代理物体进行导出。

▌ 导出每个选中的对象在一个单独的文件上：可以为每个物体创建一个文件来进行导出。

▌ 自动创建代理：是否自动完成代理物体的创建和导入，源物体将被删除。如果没有选中该复选框，则需要增加一个步骤，就是在VRay物体中选择VR_代理物体，然后从网格文件中选择已导出的代理物体来实现代理物体的导入。

3.6.2 VR毛皮

【VR毛皮】可以模拟毛发效果，一般用于制作地毯、皮草、毛巾、草地、动物毛发等，如图3-193所示。其参数设置面板如图3-194所示。

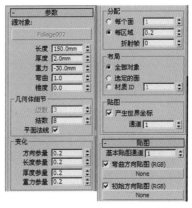

图 3-193 | 图 3-194

重点▶▶进阶案例 —— 使用【VR毛皮】制作地毯

场景文件	无
案例文件	进阶案例 —— 使用 VR 毛皮制作地毯 .max
视频教学	DVD/ 多媒体教学 /Chapter03/ 进阶案例 —— 使用 VR 毛皮制作地毯 .flv
难易指数	★★☆☆☆
技术掌握	掌握【VR毛皮】工具

本例学习使用标准基本体下的【长方体】和 VRay 下的【VR毛皮】工具来完成模型的制作，最终渲染和线框效果如图 3-195 所示。

图 3-195

建模思路

01 STEP 使用【长方体】制作模型。

02 STEP 使用【VR毛皮】制作模型。

毛毯建模流程如图 3-196 所示。

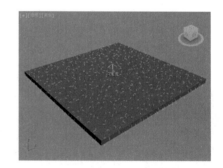

图 3-196

Part1 使用【长方体】制作模型

单击 ☀（创建）→ ⬤（几何体）

→ 长方体 按钮，在顶视图中拖曳并创建一个

长方体，接着在【修改面板】下设置【长度】为

300mm、【宽度】为 300mm、【高度】为

10mm、【长度分段】为 15、【宽度分段】为

15，如图 3-197 所示。

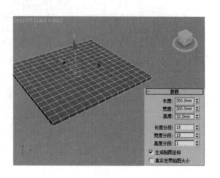

图 3-197

Part2 使用【VR 毛皮】制作模型

（1）选择上一步创建的长方体，单击 （创建）→ ⬤（几何体）→ VRay → VR毛皮 按钮，使长方体赋予上 VR 毛皮效果，如图 3-198 所示。

（2）单击修改面板，展开【参数】，设置【长度】为 6mm、【厚度】为 0.3mm、【重力】为 −3mm、【弯曲】为 1.1mm、【锥度】为 0.2mm，如图 3-199 所示。

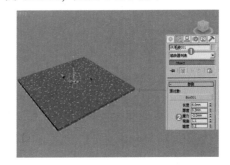

图 3-198 　　　　　　　　　　　　图 3-199

（3）最终模型效果如图 3-200 所示。

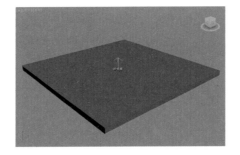

图 3-200

3.6.3 VR 平面

【VR 平面】可以用来模拟一个无限长、无限宽的平面，没有任何参数，如图 3-201 所示。效果如图 3-202 所示。

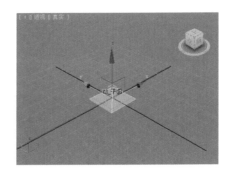

图 3-201 　　　　　　　　　　　　图 3-202

3.6.4 VR 球体

【VR 球体】可以模拟球体的效果，并且可以设置半径的数值，如图 3-203 所示。效果如图 3-204 所示。

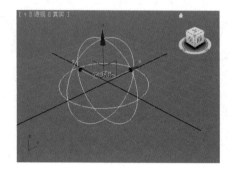

图 3-203   图 3-204

Chapter 04
二维图形建模

本章学习要点：

- 样条线的创建。
- NURBS 曲线的创建。
- 扩展样条线的创建。
- 编辑样条线的方法。

图形是一个由一条或多条曲线或直线组成的对象。3ds Max
中的图形包括样条线、NURBS 曲线、扩展样条线。如图 4-1 所示。

图 4-1

4.1 样条线

样条线由于其灵活性、快速性，深受用户喜欢。使用样条线可以创建出很多线性的模型，
如凳子、椅子等，如图 4-2 所示。

图 4-2

在【创建】面板中单击【图形】按钮，然后设置图形类型为【样条线】，这里有 12 种样条线：【线】、【矩形】、【圆】、【椭圆】、【弧】、【圆环】、【多边形】、【星形】、【文本】、【螺旋线】、【卵形】和【截面】，如图 4-3 所示。

图 4-3

试一下：创建多条线。

在创建样条线时，如果需要多次创建多条线，那么需要选中【开始新图像】前面的复选框，如图 4-4 所示。此时多次创建样条线，会发现每次创建的样条线是独立的，如图 4-5 所示。

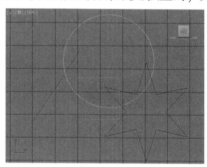

图 4-4　　　　　　　　　　　　　　图 4-5

试一下：创建 1 条线。

在创建样条线时，如果需要多次创建 1 条线，那么需要取消选中【开始新图像】前面的复选框，如图 4-6 所示。此时多次创建样条线，会发现每次创建的样条线都是 1 条，如图 4-7 所示。

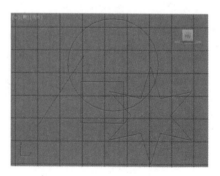

图 4-6　　　　　　　　　　　　　　图 4-7

4.1.1 线

线的参数包括 5 个卷展栏，分别是【渲染】、【插值】、【选择】、【软选择】和【几何体】，如图 4-8 所示。图 4-9 所示为线的效果。

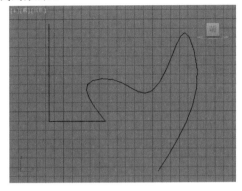

图 4-8　　　　　　　　　　　　　图 4-9

?FAQ 常见问题解答：怎样创建垂直水平的线？怎样创建曲线？

在创建线时，按住【Shift】键的同时，单击鼠标左键，可以创建垂直水平的线，如图 4-10 所示。

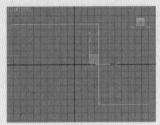

图 4-10

在创建线时，单击鼠标左键并进行拖动，即可创建曲线，如图 4-11 所示。

图 4-11

1. 渲染

【渲染】选项区可以控制线是否渲染为三维效果，如图 4-12 所示。

在渲染中启用：选中该复选框才能渲染出样条线。

在视口中启用：选中该复选框，样条线会以三维的效果显示在视图中。图 4-13 所示为选中该复选框前后的对比效果。

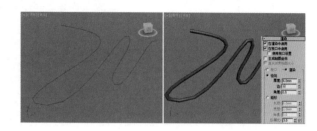

图 4-12   图 4-13

使用视口设置：该复选框只有在选中【在视口中启用】复选框时才可用。

生成贴图坐标：控制是否应用贴图坐标。

真实世界贴图大小：控制应用于对象的纹理贴图材质所使用的缩放方法。

视口 / 渲染：当选中【在视口中启用】复选框时，样条线将显示在视图中；当同时选中【在视口中启用】复选框和【渲染】单选按钮时，样条线在视图和渲染中都可以显示出来。

径向：将三维效果显示为圆柱形。

矩形：将三维效果显示为矩形。

自动平滑：选中该复选框可以激活下面的【阈值】选项，调整【阈值】数值可以自动平滑样条线。

2. 插值

展开【插值】，如图 4-14 所示。

步数：可以手动设置每条样条线的步数。

优化：选中该复选框后，可以从样条线的直线线段中删除不需要的步数。

自适应：选中该复选框后，系统会自适应设置样条线的步数，平滑曲线。

3. 选择

展开【选择】，如图 4-15 所示。

顶点：定义点和曲线切线。

分段：连接顶点。

样条线：一个或多个相连线段的组合。

图 4-14   图 4-15

复制：将命名选择放置到复制缓冲区。

粘贴：从复制缓冲区中粘贴命名选择。

锁定控制柄：每次只能变换一个顶点的切线控制柄，即使是选择了多个顶点。

相似：拖动传入向量的控制柄时，所选顶点的所有传入向量将同时移动。

全部：移动的任何控制柄将影响选择中的所有控制柄，无论它们是否已断裂。

区域选择：允许自动选择所单击顶点的特定半径中的所有顶点。

线段端点：通过单击线段选择顶点。

选择方式：选择所选样条线或线段上的顶点。

显示顶点编号：选中该复选框后，将在所选样条线的顶点旁边显示出顶点编号。

仅选定：选中该复选框后，仅在所选顶点旁边显示顶点编号。

4. 软选择

展开【软选择】，如图 4-16 所示。

使用软选择：在可编辑对象或【编辑】修改器的子对象层级上影响【移动】、【旋转】和【缩放】功能的操作。

边距离：选中该复选框后，将软选择限制到指定的面数，该选择在进行选择的区域和软选择的最大范围之间。

影响背面：选中该复选框后，那些法线方向与选定子对象平均法线方向相反的、取消选择的面都会受到软选择的影响。

衰减：用以定义影响区域的距离，它是用当前单位表示的从中心到球体的边的距离。

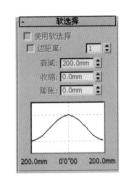

图 4-16

收缩：沿着垂直轴提高并降低曲线的顶点。

膨胀：沿着垂直轴展开和收缩曲线。

着色面切换：显示颜色渐变，它与软选择范围内面上的软选择权重相对应。

锁定软选择：锁定软选择，以防止对按程序的选择进行更改。

5. 几何体

展开【几何体】，如图 4-17 所示。

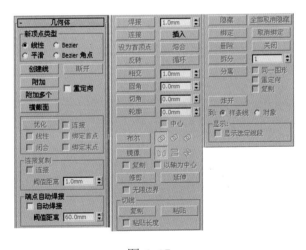

图 4-17

创建线：向所选对象添加更多样条线。

断开：在选定的一个或多个顶点拆分样条线，如图 4-18 所示。

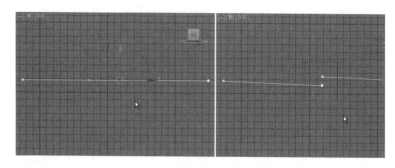

图 4-18

附加：单击该按钮后，在视图中单击多条样条线，可以使其附加变为一条。

附加多个：单击该按钮可以显示【附加多个】列表，在列表中可以选择需要附加的某些线。

横截面：在横截面形状外面创建样条线框架。

优化：单击该按钮后，可以在线上单击鼠标左键添加点，如图 4-19 所示。

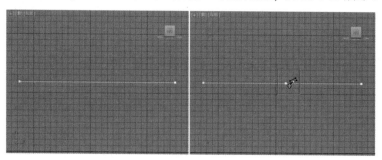

图 4-19

连接：选中该复选框，通过连接新顶点创建一个新的样条线子对象。

自动焊接：选中该复选框后，会自动焊接在一定阈值距离范围内的顶点。

阈值距离：阈值距离微调器是一个近似设置，用于控制在自动焊接顶点之前，两个顶点接近的程度。

焊接：将两个端点顶点或同一样条线中的两个相邻顶点转化为一个顶点，如图 4-20 所示。

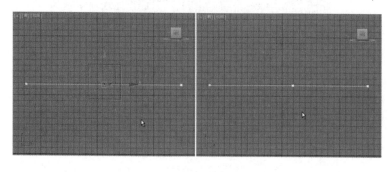

图 4-20

连接：连接两个端点顶点以生成一个线性线段，而无论端点顶点的切线值是多少。

设为首顶点：指定所选形状中的哪个顶点是第一个顶点。

熔合：将所有选定顶点移至它们的平均中心位置。

反转：单击该按钮可以将选择的样条线进行反转。

循环：单击该按钮可以选择循环的顶点。

相交：在属于同一个样条线对象的两个样条线的相交处添加顶点。

圆角：允许在线段会合的地方设置圆角，添加新的控制点，如图 4-21 所示。

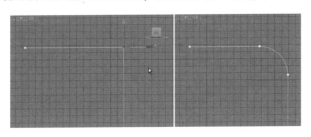

图 4-21

切角：允许使用【切角】功能设置形状为角部的倒角，如图 4-22 所示。

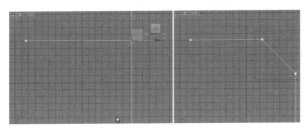

图 4-22

复制：单击该按钮，然后单击一个控制柄。此操作将把所选控制柄切线复制到缓冲区。

粘贴：单击该按钮，然后单击一个控制柄。此操作将把控制柄切线粘贴到所选顶点。

粘贴长度：选中复选框后，还会复制控制柄长度。

隐藏：隐藏所选顶点和任何相连的线段。

全部取消隐藏：显示任何隐藏的子对象。

绑定：允许创建绑定顶点。

取消绑定：允许断开绑定顶点与所附加线段的连接。

删除：选择顶点，并单击该按钮可以将顶点进行删除，并且图形自动调整形状。

显示选定线段：选中该复选框后，顶点子对象层级的任何所选线段将高亮显示为红色。

进阶案例（1）—— 使用线制作凳子

场景文件	无
案例文件	进阶案例 —— 使用线制作凳子 .max
视频教学	DVD/ 多媒体教学 /Chapter 04/ 进阶案例 —— 使用线制作凳子 .flv
难易指数	★★☆☆☆
技术掌握	掌握【线】工具、【圆柱体】工具的运用

本例学习使用样条线下的【线】和【圆柱体】工具来完成模型的制作，最终渲染和线框效果如图 4-23 所示。

图 4-23

建模思路

01 STEP 使用【圆柱体】制作模型。
02 STEP 使用【样条线】制作模型。
凳子建模流程如图 4-24 所示。

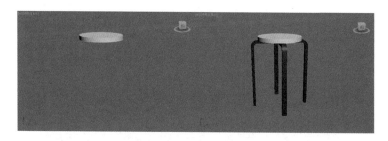

图 4-24

制作步骤

Part 1 使用【圆柱体】制作模型

（1）启动 3ds Max 2014 中文版，单击菜单栏中的【自定义】→【单位设置】命令，弹出【单位设置】对话框，将【显示单位比例】和【系统单位比例】设置为【毫米】，如图 4-25 所示。

（2）单击 ☀（创建）→ ◯（几何体）→ 圆柱体 按钮，在顶视图中拖曳创建一个圆柱体，接着在【修改面板】下设置【半径】为 40mm、【高度】为 7mm、【高度分段】为 1、【端面分段】为 1、【边数】为 30，如图 4-26 所示。

图 4-25

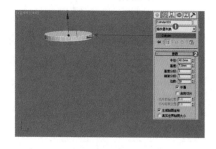

图 4-26

Part 2 使用样条线制作模型

（1）单击 （创建）→ （图形）→ 样条线 ▼ → 线 按钮，在前视图中创建一个图形，如图 4-27 所示。

（2）在【修改面板】下展开【渲染】卷展栏，选中【在渲染中启用】和【在视口中启用】复选框，并选中【矩形】单选按钮，设置【长度】为 8mm、【宽度】为 5mm，模型效果如图 4-28 所示。

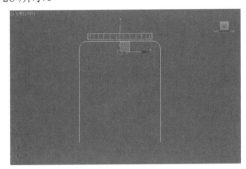

图 4-27

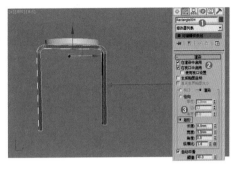

图 4-28

求生秘籍 —— 技巧提示：线可以直接变为三维模型

绘制一条线后，可以单击修改，并选中【在渲染中启用】和【在视口中启用】复选框，此时无论是在视图中的显示还是最终的渲染效果，都可以看到线变成了三维的模型，因此线是非常有用的工具。

（3）选择上一步创建的样条线，并使用 （选择并移动）工具按住 Shift 键进行复制，在弹出的【克隆选项】对话框中选中【复制】单选按钮，此时场景效果如图 4-29 所示。

（4）最终模型效果如图 4-30 所示。

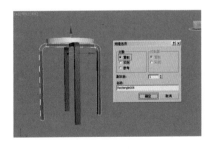

图 4-29

图 4-30

进阶案例（2）—— 使用线制作简易茶几

场景文件	无
案例文件	进阶案例 —— 使用线制作简易茶几 .max
视频教学	DVD/ 多媒体教学 /Chapter 04/ 进阶案例 —— 使用线制作简易茶几 .flv
难易指数	★★☆☆☆
技术掌握	掌握【线】工具和【挤出】命令的运用

本例学习使用样条线下的【线】工具和【挤出】命令来完成模型的制作，最终渲染和线框效果如图 4-31 所示。

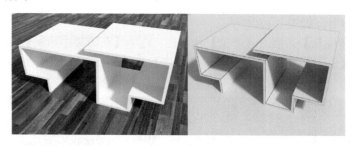

图 4-31

建模思路

家具建模流程如图 4-32 所示。

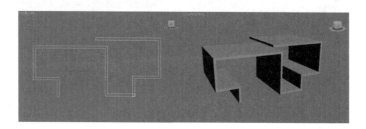

图 4-32

制作步骤

（1）单击 ＊（创建）→ ◯（图形）→ 样条线 ▼ → 线 按钮，在前视图中创建如图 4-33 所示的样条线。

（2）在修改面板下，进入【line】下的【样条线】 ⌒ 级别，在 轮廓 按钮后面输入 4mm，并按【Enter】键结束，如图 4-34 所示。

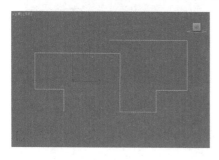

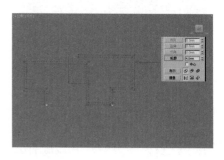

图 4-33   图 4-34

（3）选择上一步创建的样条线，为其加载【挤出】修改器命令。在修改面板下展开【参数】，设置【数量】为 120mm，如图 4-35 所示。

（4）最终模型效果如图 4-36 所示。

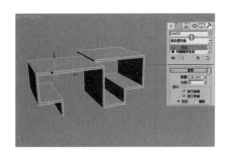 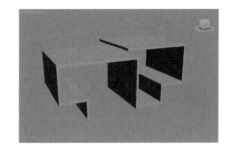

图 4-35　　　　　　　　　　　　　　　　图 4-36

进阶案例（3）—— 使用线制作靠椅

场景文件	无
案例文件	进阶案例 —— 使用线制作靠椅 .max
视频教学	DVD/ 多媒体教学 /Chapter 04/ 进阶案例 —— 使用线制作靠椅 .flv
难易指数	★★☆☆☆
技术掌握	掌握【线】工具、【长方体】工具和【挤出】命令的运用

本例学习使用样条线下的【线】工具、【长方体】工具和【挤出】命令来完成模型的制作，最终渲染和线框效果如图 4-37 所示。

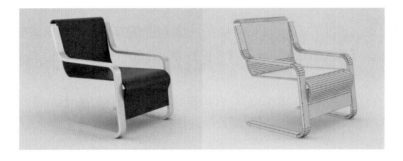

图 4-37

建模思路

01 STEP 使用【线】和【长方体】工具制作模型。

02 STEP 使用【线】和【挤出】命令制作模型。

靠椅建模流程如图 4-38 所示。

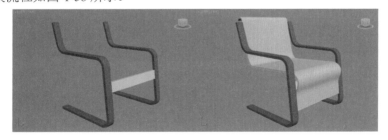

图 4-38

制作步骤

Part 1 使用【线】和【长方体】工具制作模型

（1）单击 ❈ （创建）→ ◷ （图形）→ 样条线 ▼ → 线 按钮，在前视图中创建如图 4-39 所示的样条线。

（2）在【修改面板】下展开【渲染】卷展栏，选中【在渲染中启用】和【在视口中启用】复选框，并选中【矩形】单选按钮，设置【长度】为 12mm、【宽度】为 4mm，模型效果如图 4-40 所示。

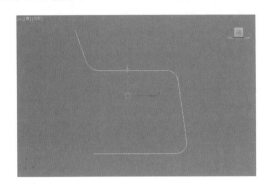
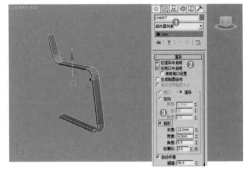

图 4-39   图 4-40

（3）单击 ❈ （创建）→ ◯ （几何体）→ 长方体 按钮，在顶视图中拖曳并创建一个长方体，接着在【修改面板】下设置【长度】为 15mm、【宽度】为 3.5mm、【高度】为 110mm，如图 4-41 所示。

（4）选择已创建的模型，并使用 ✤ （选择并移动）工具按住【Shift】键进行复制，在弹出的【克隆选项】对话框中选中【复制】单选按钮，如图 4-42 所示。

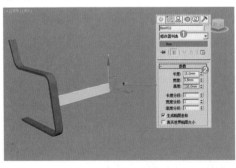
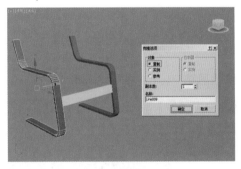

图 4-41   图 4-42

Part 2 使用【线】和【挤出】命令制作模型

（1）单击 ❈ （创建）→ ◷ （图形）→ 样条线 ▼ → 线 按钮，在前视图中创建如图 4-43 所示的样条线。

（2）在修改面板下，进入【line】下的【样条线】 ⋀ 级别，在 轮廓 按钮后面输入 2mm，并按【Enter】键结束，如图 4-44 所示。

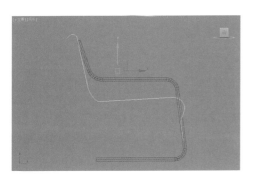

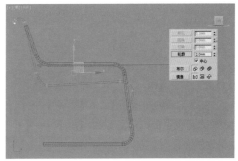

图 4-43　　　　　　　　　　　　　　　　图 4-44

求生秘籍——技巧提示：轮廓等后面的文本框可以输入数值

在【轮廓】、【圆角】等参数的后面都有可以输入数值的文本框。当输入数值并按【Enter】键后，会发现数值又变成 0 了，其实这时已经设置完成了，3ds Max又自动将数值复位为 0 了。

（3）选择上一步创建的样条线，为其加载【挤出】修改器命令。在修改面板下展开【参数】，设置【数量】为 110mm，如图 4-45 所示。

（4）最终模型效果如图 4-46 所示。

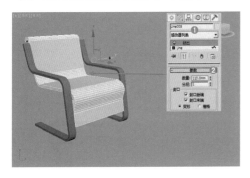

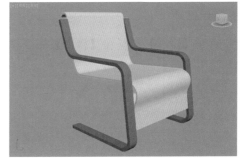

图 4-45　　　　　　　　　　　　　　　　图 4-46

4.1.2 矩形

使用【矩形】可以创建正方形或矩形的样条线。【矩形】的参数包括【渲染】、【插值】和【参数】3 个卷展栏，如图 4-47 所示。创建的矩形样条线效果，如图 4-48 所示。

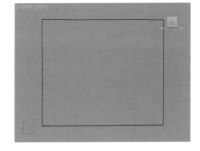

图 4-47　　　　　　　　　　　　　　　　图 4-48

进阶案例 —— 使用线和矩形制作书架

场景文件	无
案例文件	进阶案例 —— 使用线和矩形制作书架 .max
视频教学	**DVD/** 多媒体教学 **/Chapter 04/** 进阶案例 —— 使用线和矩形制作书架 .flv
难易指数	★★☆☆☆
技术掌握	掌握【线】、【矩形】工具和【挤出】命令的运用

本例学习使用样条线下的【线】、【矩形】工具和【挤出】命令来完成模型的制作，最终渲染和线框效果如图 4-49 所示。

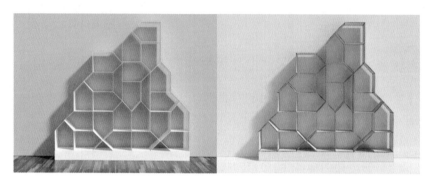

图 4-49

建模思路

01 STEP 使用【矩形】工具和【挤出】命令制作模型。

02 STEP 使用【线】制作模型。

装饰建模流程如图 4-50 所示。

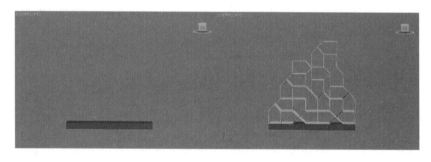

图 4-50

制作步骤

Part 1 使用【矩形】工具和【挤出】命令制作模型

（1）单击 ✳ （创建）→ ❑ （图形）→ 样条线 ▼ → 矩形 按钮，在前视图中创建一个矩形，在修改面板下设置【长度】为 41mm、【宽度】为 432mm，如图 4-51 所示。

（2）选择上一步创建的样条线，为其加载【挤出】修改器命令。在修改面板下展开【参数】卷展栏，设置【数量】为 30mm，如图 4-52 所示。

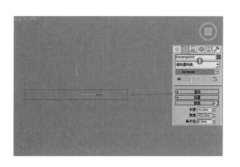　　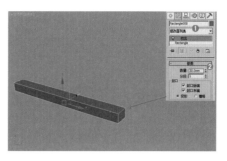

图 4-51　　　　　　　　　　　　　图 4-52

Part 2　使用【线】制作模型

（1）单击 ＊ （创建）→ ⬡ （图形）→ 样条线 ▼ → 线 按钮，在前视图中创建如图 4-53 所示的样条线。

（2）选择模型，单击鼠标右键，在弹出的快捷菜单中选择【转换为】→【转换为可编辑样条线】命令，如图 4-54 所示。

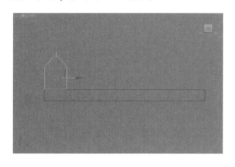

图 4-53　　　　　　　　　　　　　图 4-54

（3）在【修改面板】下展开【渲染】，选中【在渲染中启用】和【在视口中启用】复选框，并选中【矩形】单选按钮，设置【长度】为 40mm、宽度为 1mm，如图 4-55 所示。

（4）选择上一步创建的模型，使用 ✛ （选择并移动）工具按住【Shift】键进行复制，在弹出的【克隆选项】对话框中选中【复制】单选按钮，并使用 ✛ （选择并移动）工具和 ↻ （选择并旋转）工具摆放位置，如图 4-56 所示。

　　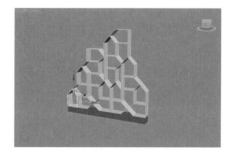

图 4-55　　　　　　　　　　　　　图 4-56

（5）最终模型效果如图 4-57 所示。

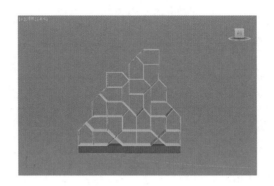

图 4-57

4.1.3 圆

使用圆形来创建由 4 个顶点组成的闭合圆形样条线。【圆形】的参数包括【渲染】、【插值】和【参数】3 个卷展栏，如图 4-58 所示。圆的效果如图 4-59 所示。

图 4-58

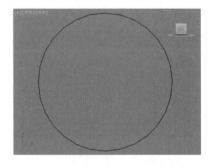

图 4-59

进阶案例 —— 使用圆和线制作圆桌

场景文件	无
案例文件	进阶案例 —— 使用圆和线制作圆桌 .max
视频教学	DVD/ 多媒体教学 /Chapter 04/ 进阶案例 —— 使用圆和线制作圆桌 .flv
难易指数	★★☆☆☆
技术掌握	掌握【线】、【圆】工具

本例学习使用样条线下的【线】、【圆】工具来完成模型的制作，最终渲染和线框效果如图 4-60 所示。

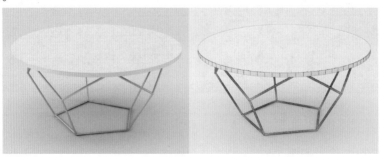

图 4-60

建模思路

01 STEP 使用【圆】和【挤出】修改器制作圆形模型。

02 STEP 使用【线】制作底部支撑模型。

圆桌建模流程如图 4-61 所示。

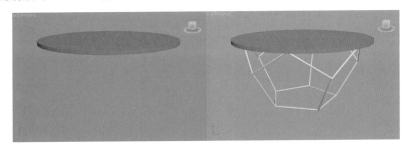

图 4-61

制作步骤

Part 1 使用【圆】和【挤出】修改器制作圆形模型。

（1）单击 ✳（创建）→ ⌕（图形）→ 样条线 ▼ → 圆 按钮，在前视图中创建如图 4-62 所示的圆。

（2）单击修改，并设置【步数】为 20、【半径】为 180mm。如图 4-63 所示。

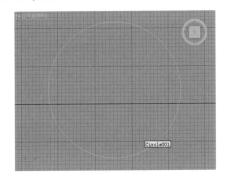

图 4-62　　　　　　　　　图 4-63

（3）单击修改，为其添加【挤出】修改器，并设置【数量】为 8mm，如图 4-64 所示。

（4）此时的效果如图 4-65 所示。

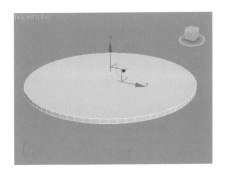

图 4-64　　　　　　　　图 4-65

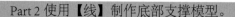

Part 2 使用【线】制作底部支撑模型。

(1) 单击 ✳ (创建) → ⌖ (图形) → 样条线 ▼ → 线 按钮,在前视图中创建一个图形,如图 4-66 所示。

(2) 在【修改面板】下展开【渲染】,选中【在渲染中启用】和【在视口中启用】复选框,并选中【径向】单选按钮,设置【厚度】为 4mm,并使用 ↻ (选择并旋转) 工具调节模型角度,模型效果如图 4-67 所示。

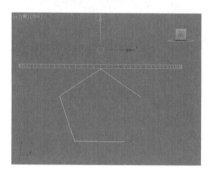
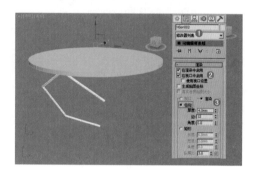

图 4-66   图 4-67

(3) 选择刚才创建的线,并单击修改,单击 仅影响轴 按钮,并将轴心移动到物体的正中心,如图 4-68 所示。

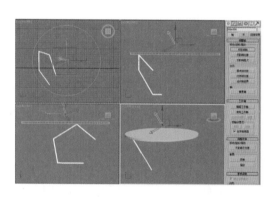

图 4-68

(4) 此时再次单击 仅影响轴 按钮,代表完成了轴心的移动。

重点▶▶求生秘籍 —— 软件技能:使用【仅影响轴】的原因

默认情况下物体的中心在物体本身的中心,但是有的时候(如要创建本案例的桌子腿)桌子腿的中心应该在桌子的中心,而不是桌子腿的中心,那么就需要将物体的轴心进行位置的调整,此时就要用到【仅影响轴】这个工具了。

(5) 单击【角度捕捉切换】工具 ⟁,并右键单击该工具,在【栅格和捕捉设置】对话框中设置【选项】下面的【角度】为 2,如图 4-69 所示。

图 4-69

求生秘籍 —— 技巧提示：旋转复制时正确计算应该复制多少度

首先要知道旋转一周是 360°，需要计算下面 3 个问题。

①复制几个：例如，该案例中需要最终制作 5 个桌子腿，因此需要复制 4 个桌子腿。

②复制多少度：既然一共要制作 5 个桌子腿，那么 360°÷5=72°。

③角度捕捉切换设置的角度为多少：既然算出来是 72°，那么就可以将角度捕捉切换的数值设置为 2、4 或 6。

（6）选择上一步创建的模型，使用 ◯ （选择并旋转）工具按住【Shift】键旋转 72° 进行复制，并在【克隆选项】对话框中设置【对象】为【实例】，设置【副本数】为 4，如图 4-70 所示。

（7）复制后的效果，如图 4-71 所示。

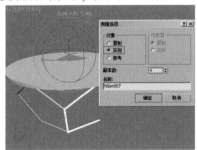

图 4-70

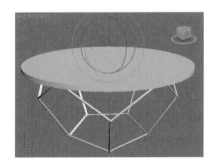

图 4-71

（8）最终模型效果如图 4-72 所示。

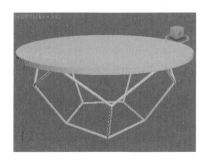

图 4-72

4.1.4 椭圆

使用【椭圆】可以创建椭圆形和圆形样条线。其参数面板如图 4-73 所示。椭圆的效果如图 4-74 所示。

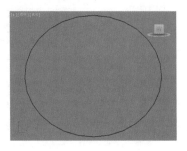

图 4-73　　　　　　　　　　　图 4-74

4.1.5 弧

使用【弧形】来创建由 4 个顶点组成的打开和闭合圆形弧形。【弧形】的参数包括【渲染】、【插值】和【参数】3 个卷展栏，如图 4-75 所示。弧的效果如图 4-76 所示。

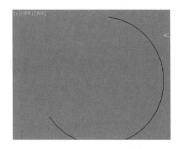

图 4-75　　　　　　　　　　　图 4-76

4.1.6 圆环

使用【圆环】可以通过两个同心圆创建封闭的形状。每个圆都由 4 个顶点组成。其参数面板如图 4-77 所示。圆环的效果如图 4-78 所示。

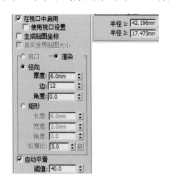
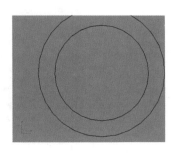

图 4-77　　　　　　　　　　　图 4-78

4.1.7　多边形

使用【多边形】可以创建具有任意面数或顶点数的闭合平面或圆形样条线。【多边形】的参数包括【渲染】、【插值】和【参数】3个卷展栏，如图4-79所示。多边形的效果如图4-80所示。

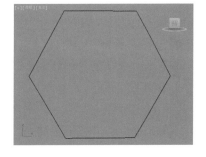

图 4-79　　　　　　　　　　　　　　　图 4-80

4.1.8　星形

使用【星形】可以创建具有很多点的闭合星形样条线。星形样条线使用两个半径来设置外点和内谷之间的距离。【星形】的参数包括【渲染】、【插值】和【参数】3个卷展栏如图4-81所示。星形的效果如图4-82所示。

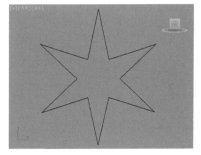

图 4-81　　　　　　　　　　　　　　　图 4-82

4.1.9　文本

使用文本样条线可以很方便地在视图中创建出文字模型，并且可以更改字体类型和字体大小，其参数设置面板如图4-83所示。文本的效果如图4-84所示。

图 4-83　　　　　　　　　　　　　　　图 4-84

【斜体样式】按钮 I：单击该按钮可以将文件切换为斜体文本。

【下画线样式】按钮 U：单击该按钮可以将文本切换为下画线文本。

【左对齐】按钮：单击该按钮可以将文本对齐到边界框的左侧。

【居中】按钮：单击该按钮可以将文本对齐到边界框的中心。

【右对齐】按钮：单击该按钮可以将文本对齐到边界框的右侧。

【对正】按钮：分隔所有文本行以填充边界框的范围。

大小：设置文本高度，默认值为 100mm。

字间距：设置文字间的间距。

行间距：调整字行间的间距。

文本：在此可以输入文字，若要输入多行文字，可以按 Enter 键切换到下一行。

重点▶▶进阶案例 —— 使用文本制作 LOGO 墙

场景文件	无
案例文件	进阶案例 —— 使用文本制作 LOGO 墙 .max
视频教学	DVD/ 多媒体教学 /Chapter 04/ 进阶案例 —— 使用文本制作 LOGO 墙 .flv
难易指数	★★☆☆☆
技术掌握	掌握【文本】、【长方体】工具和【倒角】命令的运用

本例学习使用样条线下的【文本】、【长方体】工具和【倒角】命令来完成模型的制作，最终渲染和线框效果如图 4-85 所示。

图 4-85

建模思路

01
STEP 使用【长方体】制作模型。

02
STEP 使用【文本】和【倒角】制作模型。

LOGO 墙建模流程如图 4-86 所示。

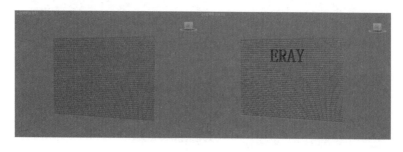

图 4-86

制作步骤

Part 1 使用【长方体】制作模型

（1）单击 （创建）→ ○（几何体）→ 长方体 按钮，在顶视图中拖曳并创建一个长方体，接着在【修改面板】下设置【长度】为 8mm、【宽度】为 600mm、【高度】为 3mm，如图 4-87 所示。

（2）选择已创建的模型，并使用 ✛（选择并移动）工具按住【Shift】键进行复制，在弹出的【克隆选项】对话框中选中【复制】单选按钮，设置【副本数】为 40，此时场景效果如图 4-88 所示。

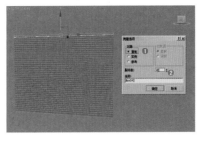

图 4-87　　　　　　　　　　图 4-88

Part 2 使用【文本】和【倒角】制作模型

（1）单击 ❈（创建）→ ♉（图形）→ 样条线 → 文本 按钮，在【文本】下设置文字为【ERAY】，在前视图中创建如图 4-89 所示的样条线。

（2）选择上一步创建的文本，为其加载【倒角】修改器命令。在修改面板下展开【参数】，设置【起始轮廓】为 1.5mm，设置【高度】为 15mm、【轮廓】为−2mm，如图 4-90 所示。

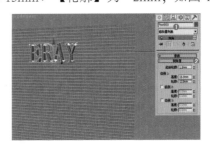

图 4-89　　　　　　　　　　图 4-90

（3）最终模型效果如图 4-91 所示。

图 4-91

4.1.10 螺旋线

使用【螺旋线】可创建开口平面或 3D 螺旋线。【螺旋线】的参数包括【渲染】和【参数】2 个卷展栏，如图 4-92 所示。螺旋形的效果如图 4-93 所示。

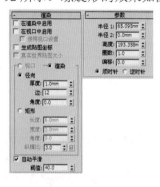

图 4-92   图 4-93

4.1.11 卵形

卵形图形是只有一条对称轴的椭圆形。其参数面板如图 4-94 所示。卵形的效果如图 4-95 所示。

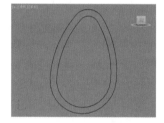

图 4-94   图 4-95

4.1.12 截面

截面是一种特殊类型的样条线，可以通过几何体对象基于横截面切片生成图形。其参数面板如图 4-96 所示。截面的效果如图 4-97 所示。

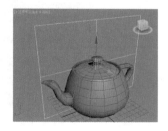

图 4-96   图 4-97

4.2 NURBS 曲线

4.2.1 认识 NURBS 曲线

图 4-98

NURBS 表示非均匀有理数样条线，是设计和建模曲面的行业标准。它特别适合于为含有复杂曲线的曲面建模。NURBS 是常用的方式，这是因为这些对象很容易交互操纵，且创建它们的算法效率高，计算稳定性好。

NURBS 曲线包含【点曲线】和【CV 曲线】两种，如图 4-98 所示。

1. 点曲线

【点曲线】由点来控制曲线的形状，每个点始终位于曲线上，如图 4-99 所示。

2. CV 曲线

【CV 曲线】由控制顶点（CV）来控制曲线的形状，这些控制顶点不必位于曲线上，如图 4-100 所示。

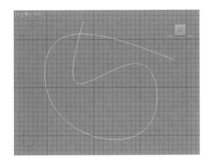

图 4-99

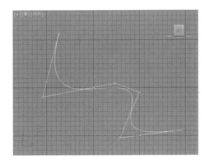

图 4-100

4.2.2 转换为 NURBS 对象

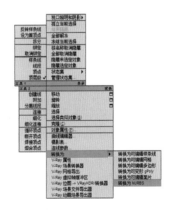

NURBS 对象可以直接创建出来，也可以通过转换的方法将对象转换为 NURBS 对象。将对象转换为 NURBS 对象的方法主要有以下 3 种。

（1）选择对象，然后单击鼠标右键，在弹出的快捷菜单中选择【转换为】→【转换为 NURBS】命令，如图 4-101 所示。

（2）选择对象，进入【修改】面板，在修改器列表中的对象上单击鼠标右键，在弹出的快捷菜单中选择 NURBS 命令，如图 4-102 所示。

（3）为对象加载【挤出】或【车削】修改器，设置【输出】为 NURBS，如图 4-103 所示。

图 4-101

图 4-102   图 4-103

4.2.3 编辑 NURBS 对象

在 NURBS 对象的参数设置面板中共有 6 个参数, 分别是【渲染】、【常规】、【曲线近似】、【创建点】、【创建曲线】和【创建曲面】, 如图 4-104 所示。

1. 渲染

【渲染】中的参数与【线】工具中该参数是完全一致的, 如图 4-105 所示。

2. 常规

【常规】中包含【附加】、【导入】、【显示】以及【NURBS 工具箱】, 如图 4-106 所示。

 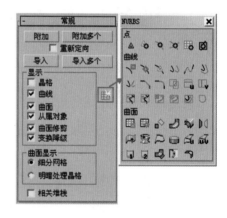

图 4-104   图 4-105   图 4-106

3. 曲线近似

【曲线近似】与【曲面近似】相似, 主要用于控制曲线的步数及曲线细分的级别, 如图 4-107 所示。

4. 创建点 / 曲线 / 曲面

【创建点】、【创建曲线】和【创建曲面】卷展栏中的工具与【NURBS 工具箱】中的工具相对应, 主要用来创建点、曲线和曲面对象, 如图 4-108 所示。

图 4-107

图 4-108

4.2.4　NURBS 工具箱

在【常规】下单击【NURBS 创建工具箱】按钮 打开【NURBS 工具箱】，如图 4-109 所示。【NURBS 工具箱】中包含用于创建 NURBS 对象的所有工具，主要分为 3 个功能区，分别是【点】功能区、【曲线】功能区和【曲面】功能区。

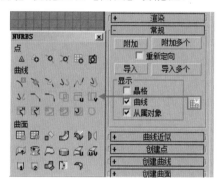

图 4-109

1. 点

【创建点】按钮 ：创建单独的点。

【创建偏移点】按钮 ：根据一个偏移量创建一个点。

【创建曲线点】 ：创建从属曲线上的点。

【创建曲线 - 曲线点】按钮 ：创建一个从属于【曲线 - 曲线】的相交点。

【创建曲面点】按钮 ：创建从属于曲面上的点。

【创建曲面 - 曲线点】 ：创建从属于【曲面 - 曲线】的相交点。

2. 曲线

【创建 CV 曲线】按钮 ：创建一条独立的 CV 曲线子对象。

【创建点曲线】按钮 ：创建一条独立点曲线子对象。

【创建拟合曲线】按钮 ：创建一条从属的拟合曲线。

【创建变换曲线】按钮：创建一条从属的变换曲线。

【创建混合曲线】按钮：创建一条从属的混合曲线。

【创建偏移曲线】按钮：创建一条从属的偏移曲线。

【创建镜像曲线】按钮：创建一条从属的镜像曲线。

【创建切角曲线】按钮：创建一条从属的切角曲线。

【创建圆角曲线】按钮：创建一条从属的圆角曲线。

【创建曲面 - 曲面相交曲线】按钮：创建一条从属于【曲面 - 曲面】的相交曲线。

【创建 U 向等参曲线】按钮：创建一条从属的 U 向等参曲线。

【创建 V 向等参曲线】按钮：创建一条从属的 V 向等参曲线。

【创建法线投影曲线】按钮：创建一条从属于法线方向的投影曲线。

【创建向量投影曲线】按钮：创建一条从属于向量方向的投影曲线。

【创建曲面上的 CV 曲线】按钮：创建一条从属于曲面上的 CV 曲线。

【创建曲面上的点曲线】按钮：创建一条从属于曲面上的点曲线。

【创建曲面偏移曲线】按钮：创建一条从属于曲面上的偏移曲线。

【创建曲面边曲线】按钮：创建一条从属于曲面上的边曲线。

3. 曲面

【创建 CV 曲面】按钮：创建独立的 CV 曲面子对象。

【创建点曲面】按钮：创建独立的点曲面子对象。

【创建变换曲面】按钮：创建从属的变换曲面。

【创建混合曲面】按钮：创建从属的混合曲面。

【创建偏移曲面】按钮：创建从属的偏移曲面。

【创建镜像曲面】按钮：创建从属的镜像曲面。

【创建挤出曲面】按钮：创建从属的挤出曲面。

【创建车削曲面】按钮：创建从属的车削曲面。

【创建规则曲面】按钮：创建从属的规则曲面。

【创建封口曲面】按钮：创建从属的封口曲面。

【创建 U 向放样曲面】按钮 ：创建从属的 U 向放样曲面。

【创建 UV 放样曲面】按钮 ：创建从属的 UV 向放样曲面。

【创建单轨扫描】按钮 ：创建从属的单轨扫描曲面。

【创建双轨扫描】按钮 ：创建从属的双轨扫描曲面。

【创建多边混合曲面】按钮 ：创建从属的多边混合曲面。

【创建多重曲线修剪曲面】按钮 ：创建从属的多重曲线修剪曲面。

【创建圆角曲面】按钮 ：创建从属的圆角曲面。

4.3　扩展样条线

　　【扩展样条线】共有 5 种类型，分别是【墙矩形】、【通道】、【角度】、【T 形】和【宽法兰】，如图 4-110 所示。

图 4-110

4.3.1　墙矩形

　　使用【墙矩形】可以通过两个同心矩形创建封闭的形状。每个矩形都由 4 个顶点组成。【墙矩形】的参数包括【渲染】、【插值】和【参数】3 个卷展栏，如图 4-111 所示。墙矩形效果如图 4-112 所示。

图 4-111

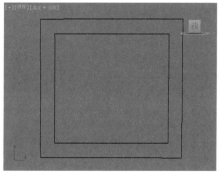

图 4-112

4.3.2 角度

使用【角度】可以创建一个闭合的形状为 L 的样条线。【角度】的参数包括【渲染】、【插值】和【参数】3 个卷展栏，如图 4-113 所示。使用【角度】创建的样条线的效果如图 4-114所示。

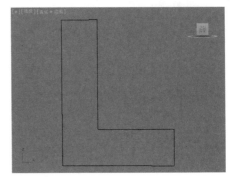

图 4-113 图 4-114

4.3.3 宽法兰

使用【宽法兰】可以创建一个闭合的形状为 I 的样条线。【宽法兰】的参数包括【渲染】、【插值】和【参数】3 个卷展栏，如图 4-115 所示。使用【宽法兰】创建的样条线的效果如图 4-116 所示。

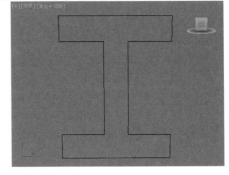

图 4-115 图 4-116

4.4 编辑样条线

3ds Max 2014 虽然提供了多种二维图形，但是也不能满足创建复杂模型的需求，因此就需要对样条线的形状进行修改。由于绘制出来的样条线都是参数化物体，只能对参数进行调整，所以需要将样条线转换为可编辑样条线。

试一下：将线转换成可编辑样条线

（1）选择二维图形，然后单击鼠标右键，在弹出的快捷菜单中选择【转换为】→【转换为可编辑样条线】命令，如图 4-117 所示。

（2）也可以选择二维图形，然后在【修改器列表】中为其加载一个【编辑样条线】修改器，如图 4-118 所示。

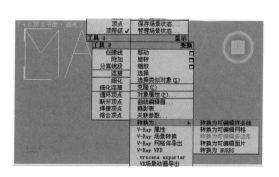 

图 4-117　　　　　　　　　　　　　　　图 4-118

试一下：调节可编辑样条线

（1）将样条线转换为可编辑样条线后，在修改器列表中单击【可编辑样条线】前面的 按钮，可以展开样条线的子对象层次，包括【顶点】、【线段】和【样条线】，如图 4-119 所示。

（2）通过【顶点】、【线段】和【样条线】子对象层级可以分别对顶点、线段和样条线进行编辑。下面以顶点层级为例来讲解可编辑样条线的调节方法。选择【顶点】后，在视图中就会出现图形的可控制点，如图 4-120 所示。

 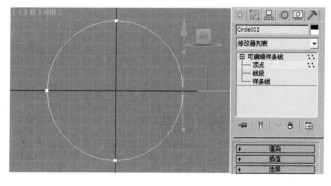

图 4-119　　　　　　　　　　　　　图 4-120

（3）使用【选择并移动】工具 、【选择并旋转】工具 和【选择并均匀缩放】工具 ，可以对顶点进行移动、旋转和缩放调整，如图 4-121 所示。

图 4-121

（4）顶点的类型有 4 种，分别是【Bezier 角点】、Bezier、【角点】和【平滑】，可以通过四元菜单中的命令来转换顶点类型。其操作方法是在顶点上单击鼠标右键，在弹出的快捷菜单中选择相应的类型，如图 4-122 所示。如图 4-123 所示是这 4 种类型的顶点。

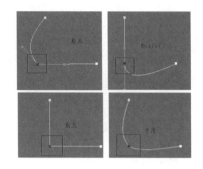

图 4-122   图 4-123

重点▶▶综合案例（1）—— 使用线和矩形制作吧椅

场景文件	无
案例文件	综合案例 —— 使用线和矩形制作吧椅 .max
视频教学	DVD/ 多媒体教学 /Chapter 04/ 综合案例 —— 使用线和矩形制作吧椅 .flv
难易指数	★★☆☆☆
技术掌握	掌握【线】、【矩形】、【圆柱体】工具和【挤出】命令的运用

本例学习使用样条线下的【线】、【矩形】、【圆柱体】工具和【挤出】命令来完成模型的制作，最终渲染和线框效果如图 4-124 所示。

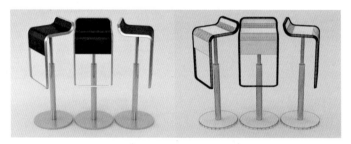

图 4-124

建模思路

使用【圆柱体】制作模型。

使用【线】、【矩形】和【挤出】命令制作模型。

椅子建模流程如图 4-125 所示。

图 4-125

制作步骤

Part 1 使用【圆柱体】制作模型

(1) 单击 (创建) → 〇 (几何体) → 圆柱体 按钮,在顶视图中拖曳创建一个圆柱体,在【修改面板】下设置【半径】为 50mm、【高度】为 5mm、【高度分段】为 1、【端面分段】为 1、【边数】为 30,如图 4-126 所示。

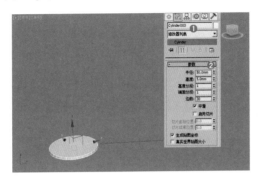

图 4-126

(2) 继续在顶视图中拖曳创建一个圆柱体,在【修改面板】下设置【半径】为 7mm、【高度】为 145mm,【高度分段】为 1,如图 4-127 所示。

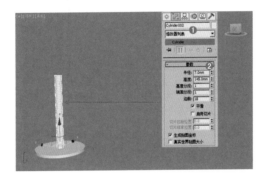

图 4-127

(3) 继续在顶视图中拖曳创建一个圆柱体,在【修改面板】下设置【半径】为 4mm、【高度】为 80mm、【高度分段】为 1,如图 4-128 所示。

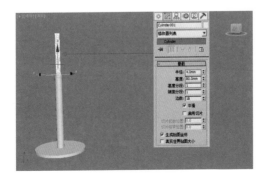

图 4-128

Part 2 使用【线】、【矩形】和【挤出】命令制作模型

（1）单击 （创建）→ （图形）→样条线 ▼ → 矩形 按钮，在前视图中创建一个矩形，在修改面板下设置【长度】为143mm、【宽度】为90mm，如图4-129所示。

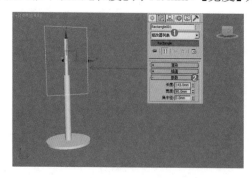

图 4-129

（2）选择图形，单击鼠标右键，在弹出的快捷菜单中选择【转换为】→【转换为可编辑样条线】命令，如图4-130所示。

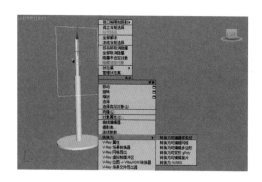

图 4-130

（3）在【顶点】 级别下，单击 优化 按钮，并且在线上添加6个顶点。最后需要调节顶点的位置，如图4-131所示。

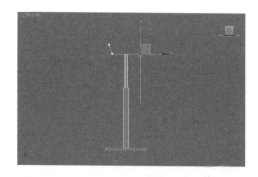

图 4-131

（4）选择如图 4-132 所示的点，在【顶点】 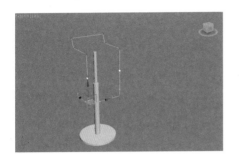 级别下，单击 圆角 按钮，在其后面的文本框中输入 15，如图 4-133 所示。

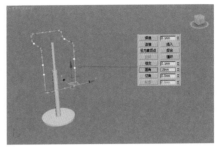

图 4-132　　　　　　　　　　　　图 4-133

（5）在【修改面板】下展开【渲染】卷展栏，选中【在渲染中启用】和【在视口中启用】复选框，并选中【矩形】单选按钮，设置【长度】为 6mm、【宽度】为 2mm，如图 4-134 所示。

（6）选择上一步创建的模型，单击鼠标右键，在弹出的快捷菜单中选择【转换为】→【转换为可编辑多边形】命令，如图 4-135 所示。

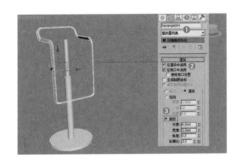
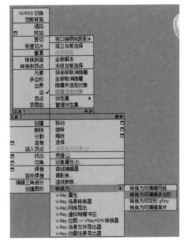

图 4-134　　　　　　　　　　　　图 4-135

（7）进入【边】 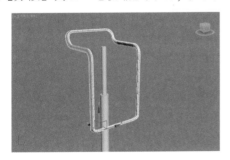 级别，选择如图 4-136 所示的边，然后单击 连接 按钮后面的 □ 按钮，并设置【分段】为 2、【收缩】为 47，如图 4-137 所示。

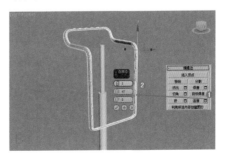

图 4-136　　　　　　　　　　　　图 4-137

（8）选择模型，进入【边】 级别，选择如图 4-138 所示的边，然后单击 连接 按钮后面的 按钮，并设置【分段】为 2、【收缩】为 47，如图 4-139 所示。

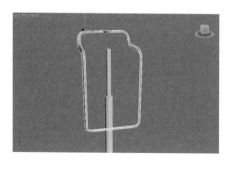

图 4-138

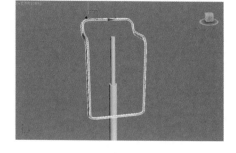

图 4-139

（9）选择模型，进入【边】 级别，选择如图 4-140 所示的边，然后单击 连接 按钮后面的 按钮，并设置【分段】为 2、【收缩】为 47，如图 4-141 所示。

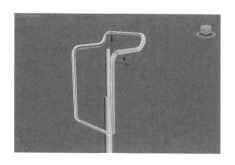

图 4-140

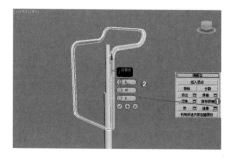

图 4-141

（10）为模型加载【网格平滑】修改器命令。在修改面板下展开【细分量】卷展栏，设置【迭代次数】为 2，如图 4-142 所示。

（11）单击 （创建）→ （图形）→ 样条线 → 线 按钮，在左视图中创建如图 4-143 所示的样条线。

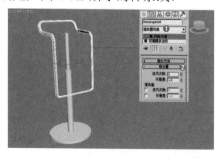

图 4-142

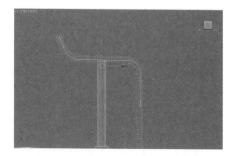

图 4-143

（12）在修改面板中，进入【line】下的【样条线】 ✓ 级别，在 轮廓 按钮后面输入 3mm，并按【Enter】键结束，如图 4-144 所示。

（13）选择上一步创建的样条线，为其加载【挤出】修改器命令。在修改面板下展开【参数】卷展栏，设置【数量】为 88mm，如图 4-145 所示。

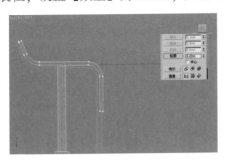

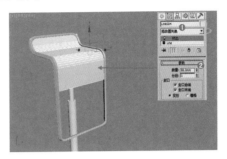

图 4-144　　　　　　　　　　图 4-145

（14）选择模型，单击鼠标右键，在弹出的快捷菜单中选择【转换为】→【转换为可编辑多边形】命令，如图 4-146 所示。

（15）在【顶点】 级别下，调节顶点的位置，如图 4-147 所示。

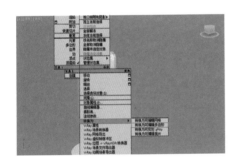

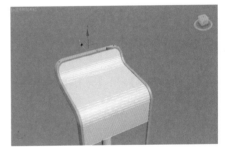

图 4-146　　　　　　　　　　图 4-147

（16）选择已创建的模型，并使用 （选择并移动）工具按住【Shift】键进行复制，在弹出的【克隆选项】对话框中选中【复制】单选按钮，设置【副本数】为 2，此时场景效果如图 4-148 所示。

（17）最终模型效果如图 4-149 所示。

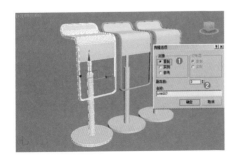

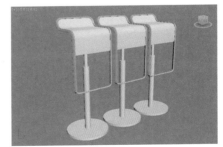

图 4-148　　　　　　　　　　图 4-149

重点▶▶综合案例（2）—— 使用线和圆制作吊灯

场景文件	无
案例文件	综合案例 —— 使用线和圆制作吊灯 .max
视频教学	DVD/ 多媒体教学 /Chapter 04/ 综合案例 —— 使用线和圆制作吊灯 .flv
难易指数	★★☆☆☆
技术掌握	掌握【线】、【圆】工具和【车削】命令的运用

本例学习使用样条线下的【线】、【圆】工具和【车削】命令来完成模型的制作，最终渲染和线框效果如图 4-150 所示。

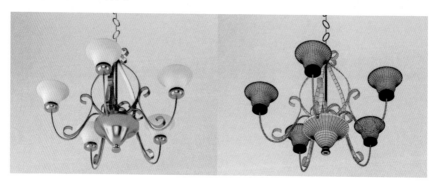

图 4-150

建模思路

01 使用【样条线】、【圆】和【车削】命令制作模型。

02 使用【样条线】和【车削】命令制作模型。
吊灯建模流程如图 4-151 所示。

图 4-151

制作步骤

Part 1 使用【样条线】、【圆】和【车削】命令制作模型

（1）单击 ✳ （创建）→ ▱（图形）→ 样条线 ▾ → 线 按钮，在前视图中创建如图 4-152 所示的样条线。

（2）选择上一步创建的图形，然后在【修改面板】下加载【车削】命令修改器。展开【参数】卷展栏，设置【度数】为 360、【分段】为 40，并设置【对齐】为最小，如图 4-153 所示。

（3）单击 ✳ （创建）→ ▱（图形）→ 样条线 ▾ → 圆 按钮，在前视图中创建一个圆形。展开【参数】卷展栏，设置【半径】为 10mm，如图 4-154 所示。

　　(4) 在【修改面板】下展开【渲染】卷展栏，选中【在渲染中启用】和【在视口中启用】复选框，并选中【径向】单选按钮，设置【厚度】为 2mm，如图 4-155 所示。

图 4-152

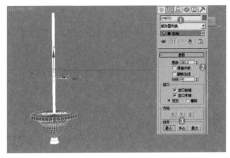

图 4-153

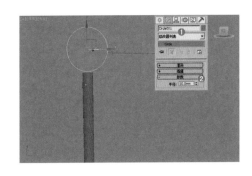

图 4-154

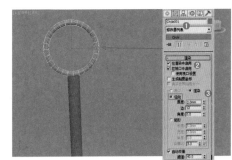

图 4-155

　　(5) 单击 （创建）→ （图形）→ 样条线 → 线 按钮，在前视图中创建如图 4-156 所示的样条线。

　　(6) 在【修改面板】下展开【渲染】，选中【在渲染中启用】和【在视口中启用】复选框，并选中【径向】单选按钮，设置【厚度】为 1mm，如图 4-157 所示。

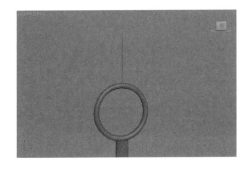

图 4-156

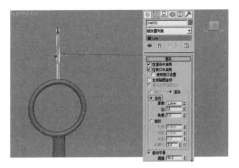

图 4-157

　　(7) 选择已创建好的圆和线模型，并使用 （选择并移动）工具按住【Shift】键进行复制，在弹出的【克隆选项】对话框中选中【复制】单选按钮，复制后的效果如图 4-158 所示。

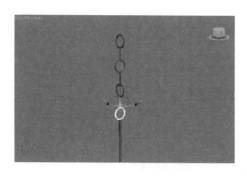

图 4-158

Part 2 使用【样条线】和【车削】命令制作模型

（1）单击 ✳ （创建）→ ⚙ （图形）→ 样条线 ▼ → 线 按钮，在前视图中创建如图 4-159 所示的样条线。

（2）在修改面板下，进入【line】下的【样条线】 ∧ ，在 轮廓 按钮后面输入 1mm，并按【Enter】键结束，如图 4-160 所示。

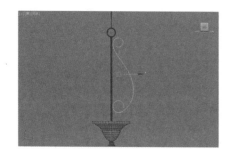

图 4-159　　　　　　　　　　图 4-160

（3）选择上一步创建的样条线，为其加载【挤出】修改器命令。在修改面板下展开【参数】，设置【数量】为 8mm，如图 4-161 所示。

（4）选择上一步创建的模型，并使用 ✛ （选择并移动）工具按住【Shift】键进行复制，在弹出的【克隆选项】对话框中选中【复制】单选按钮，设置【副本数】为 4，并使用 ✛ （选择并移动）工具和 ↻ （选择并旋转）工具摆放位置，如图 4-162 所示。

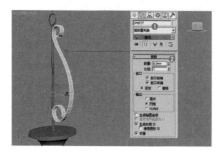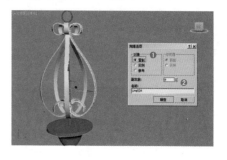

图 4-161　　　　　　　　　　图 4-162

(5) 单击 （创建）→ （图形）→ 样条线 → 线 按钮，在前视图中创建如图 4-163 所示的样条线。

(6) 在【修改面板】下展开【渲染】，选中【在渲染中启用】和【在视口中启用】复选框，并选中【径向】单选按钮，设置【厚度】为 3mm，如图 4-164 所示。

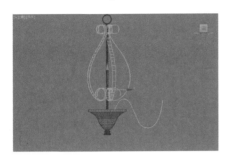

图 4-163

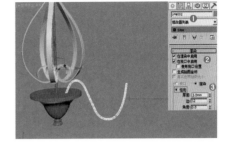

图 4-164

(7) 单击 （创建）→ （图形）→ 样条线 → 线 按钮，在前视图中创建如图 4-165 所示的样条线。

(8) 选择上一步创建的图形，然后在【修改面板】下加载【车削】命令修改器。展开【参数】卷展栏，设置【度数】为 360、【分段】为 40，并设置【对齐】为最小，如图 4-166 所示。

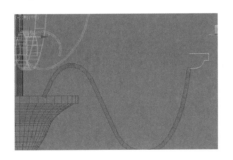

图 4-165

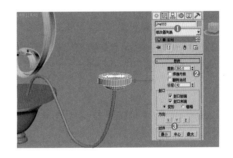

图 4-166

求生秘籍 —— 技巧提示：二维图形建模总与修改器结合到一起

通常情况下【二维图形建模】经常会与【修改器】结合到一起创建线并加载相应的修改器，使其快速地转换为三维模型。这个方法的具体操作会在后面的修改器章节中进行详细的讲解。

(9) 单击 （创建）→ （图形）→ 样条线 → 线 按钮，在前视图中创建如图 4-167 所示的样条线。

(10) 选择上一步创建的图形，然后在【修改面板】下加载【车削】命令修改器。展开【参数】卷展栏，设置【度数】为 360、【分段】为 40，并设置【对齐】为最小，如图 4-168 所示。

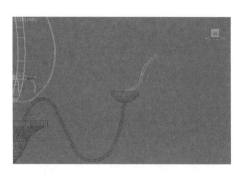
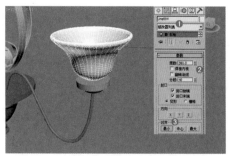

图 4-167　　　　　　　　　　图 4-168

（11）单击 （创建）→ ▣（图形）→ 样条线 ▼ → ██线██ 按钮，在前视图中创建如图 4-169 所示的样条线。

（12）在修改面板下，进入【line】下的【样条线】⌃级别，在 ██轮廓██ 按钮后面输入 1mm，并按【Enter】键结束，如图 4-170 所示。

图 4-169　　　　　　　　　　图 4-170

（13）选择上一步创建的样条线，为其加载【挤出】修改器命令。在修改面板下展开【参数】卷展栏，设置【数量】为 8mm，如图 4-171 所示。

（14）选择上一步创建的模型，并使用 ✛（选择并移动）工具按住【Shift】键进行复制，在弹出的【克隆选项】对话框中选中【复制】单选按钮，设置【副本数】为 4，并使用 ✛（选择并移动）工具和 ↻（选择并旋转）工具摆放位置，如图 4-172 所示。

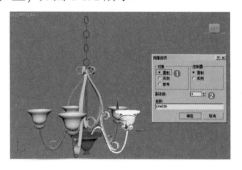

图 4-171　　　　　　　　　　图 4-172

（15）最终模型效果如图 4-173 所示。

图 4-173

Chapter 05
修改器建模

本章学习要点：
- 修改器的概念。
- 常用修改器的种类及参数。
- 使用修改器制作模型。

5.1 认识修改器

5.1.1 修改器的概念

修改器（或简写为【堆栈】）是【修改】面板上的列表。它包括累积历史记录、选定的对象，以及应用于它的所有修改器。图 5-1 所示为使用修改器制作的模型。

图 5-1

5.1.2 修改器面板的参数

单击【修改】 ![icon] →【修改器列表】，在弹出的下拉列表中选择需要的修改器，即可完成添加（可以多次添加相同或不同的修改器），如图 5-2 所示。

图 5-2

【锁定堆栈】按钮 ⊶：单击该按钮可将堆栈和【修改】面板中的所有控件锁定到选定对象的堆栈中。

【显示最终结果】按钮 Ⅱ：单击该按钮后，会在选定的对象上显示整个堆栈的效果。

【使唯一】按钮 ⅴ：单击该按钮可将关联的对象修改成独立对象，这样可以对选择集中的对象单独进行编辑。

【从堆栈中移除修改器】按钮 ⓑ：单击该按钮可删除当前修改器。

⑦FAQ常见问题解答：为什么删除修改器把模型也删除了？

如果想要删除某个修改器，不可以在选中某个修改器后按【Delete】键，那样会删除对象本身。只需要单击【从堆栈中移除修改器】按钮，即可删除该修改器。

【配置修改器集】按钮 ⓒ：单击该按钮可弹出一个菜单，该菜单中的命令主要用于设置在【修改】面板中如何显示和选择修改器。

试一下：为对象加载修改器

(1) 创建一个模型，如圆柱体，如图 5-3 所示。

(2) 选择模型，单击修改为其添加【晶格】修改器，并设置相应的参数，如图 5-4 所示。

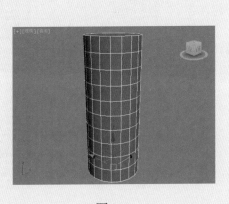

图 5-3

图 5-4

（3）此时可以得到一个带有晶格效果的模型，如图 5-5 所示。

5.1.3 编辑修改器

在修改器堆栈上单击鼠标右键会弹出一个修改器堆栈菜单，该菜单中的命令可以用来编辑修改器，如图 5-6 所示。

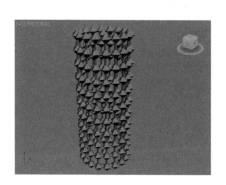

图 5-5

图 5-6

5.1.4 修改器的类型

选择三维模型对象，单击修改 ![图标]，接着单击 **修改器列表** 按钮，此时会看到很多种修改器，如图 5-7 所示。

当选择二维图像对象，然后单击修改 ![图标]，接着单击 **修改器列表** 按钮，也会看到很多种修改器，但是会发现这两者是不同的。这是因为三维物体有相对应的修改器，而二维图像也有其相对应的修改器，如图 5-8 所示。

修改器类型很多，若安装了部分插件，修改器可能会相应的增加。这些修改器被放置在几个不同类型的修改器集合中，分别为【转化修改器】、【世界空间修改器】和【对象空间修改器】，如图 5-9 所示。

1.【转化修改器】

转化为多边形：转化为多边形修改器，允许在修改器堆栈中应用对象转化。

转化为面片：转换为面片修改器，允许在修改器堆栈中应用对象转化。

转化为网格：转换为网格修改器，允许在修改

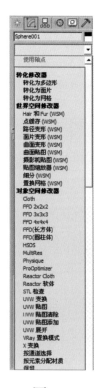

图 5-7

图 5-8

图 5-9

器堆栈中应用对象转化。

2.【世界空间修改器】

【Hair 和 Fur（WSM）】：用于为物体添加毛发。

【点缓存（WSM）】：使用该修改器可将修改器动画存储到磁盘中，然后使用磁盘文件中的信息来播放动画。

【路径变形（WSM）】：可根据图形、样条线或 NURBS 曲线路径将对象进行变形。

【面片变形（WSM）】：可根据面片将对象进行变形。

【曲面变形（WSM）】：其工作方式与路径变形（WSM）修改器相同，只是它使用 NURBS 点或 CV 曲面来进行变形。

【曲面贴图（WSM）】：将贴图指定给 NURBS 曲面，并将其投射到修改的对象上。

【摄影机贴图（WSM）】：使摄影机将 UVW 贴图坐标应用于对象。

【贴图缩放器（WSM）】：用于调整贴图的大小并保持贴图的比例。

【细分（WSM）】：提供用于光能传递创建网格的一种算法，光能传递的对象要尽可能接近等边三角形。

【置换网格（WSM）】：用于查看置换贴图的效果。

5.2 针对二维对象的修改器

3dsMax 中的修改器很多，不同的对象有不同的修改器类型，如某些修改器是针对二维图形的，而有一些修改器是针对三维模型的。

5.2.1 【挤出】修改器

【挤出】修改器将深度添加到图形中，并使其成为一个参数对象。其参数设置面板如图 5-10 所示。图 5-11 所示为使用样条线并加载【挤出】修改器制作的三维模型效果。

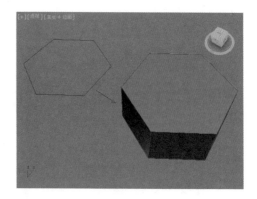

图 5-10   图 5-11

数量：设置挤出的深度。

分段：指定将要在挤出对象中创建线段的数目。

封口始端：在挤出对象始端生成一个平面。

封口末端：在挤出对象末端生成一个平面。

生成贴图坐标：将贴图坐标应用到挤出对象中。

真实世界贴图大小：控制应用于该对象的纹理贴图材质所使用的缩放方法。

生成材质 ID：将不同的材质 ID 指定给挤出对象侧面与封口。

使用图形 ID：将材质 ID 指定给在挤出产生的样条线中的线段，或指定给在 NURBS 挤出产生的曲线子对象。

平滑：将平滑应用于挤出图形。

5.2.2 【倒角】修改器

【倒角】修改器将图形挤出为 3D 对象并在边缘应用平或圆的倒角。其参数设置面板如图 5-12 所示。与【挤出】修改器类似，【倒角】修改器也可以制作出三维的效果，并且可以模拟出边缘的坡度效果，如图 5-13 所示。

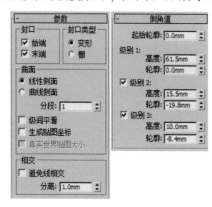

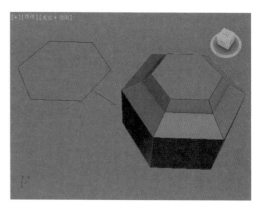

图 5-12   图 5-13

始端：用对象的最低局部 Z 值（底部）对末端进行封口。禁用此项后，底部为打开状态。

末端：用对象的最高局部 Z 值（底部）对末端进行封口。禁用此项后，底部不再打开。

变形：为变形创建适合的封口面。

栅：在栅格图案中创建封口面。封装类型的变形和渲染要比渐进变形封装效果好。

线性侧面：选中该单选按钮后，级别之间的分段插值会沿着一条直线。

曲线侧面：选中该单选按钮后，级别之间的分段插值会沿着一条 Bezier 曲线。对于可见曲率，会将多个分段与曲线侧面搭配使用。

分段：在每个级别之间设置中级分段的数量。

级间平滑：控制是否将平滑组应用于倒角对象侧面。封口会使用与侧面不同的平滑组。

避免线相交：防止轮廓彼此相交。它通过在轮廓中插入额外的顶点并用一条平直的线段覆盖锐角来实现。

分离：设置边之间所保持的距离。最小值为 0.01。

起始轮廓：设置轮廓从原始图形的偏移距离。非零设置会改变原始图形的大小。

级别 1：包含两个参数，它们表示起始级别的改变。

高度：设置级别 1 在起始级别之上的距离。

轮廓：设置级别 1 的轮廓到起始轮廓的偏移距离。

⑦FAQ常见问题解答：为什么二维图形加载【挤出】、【倒角】修改器后，效果不正确？

【挤出】、【倒角】修改器是针对二维图形而言最为常用的修改器，可以快速地使模型变为三维效果，但是需要特别注意的是，二维的图形一定要是闭合的，否则效果是不一样的。

没有闭合的【图形】+【挤出】修改器的效果，如图 5-14 和图 5-15 所示。

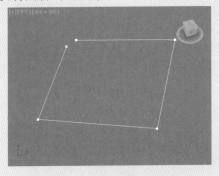

图 5-14　　　　　　　　　　　图 5-15

闭合的【图形】+【挤出】修改器的效果，如图 5-16 和图 5-17 所示。

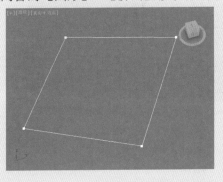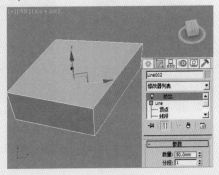

图 5-16　　　　　　　　　　　图 5-17

5.2.3 【倒角剖面】修改器

【倒角剖面】修改器使用另一个图形路径作为【倒角截剖面】来挤出一个图形。它是倒角修改器的一种变量，如图 5-18 所示。图 5-19 所示为使用【倒角剖面】修改器制作三维模型的流程图。

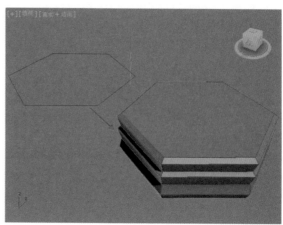

图 5-18   图 5-19

拾取剖面：选中一个图形或 NURBS 曲线用于剖面路径。

5.2.4 【车削】修改器

【车削】修改器可以通过绕轴旋转一个图形或 NURBS 曲线来创建 3D 对象。其参数设置面板如图 5-20 所示。图 5-21 所示为使用一条线，并加载【车削】修改器制作出的三维模型。

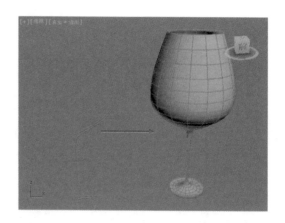

图 5-20   图 5-21

度数：确定对象绕轴旋转多少度（范围为 0~360，默认值是 360）。

焊接内核：通过将旋转轴中的顶点焊接来简化网格。如果要创建一个变形目标，禁用此选项。

翻转法线：依赖图形上顶点的方向和旋转方向，旋转对象可能会内部外翻。

分段：在起始点之间，确定在曲面上创建多少插补线段。

X/Y/Z：相对对象轴点，设置轴的旋转方向。

最小／中心／最大：将旋转轴与图形的最小、中心或最大范围对齐。

重点▶▶进阶案例——使用车削修改器制作盘子

场景文件	无
案例文件	进阶案例——使用车削修改器制作盘子 .max
视频教学	DVD/ 多媒体教学 /Chapter 05/ 进阶案例——使用车削修改器制作盘子 .flv
难易指数	★★☆☆☆
技术掌握	掌握【线】工具和【车削】修改器的运用

本例学习使用样条线下的【线】和【车削】修改器来完成模型的制作，最终渲染和线框效果如图 5-22 所示。

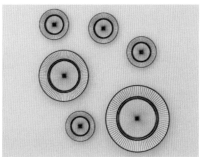

图 5-22

建模思路

01 使用【线】制作盘子轮廓。
STEP

02 使用【车削】修改器制作盘子模型。
STEP

盘子建模流程，如图 5-23 所示。

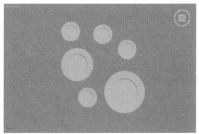

图 5-23

制作步骤

Part 1 使用【线】制作模型

（1）启动 3dsMax 2014 中文版，单击菜单栏中的【自定义】→【单位设置】命令，弹出【单位设置】对话框，将【显示单位比例】和【系统单位比例】设置为【毫米】，如图 5-24 所示。

图 5-24

（2）单击 　　 （创建）→ 　　 （图形）→ ▸样条线 　　 ▾ → 　　 线 　　 按钮，在前视图中创建如图 5-25 所示的样条线。

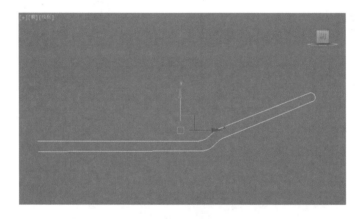

图 5-25

重点▸▸求生秘籍 —— 技巧提示：使用【线】+【车削】修改器建模时，对齐方式要选对

　　【样条线】+【车削】修改器可以创建出三维的模型效果，但是需要选择合适的【对齐】方式，一般来说需要选择【最小】方式，如图 5-26 所示。

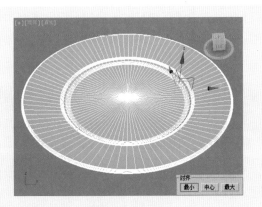

图 5-26

当选择【中心】方式时，效果如图 5-27 所示。

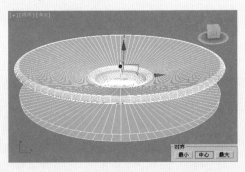

图 5-27

当选择【最大】方式时，效果如图 5-28 所示。

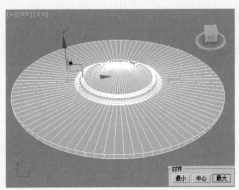

图 5-28

Part 2 使用【车削】修改器制作盘子模型

（1）选择上一步创建的图形，然后在【修改面板】下加载【车削】命令修改器，展开【参数】卷展栏，设置【度数】为 360、【分段】为 90，并设置【对齐】为最小，如图 5-29 所示。

（2）选择上一步创建的模型，使用 ✥ （选择并移动）工具按住【Shift】键进行复制，在弹出的【克隆选项】对话框中选中【复制】单选按钮,设置【副本数】为 5,并使用 （选择并移动）工具、 （选择并均匀缩放）工具和 （选择并旋转）工具摆放位置,如图 5-30 所示。

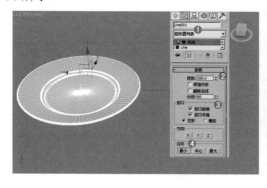

图 5-29

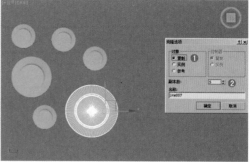

图 5-30

(3) 最终模型效果如图 5-31 所示。

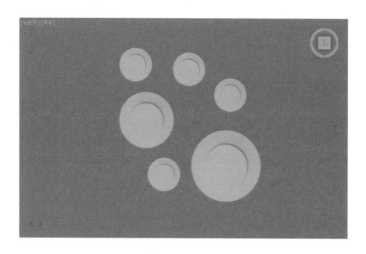

图 5-31

5.3 针对三维对象的修改器

针对三维对象的修改器种类非常多,也是学习 3dsMax 修改器知识中的重点。熟练掌握三维对象的修改器的添加和设置,对快速建模是非常有必要的。

5.3.1 【弯曲】修改器

【弯曲】修改器可以将物体在任意 3 个轴上进行弯曲处理,可以调节弯曲的角度和方向,以及限制对象在一定的区域内的弯曲程度。其参数设置面板如图 5-32 所示。【弯曲】修改器可以模拟出三维模型的弯曲变化效果,如图 5-33 所示。

图 5-32　　　　　　　　　　　　　图 5-33

角度：从顶点平面设置要弯曲的角度。

方向：设置弯曲相对于水平面的方向。

限制效果：将限制约束应用于弯曲效果。默认设置为禁用状态。

上限：以世界单位设置上部边界，此边界位于弯曲中心点上方，超出此边界弯曲不再影响几何体。

下限：以世界单位设置下部边界，此边界位于弯曲中心点下方，超出此边界弯曲不再影响几何体。

重点▶进阶案例 —— 使用弯曲修改器制作字母沙发

场景文件	无
案例文件	进阶案例 —— 使用弯曲修改器制作字母沙发 .max
视频教学	DVD/ 多媒体教学 /Chapter 05/ 进阶案例 —— 使用弯曲修改器制作字母沙发 .flv
难易指数	★★☆☆☆
技术掌握	掌握【文本】、【长方体】、【圆柱体】和【挤出】、【弯曲】修改器的运用

本例学习使用样条线下的【文本】、【长方体】、【圆柱体】工具和【挤出】、【弯曲】修改器来完成模型的制作，最终渲染和线框效果如图 5-34 所示。

图 5-34

建模思路

 使用【文本】工具【挤出】修改器和【弯曲】修改器制作模型。

02 STEP 使用【长方体】和【圆柱体】制作模型。

文本建模流程如图 5-35 所示。

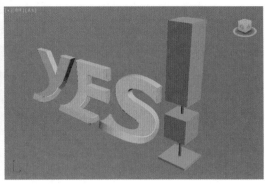

图 5-35

制作步骤

Part 1 使用【文本】工具、【挤出】修改器和【弯曲】修改器制作模型

（1）单击 （创建）→ （图形）→ 样条线 → 文本 按钮，在【文本】下设置文字为【YES】，并在前视图中创建文本，进入修改面板，设置【步数】为 18，取消选中【优化】复选框。设置【字体】为 Verdana Bold，设置【大小】为 1000，如图 5-36 所示。

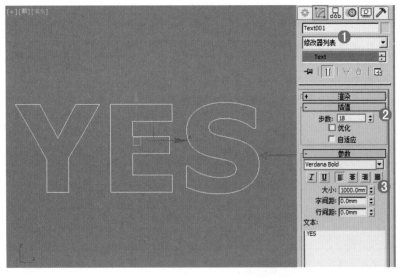

图 5-36

（2）选择上一步创建的样条线，为其加载【挤出】修改器命令。在修改面板展开【参数】卷展栏，设置【数量】为 60mm，如图 5-37 所示。

（3）选择模型，为其加载【弯曲】修改器命令。在【参数】卷展栏下设置【角度】为 220、【方向】为 90，选中【Y】单选按钮，选中【限制效果】复选框，设置【下限】为－660mm，如图 5-38 所示。

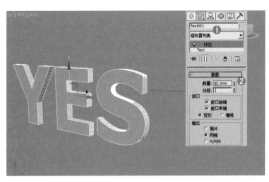 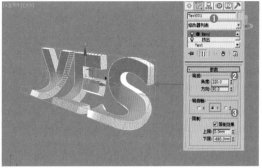

图 5-37　　　　　　　　　　　　　　　　图 5-38

（4）选择模型，为其加载【编辑多边形】修改器命令，如图 5-39 所示。

图 5-39

（5）选择模型，进入【边】 级别，选择如图 5-40 所示的边。单击　切角　按钮后面的　按钮，设置【数量】为 5、【分段】为 5，如图 5-41 所示。

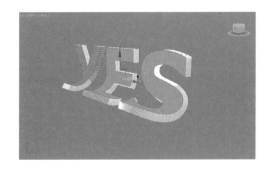 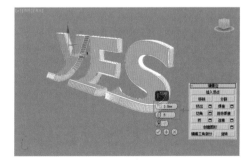

图 5-40　　　　　　　　　　　　　　　　图 5-41

Part 2 使用【长方体】和【圆柱体】制作模型

（1）单击 （创建）→ （几何体）→　长方体　按钮，在顶视图中拖曳并创建一个长方体，接着在【修改面板】下设置【长度】为 200mm、【宽度】为 200mm、【高度】为 600mm，如图 5-42 所示。

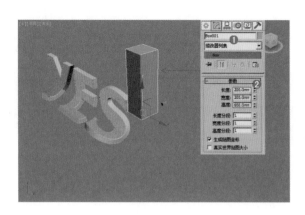

图 5-42

（2）继续在顶视图中拖曳并创建一个长方体，在【修改面板】下设置【长度】为 200mm、【宽度】为 200mm、【高度】为 200mm，如图 5-43 所示。

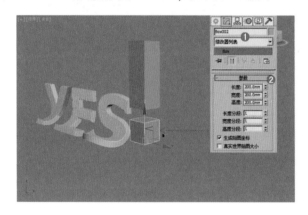

图 5-43

（3）继续在顶视图中拖曳并创建一个长方体，在【修改面板】下设置【长度】为 260mm、【宽度】为 260mm、【高度】为 20mm，如图 5-44 所示。

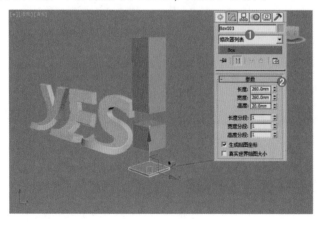

图 5-44

（4）单击 （创建）→ ◯（几何体）→ **圆柱体** 按钮，在顶视图中拖曳创建一个圆柱体，接着在【修改面板】下设置【半径】为 10mm、【高度】为 500mm，如图 5-45 所示。

（5）最终模型效果如图 5-46 所示。

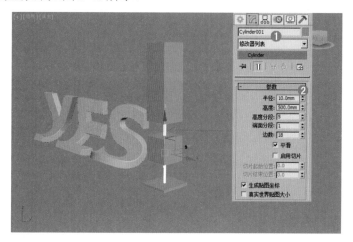

图 5-45

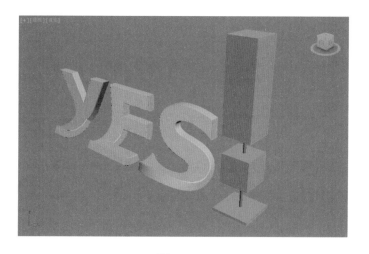

图 5-46

5.3.2 【扭曲】修改器

【扭曲】修改器可在对象的几何体中心进行旋转，使其产生扭曲的特殊效果。其参数设置面板与【弯曲】修改器参数设置面板基本相同，如图 5-47 所示。图 5-48 所示为模型加载【扭曲】修改器制作出的模型扭曲效果。

角度：确定围绕垂直轴扭曲的量。

偏移：使扭曲旋转在对象的任意末端聚团。

5.3.3 【FFD】修改器

【FFD】修改器即自由变形修改器。这种修改器使用晶格框包围住选中的几何体，然后通过调整晶格的控制点来改变封闭几何体的形状。其参数设置面板如图 5-49 所示。图 5-50 所示为模型加载【FFD】修改器制作出的模型变化的效果。

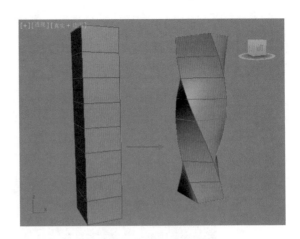

图 5-47   图 5-48

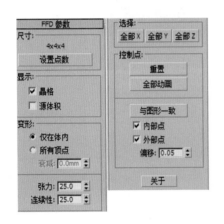

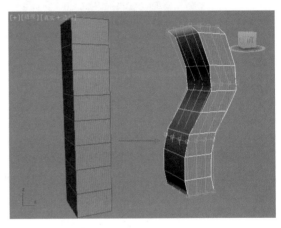

图 5-49   图 5-50

晶格：将绘制连接控制点的线条以形成栅格。

源体积：控制点和晶格会以未修改的状态显示。

衰减：它决定着 FFD 效果减为零时离晶格的距离。仅用于选中【所有顶点】单选按钮时。

张力 / 连续性：调整变形样条线的张力和连续性。

重置：将所有控制点返回到它们的原始位置。

全部动画：将【点】控制器指定给所有控制点，这样它们在【轨迹视图】中立即可见。

与图形一致：在对象中心控制点位置之间沿直线延长线，将每一个 FFD 控制点移到修改对象的交叉点上，这将增加一个由【偏移】微调器指定的偏移距离。

内部点：仅控制受【与图形一致】影响的对象内部点。

外部点：仅控制受【与图形一致】影响的对象外部点。

偏移：受【与图形一致】影响的控制点偏移对象曲面的距离。

关于：显示版权和许可信息对话框。

⊘FAQ常见问题解答：为什么有时候加载了【FFD】修改器，并调整控制点，但是效果却不正确？

【FFD】修改器、【弯曲】修改器、【扭曲】修改器有一个共同的特点，那就是【分段】参数的设置比较重要。而默认创建模型时，【分段】的参数可能为1，那么加载这些修改器后，当然可能发生问题，如为长方体加载【弯曲】修改器，如图 5-51 所示。当设置【高度分段】为 1 时，【弯曲】后的效果可能不是需要的，如图 5-52 所示。

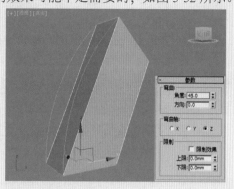

图 5-51　　　　　　　　　　　　　　　图 5-52

当设置【高度分段】为 10 时，【弯曲】后的效果就正确了，如图 5-53 所示。

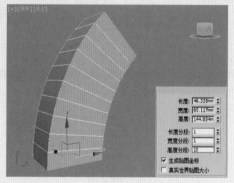

图 5-53

重点▶▶进阶案例 —— 使用 FFD 修改器制作吊灯

场景文件	无
案例文件	进阶案例 —— 使用 FFD 修改器制作吊灯 .max
视频教学	DVD/ 多媒体教学 /Chapter 05/ 进阶案例 —— 使用 FFD 修改器制作吊灯 .flv
难易指数	★★☆☆☆
技术掌握	掌握【线】工具、【FFD（圆柱）】修改器的运用

本例学习使用样条线下的【线】工具、【FFD（圆柱）】修改器来完成吊灯的制作，最终渲染和线框效果如图 5-54 所示。

建模思路

01 STEP 使用【样条线】制作模型。

02 STEP 使用【FFD（圆柱）】修改器制作模型。

吊灯建模流程如图 5-55 所示。

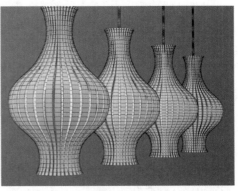

图 5-54

图 5-55

制作步骤

Part 1 使用【样条线】制作模型

（1）单击 ☀（创建）→ ◁（图形）→ | 样条线 ▼ | → | 线 | 按钮，在前视图中创建如图 5-56 所示的样条线。

图 5-56

（2）在【修改面板】下展开【渲染】卷展栏，选中【在渲染中启用】和【在视口中启用】复选框，并选中【矩形】单选按钮，设置【长度】为 80mm、【宽度】为 20，如图 5-57 所示。

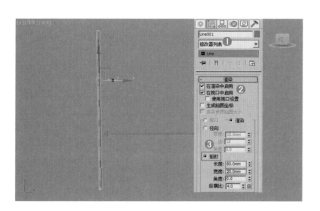

图 5-57

（3）选择模型，单击鼠标右键，在弹出的对话框中选择【转换为】→【转换为可编辑多边形】命令，如图 5-58 所示。

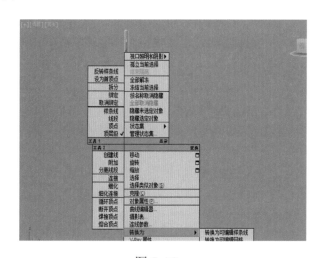

图 5-58

（4）选择模型，进入【边】 级别，选择如图 5-59 所示的边，然后单击 **连接** 按钮后面的 按钮，并设置【分段】为 40，如图 5-60 所示。

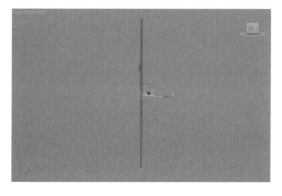

图 5-59

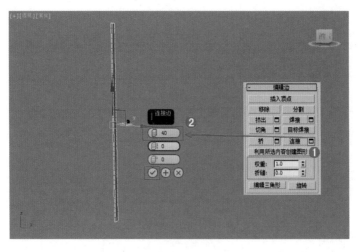

图 5-60

Part 2 使用【FFD（圆柱）】修改器制作模型

（1）单击 ⬛ （层次）→ ▢ **仅影响轴** ▢ 按钮，将坐标移到如图 5-61 所示的位置。

（2）单击菜单栏选中的【工具】，然后选择【阵列】命令，如图 5-62 所示。

（3）单击【预览】，然后单击【旋转】后面的 ▷ 按钮，设置【Z】轴为 360°，设置【数量】为 34，最后单击【确定】按钮，如图 5-63 和图 5-64 所示。

（4）选择所有的模型，为其加载【FFD（圆柱体）】修改器命令。在【FFD 参数】下单击【设置点数】，并设置【侧面】

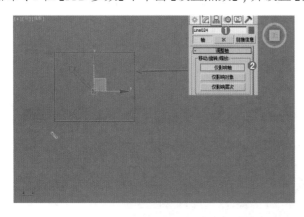

图 5-61

图 5-62

为 6、【径向】为 4、【高度】为 7，接着进入【控制点】级别，调整点的位置如图 5-65 所示。

（5）单击 ☀ （创建）→ ◯ （几何体）→ ▢ **圆柱体** ▢ 按钮，在顶视图中拖曳创建一个圆柱体，接着在【修改面板】下设置【半径】为 30mm、【高度】为 2000mm，如图 5-66 所示。

（6）选择已创建的模型，并使用 ✛ （选择并移动）工具按住【Shift】键进行复制，在弹出的【克隆选项】对话框中选中【复制】单选按钮，设置【副本数】为 3，如图 5-67 所示。

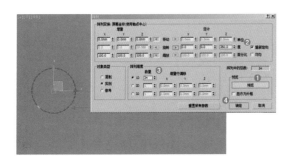

图 5-63

图 5-64

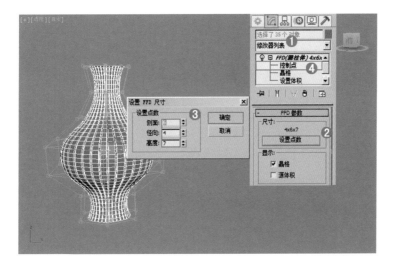

图 5-65

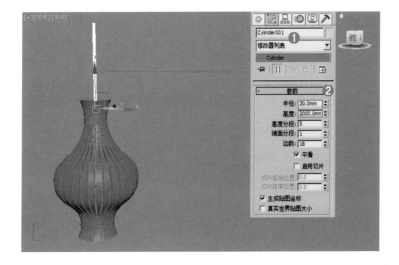

图 5-66

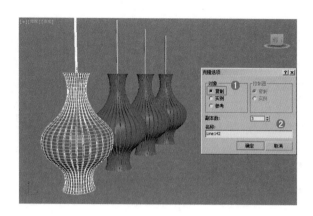

图 5-67

（7）最终模型效果如图 5-68 所示。

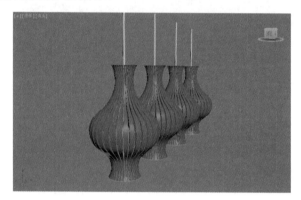

图 5-68

5.3.4 【平滑】、【网格平滑】、【涡轮平滑】修改器

平滑修改器主要包括【平滑】修改器、【网格平滑】修改器和【涡轮平滑】修改器。这
3 个修改器都可以用于平滑几何体，但是在平滑效果和可调性上有所差别。对于相同的物体
来说，【平滑】修改器的参数比较简单，但是平滑的程度不强。【网格平滑】修改器与【涡
轮平滑】修改器的使用方法比较相似，后者能够更快、更有效率地利用内存。

平滑修改器参数设置面板如图 5-69 所示。图 5-70 所示为模型加载平滑修改器前后的对
比效果。

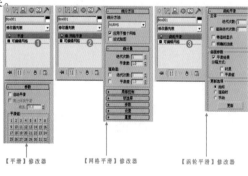

图 5-69

图 5-70

5.3.5 【晶格】修改器

　　【晶格】修改器可以将图形的线段或边转化为圆柱形结构，并在顶点上产生可选择的关节多面体，多用来制作水晶灯模型、医用分子结构模型等。其参数设置面板如图 5-71 所示。图 5-72 所示为模型加载【晶格】修改器制作出的模型晶格的效果。

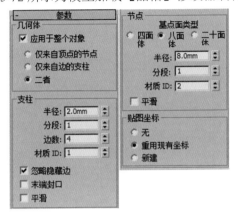

图 5-71

图 5-72

　　应用于整个对象：将【晶格】应用到对象的所有边或线段上。

　　半径：指定结构半径。

　　分段：指定沿结构的分段数目。当需要使用后续修改器将结构进行变形或扭曲时，增加此值。

　　边数：指定结构周界的边数目。

　　基点面类型：指定用于关节的多面体类型。

重点▶进阶案例 —— 使用晶格修改器制作水晶吊灯

场景文件	无
案例文件	进阶案例 —— 使用晶格修改器制作水晶吊灯 .max
视频教学	DVD/ 多媒体教学 /Chapter 05/ 进阶案例 —— 使用晶格修改器制作水晶吊灯 .flv
难易指数	★★☆☆☆
技术掌握	掌握【球体】工具、【线】工具、【晶格】修改器的运用

　　本例学习使用标准基本体下的【球体】工具、【线】工具、【晶格】修改器来完成模型的制作，最终渲染和线框效果如图 5-73 所示。

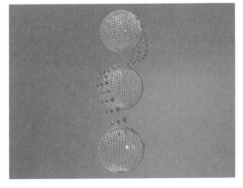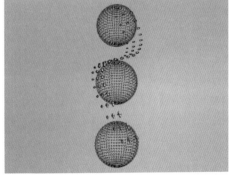

图 5-73

建模思路

01 STEP 使用【球体】工具、【晶格】修改器制作模型。

02 STEP 使用【线】工具、【晶格】修改器制作模型。

水晶吊灯建模流程如图 5-74 所示。

图 5-74

制作步骤

Part 1 使用【球体】工具、【晶格】修改器制作模型

（1）单击 ※（创建）→ ○（几何体）→ **球体** 按钮，在顶视图中拖曳并创建一个球体，接着在【修改面板】下设置【半径】为 500mm、【分段】为 50，如图 5-75 所示。

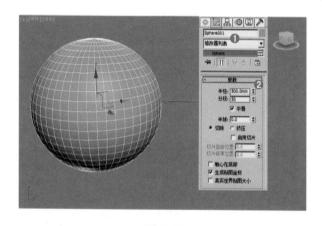

图 5-75

（2）选择上一步创建的模型，在【修改面板】下加载【晶格】命令修改器，展开【参数】卷展栏，选中【仅来自顶点的节点】单选按钮，选中【八面体】单选按钮，并设置【半径】为 20mm，如图 5-76 所示。

（3）选择已创建的模型，使用 ✛（选择并移动）工具并按住【Shift】键进行复制，在弹出的【克隆选项】对话框中选中【复制】单选按钮，设置【副本数】为 2，如图 5-77 所示。

Part 2 使用【线】工具、【晶格】修改器制作模型

（1）单击 ※（创建）→ ◘（图形）→ **样条线** ▼ → **线** 按钮，在前视图中创建如图 5-78 所示的样条线。

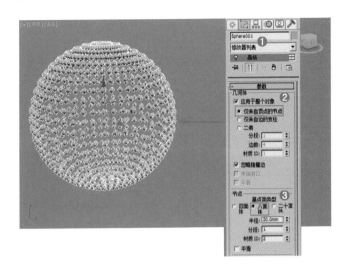

图 5-76

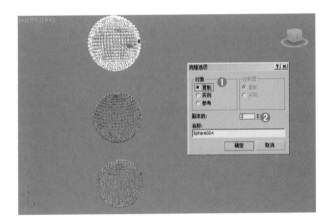

图 5-77

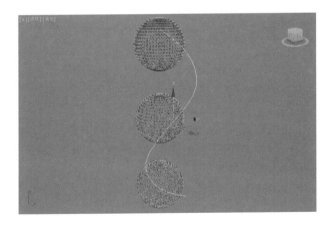

图 5-78

（2）在【修改面板】下展开【渲染】卷展栏，选中【在渲染中启用】和【在视口中启用】复选框，并选中【径向】单选按钮，设置【厚度】为 30mm，如图 5-79 所示。

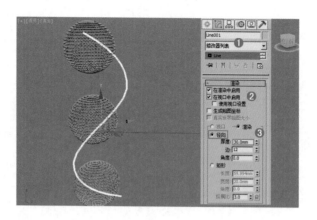

图 5-79

（3）选择上一步创建的模型，然后在【修改面板】下加载【晶格】命令修改器，展开【参数】卷展栏，选中【仅来自顶点的节点】单选按钮，并选中【八面体】单选按钮，设置【半径】为 40mm，如图 5-80 所示。

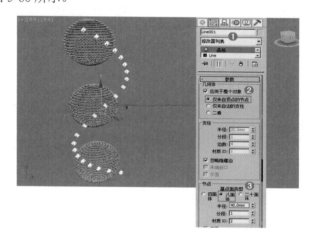

图 5-80

（4）选择模型，分别为其加载【FFD4×4×4】修改器，进入【控制点】级别，调整点的位置如图 5-81 所示。

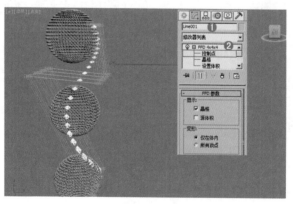

图 5-81

（5）选择上一步创建的模型，使用 （选择并移动）工具按住【Shift】键进行复制，在弹出的【克隆选项】对话框中选中【复制】单选按钮，设置【副本数】为2，并使用 （选择并移动）工具和 □（选择并均匀缩放）工具摆放位置，如图5-82所示。

（6）最终模型效果如图5-83所示。

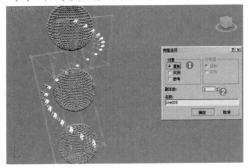

图 5-82   图 5-83

重点》综合案例 —— 使用弯曲、FFD、网格平滑修改器制作沙发

场景文件	无
案例文件	综合案例 —— 使用弯曲、FFD、网格平滑修改器制作沙发 .max
视频教学	DVD/ 多媒体教学 /Chapter 05/ 综合案例 —— 使用弯曲、FFD、网格平滑修改器制作沙发 .flv
难易指数	★★☆☆☆
技术掌握	掌握【切角圆柱体】工具、【切角长方体】工具、【线】工具、【弯曲】、【FFD4×4×4】修改器的运用

本例学习使用扩展基本体下的【切角圆柱体】工具、【切角长方体】工具、【线】工具、【弯曲】修改器来完成模型的制作，最终渲染和线框效果如图5-84所示。

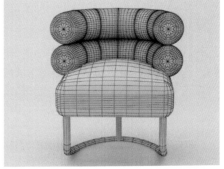

图 5-84

建模思路

01 使用【切角圆柱体】制作模型。
STEP

02 使用【切角长方体】、【FFD4×4×4】和【线】制作模型。
STEP
沙发建模流程如图5-85所示。

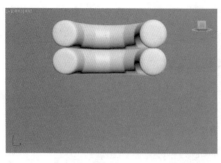

图 5-85

制作步骤

Part 1 使用【切角圆柱体】制作模型

（1）单击 ✳ （创建）→ ⭕ （几何体）→ 扩展基本体 ▼ → 切角圆柱体 按钮，在顶视图中拖曳创建一个切角圆柱体，接着在【修改面板】下设置【半径】为 400mm、【高度】为 4000mm、【圆角】为 60、【高度分段】为 6，如图 5-86 所示。

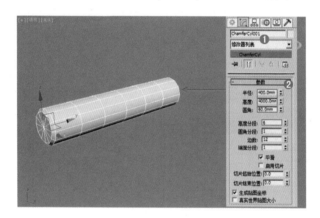

图 5-86

（2）选择上一步创建的切角圆柱体，为其加载【弯曲】修改器命令。在【参数】下设置【角度】为 180，选中【Z】单选按钮，如图 5-87 所示。

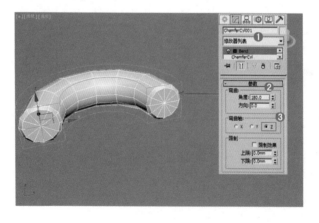

图 5-87

（3）选择模型，单击鼠标右键，在弹出的对话框中选择【转换为】→【转换为可编辑多边形】命令，如图 5-88 所示。

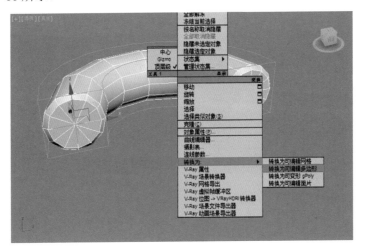

图 5-88

（4）选择模型，进入【边】 级别，选择如图 5-89 所示的边，然后单击 连接 按钮后面的 按钮，并设置【滑块】为 - 93，如图 5-90 所示。

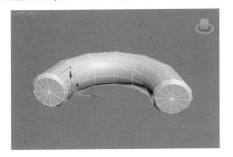 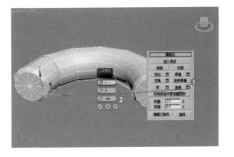

图 5-89　　　　　　　　　　　　　图 5-90

（5）选择模型，进入【边】 级别，选择如图 5-91 所示的边，然后单击 连接 按钮后面的 按钮，并设置【滑块】为 93，如图 5-92 所示。

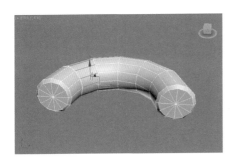 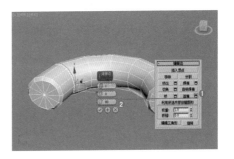

图 5-91　　　　　　　　　　　　　图 5-92

(6) 以此类推，最后连接后的模型如图 5-93 所示。

(7) 选择上一步创建的图形，然后在【修改面板】下加载【网格平滑】命令修改器，效果如图 5-94 所示。

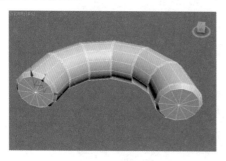 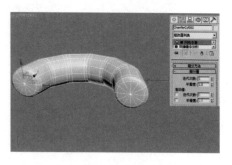

图 5-93   图 5-94

(8) 选择已创建的模型，并使用 (选择并移动) 工具按住【Shift】键进行复制，在弹出的【克隆选项】对话框中选中【复制】单选按钮，如图 5-95 所示。

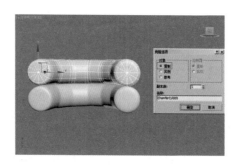

图 5-95

Part2 使用【切角长方体】、【FFD4×4×4】和【线】制作模型

(1) 单击 ※ (创建) → ◯ (几何体) → 扩展基本体 ▼ → 切角圆柱体 按钮，在顶视图中拖曳创建一个切角长方体，接着在【修改面板】下设置【长度】为 2500mm、【宽度】为 2800、【高度】为 800mm、【圆角】为 240、【长度分段】为 8、【宽度分段】为 8、【高度分段】为 8、【圆角分段】为 4，如图 5-96 所示。

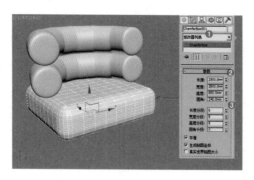

图 5-96

（2）选择上一步创建的模型，为其加载【FFD4×4×4】修改器命令，接着进入【控制点】级别，调整点的位置如图 5-97 所示。

（3）单击 （创建）→ （图形）→ 样条线 ▼ → 线 按钮，在前视图中创建如图 5-98 所示的样条线。

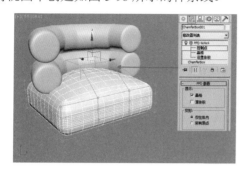
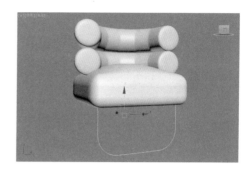

图 5-97

图 5-98

（4）选择模型，单击鼠标右键，在弹出的对话框中选择【转换为】→【转换为可编辑样条线】命令，如图 5-99 所示。

（5）接着在【修改面板】下展开【渲染】，选中【在渲染中启用】和【在视口中启用】复选框，并选中【径向】单选按钮，设置【厚度】为 170mm，如图 5-100 所示。

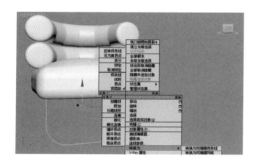
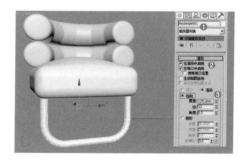

图 5-99

图 5-100

（6）选择模型，为其加载【FFD4×4×4】修改器命令，接着进入【控制点】，调整点的位置如图 5-101 所示。

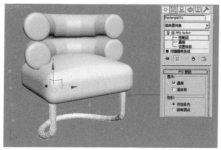

图 5-101

（7）单击  （创建）→ （图形）→ 样条线 → 线 按钮，在前视图中创建如图 5-102 所示的样条线。

（8）在【修改面板】下展开【渲染】卷展栏，选中【在渲染中启用】和【在视口中启用】复选框，并选中【径向】单选按钮，设置【厚度】为 150mm，效果如图 5-103 所示。

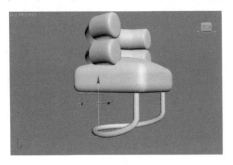
图 5-102

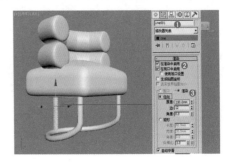
图 5-103

（9）最终模型效果如图 5-104 所示。

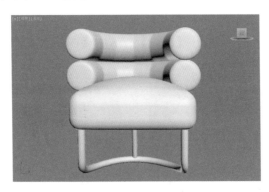
图 5-104

5.3.6 【壳】修改器

【壳】修改器通过添加一组朝向现有面相反方向的额外面而产生厚度，无论曲面在原始对象中的任何地方消失，边将连接内部和外部曲面。可以为内部和外部曲面、边的特性、材质 ID 以及边的贴图类型指定偏移距离。

【壳】修改器参数设置面板如图 5-105 所示。图 5-106 所示为加载【壳】修改器前后的对比效果。

内部量 / 外部量：以 3ds Max 通用单位表示的距离，按此距离从原始位置将内部曲面向内移动以及将外部曲面向外移动。

倒角边：选中该复选框后，并指定【倒角样条线】，3ds Max 会使用样条线定义边的剖面和分辨率。

倒角样条线：单击该按钮，然后选择打开样条线定义边的形状和分辨率。

5.3.7 【编辑多边形】和【编辑网格】修改器

【编辑多边形】修改器为选定的对象（顶点、边、边界、多边形和元素）提供显式编辑工具。

【编辑多边形】修改器包括基础【可编辑多边形】对象的大多数功能，但【顶点颜色】信息、【细分曲面】卷展栏、【权重和折逢】设置、【细分置换】卷展栏除外。【编辑多边形】修改器参数设置面板如图 5-107 所示。

　　【编辑网格】修改器为选定的对象（顶点、边和面、多边形、元素）提供显式编辑工具。【编辑网格】修改器与基础可编辑网格对象的所有功能相匹配，只是不能在【编辑网格】设置子对象动画。【编辑网格】修改器参数设置面板如图 5-108 所示。

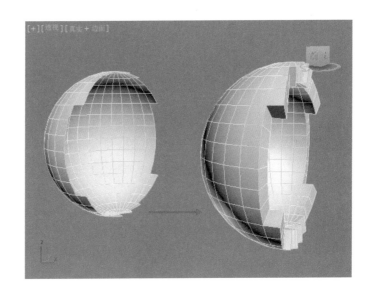

图 5-105　　　　　　　　　　　　　图 5-106

图 5-107　　　　　　　　　　图 5-108

5.3.8 【UVW 贴图】修改器

　　通过将贴图坐标应用于对象，【UVW 贴图】修改器控制在对象曲面上如何显示贴图材质和程序材质。贴图坐标指定如何将位图投影到对象上。UVW 坐标系与 XYZ 坐标系相似。

位图的 U 和 V 轴对应于 X 和 Y 轴。对应于 Z 轴的 W 轴一般仅用于程序贴图。可在【材质编辑器】中将位图坐标系切换到 VW 或 WU，在这些情况下，位图被旋转和投影，以使其与该曲面垂直。

【UVW 贴图】修改器参数设置面板如图 5-109 所示。通过变换 UVW 贴图【Gizmo】可以产生不同的贴图效果，如图 5-110 所示。

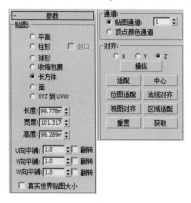

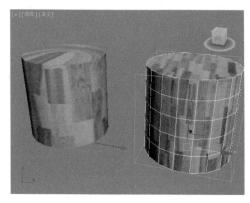

图 5-109   图 5-110

平面：从对象上的一个平面投影贴图，在某种程度上类似于投影幻灯片，如图 5-111 所示。

柱形：从圆柱体投影贴图，使用它包裹对象。位图接合处的缝是可见的，除非使用无缝贴图。圆柱形投影用于基本形状为圆柱形的对象，如图 5-112 所示。

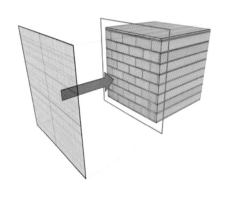

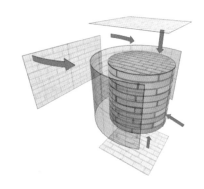

图 5-111   图 5-112

封口：对圆柱体封口应用平面贴图坐标。

球形：通过从球体投影贴图来包围对象，如图 5-113 所示。

收缩包裹：使用球形贴图，但是它会截去贴图的各个角，然后在一个单独的极点将它们全部结合在一起，仅创建一个奇点，如图 5-114 所示。

长方体：从长方体的 6 个侧面投影贴图。每个侧面投影为一个平面贴图，且表面上的效果取决于曲面法线，如图 5-115 所示。

面：对对象的每个面应用贴图副本。使用完整矩形贴图来贴图共享隐藏边的成对面，如图 5-116 所示。

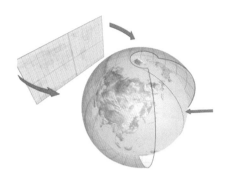

图 5-113

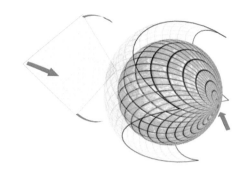

图 5-114

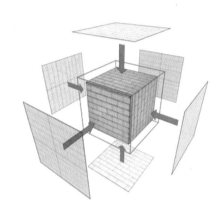

图 5-115

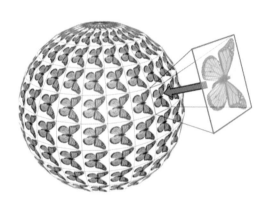

图 5-116

XYZ 到 UVW：将 3D 程序坐标贴图到 UVW 坐标。

长度、宽度、高度：指定【UVW 贴图】Gizmo 的尺寸。在应用修改器时，贴图图标的默认缩放由对象的最大尺寸定义。

U 向平铺、V 向平铺、W 向平铺：用于指定 UVW 贴图的尺寸以便平铺图像。这些是浮点值，可设置动画以便随时间移动贴图的平铺。

翻转：绕给定轴反转图像。

贴图通道：设置贴图通道。【UVW 贴图】修改器默认为通道 1，因此贴图以默认方式工作，除非显式更改为其他通道。

顶点颜色通道：选中该单选按钮，可将通道定义为顶点颜色通道。

X/Y/Z：选择其中之一，可翻转贴图 Gizmo 的对齐。每项指定 Gizmo 的哪个轴与对象的局部 Z 轴对齐。

操纵：启用时，Gizmo 出现在可以改变视口中的参数的对象上。

适配：将 Gizmo 适配到对象的范围并使其居中，以使其锁定到对象的范围。

中心：移动 Gizmo，使其中心与对象的中心一致。

位图适配：显示标准的位图文件浏览器，可以拾取图像。

法线对齐：单击并在要应用修改器的对象曲面上拖动。

视图对齐：将贴图 Gizmo 重定向为面向活动视口，图标大小不变。

区域适配：激活一个模式，从中可在视口中拖动以定义贴图 Gizmo 的区域。

重置：删除控制 Gizmo 的当前控制器，并插入使用【拟合】功能初始化的新控制器。

获取：在拾取对象以从中获得 UVW 时，从其他对象有效复制 UVW 坐标，一个对话框会提示选择是以绝对方式还是相对方式完成获得。

5.3.9 【对称】修改器

【对称】修改器可以快速地创建出模型的另一部分，因此在制作角色模型、人物模型、家具模型等对称模型时，可以制作模型的一半，使用【对称】修改器制作另外一半。

【对称】修改器参数设置面板如图 5-117 所示。图 5-118 所示为模型加载【对称】修改器前后的对比效果。

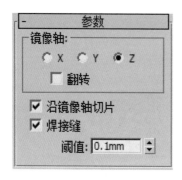

图 5-117

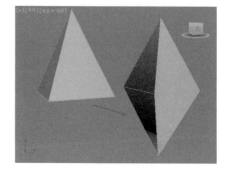

图 5-118

X、Y、Z：指定执行对称所围绕的轴。可以在选中轴的同时在视口中观察效果。

翻转：如果想要翻转对称效果的方向请启用翻转。默认设置为禁用状态。

沿镜像轴切片：启用【沿镜像轴切片】使镜像 Gizmo 在定位于网格边界内部时作为一个切片平面。

焊接缝：启用【焊接缝】确保沿镜像轴的顶点在阈值以内时会自动焊接。

阈值：阈值设置的值代表顶点在自动焊接起来之前的接近程度。

5.3.10 【细化】修改器

【细化】修改器会对当前选择的曲面进行细分。它在渲染曲面时特别有用，并为其他修改器创建附加的网格分辨率。如果子对象选择拒绝了堆栈，那么整个对象会被细化。

【细化】修改器参数设置面板如图 5-119 所示。图 5-120 所示为模型加载【细化】修改器前后对比的效果。

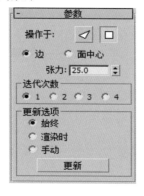

图 5-119

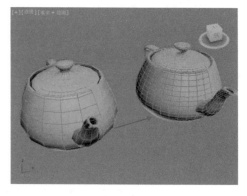

图 5-120

☑面：将选择作为三角形面集来处理。

☐多边形：拆分多边形面。

边：从面或多边形的中心到每条边的中点进行细分。应用于三角面时，也会将与选中曲面共享边的非选中曲面进行细分。

面中心：从面或多边形的中心到角顶点进行细分。

张力：决定新面在经过边细分后是平面、凹面还是凸面。

迭代次数：应用细分的次数。

5.3.11 【优化】修改器

【优化】修改器可以减少模型的面和顶点的数目，大大节省了计算机占用的资源。

其参数设置面板如图5-121所示。图5-122所示为模型加载【优化】修改器前后的对比效果。

图 5-121

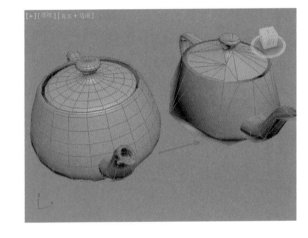

图 5-122

渲染器L1、L2：设置默认扫描线渲染器的显示级别，更改保存的优化级别。

视口L1、L2：同时为视口和渲染器设置优化级别。该选项同时切换视口的显示级别。

面阈值：设置用于决定哪些面会塌陷的阈值角度。

边阈值：为开放边（只绑定了一个面的边）设置不同的阈值角度。较低的值保留开放边。

偏移：帮助减少优化过程中产生的细长三角形或退化三角形，它们会导致渲染缺陷。

最大边长度：指定最大长度，超出该值的边在优化时无法拉伸。

自动边：随着优化启用和禁用边。

材质边界：保留跨越材质边界的面塌陷。默认设置为禁用状态。

平滑边界：优化对象并保持其平滑。

5.3.12 【融化】修改器

【融化】修改器可以将实际融化效果应用到所有类型的对象上，包括可编辑面片和NURBS对象，同样也包括传递到堆栈的子对象选择。选项包括边的下沉、融化时的扩张以及可自定义的物质集合，这些物质的范围包括从坚固的塑料表面到在其自身上塌陷的冻胶类型。其参数设置面板如图 5-123 所示。图 5-124 所示为模型加载融化修改器前后的对比效果。

数量：指定"衰退"程度，或者应用于 Gizmo 上的融化效果，从而影响对象。

融化百分比：该数值控制融化的扩散程度。

【固态】选项区：控制融化的类型，如冰、玻璃、冻胶、塑料，当然也可以自定义融化的类型。

图 5-123   图 5-124

Chapter 06
多边形建模

本章学习要点:

- ┛ 掌握多边形建模的基本工具。
- ┛ 掌握多边形建模的应用。
- ┛ 掌握石墨建模工具的使用。

6.1 认识多边形建模

6.1.1 多边形建模的概念

多边形建模是一种高级的建模方式,几乎任何的模型都可以使用多边形建模的方法进行制作。图 6-1 所示为优秀的多边形建模作品。

图 6-1

6.1.2 将模型转化为多边形

(1) 在 3ds Max 中自带了很多种基本模型,如圆环,如图 6-2 所示。创建一个圆环后,单击修改,可以修改其【半径 1】、【半径 2】、【旋转】等参数,但是这些参数只是修改了圆环的基本属性,如图 6-3 所示。

(2) 要想修改更多的参数(如修改顶点、多边形等),可以选择模型,并单击鼠标右键,在弹出的快捷菜单中选择【转换为】→【转换为可编辑多边形】命令,如图 6-4 所示。

（3）此时即可对模型进行更多的处理，如图 6-5 所示。

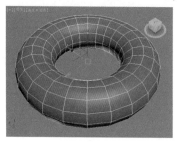

图 6-2

图 6-3

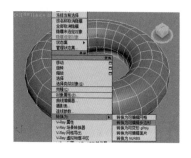

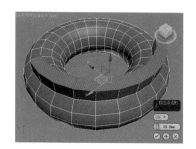

图 6-4

图 6-5

试一下：将模型转化为多边形对象

选择物体，并单击鼠标右键，然后在弹出的快捷菜单中选择【转换为】→【转换为可编辑多边形】命令，如图 6-6 所示。

也可以选择物体，在 | Graphite 建模工具 | 工具栏中单击 多边形建模 按钮，然后在弹出的快捷菜单中选择【转化为多边形】命令，如图 6-7 所示。

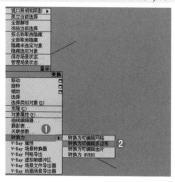

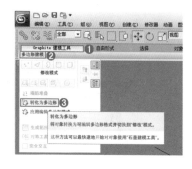

图 6-6

图 6-7

6.1.3 编辑多边形的参数详解

模型转换为可编辑多边形后，首先可以看到【顶点】、【边】、【边界】、【多边形】和【元素】5 种子对象，如图 6-8 所示。多边形参数设置面板包括【选择】、【软选择】、【编辑几何体】、【细分曲面】、【细分置换】和【绘制变形】6 个卷展栏，如图 6-9 所示。

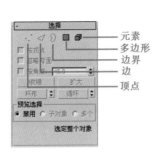

元素
多边形
边界
边
顶点

图 6-8　　　　　　　　　图 6-9

1.【选择】卷展栏

【选择】卷展栏中的参数主要用来选择对象和子对象，如图 6-10 所示。

图 6-10

次物体级别：包括【顶点】、【边】、【边界】、【多边形】和【元素】5 种级别。

按顶点：除了【顶点】级别外，该选项可以在其他 4 种级别中使用。启用该选项后，只有选择所用的顶点才能选择子对象。

忽略背面：选中该复选框后，只能选中法线指向当前视图的子对象。图 6-11 所示左侧为未选中【忽略背面】复选框的选择效果，右侧为选中【忽略背面】复选框的选择效果。

图 6-11

按角度：选中该复选框后，可以根据面的转折度数来选择子对象。

　收缩　按钮：单击该按钮可以在当前选择范围中向内减少一圈对象，如图 6-12 所示。

　扩大　按钮：与【收缩】按钮相反，单击该按钮可以在当前选择范围中向外增加一圈对象，如图 6-13 所示。

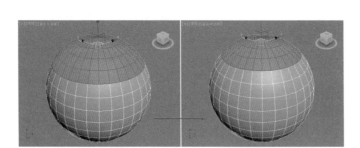

图 6-12

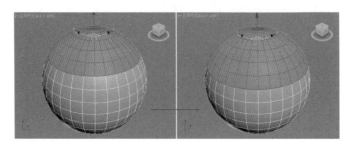

图 6-13

环形 按钮：该按钮只能在【边】和【边界】级别中使用。在选中一部分子对象后单击该按钮可以自动选择平行于当前对象的其他对象。

循环 按钮：该按钮只能在【边】和【边界】级别中使用。在选中一部分子对象后单击该按钮可以自动选择与当前对象在同一曲线上的其他对象。

预览选择：选择对象之前，通过这里的选项可以预览光标滑过位置的子对象，有【禁用】、【子对象】和【多个】3 个选项可供选择。

2.【软选择】卷展栏

【软选择】是以选中的子对象为中心向四周扩散，可以通过调整【衰减】、【收缩】和【膨胀】的数值来控制所选子对象区域的大小及对子对象控制力的强弱，并且【软选择】卷展栏还包括了绘制软选择的工具，这一部分与【绘制变形】卷展栏的用法很接近，如图 6-14 所示。图 6-15 所示为选中【使用软选择】复选框，并选择多边形的效果。

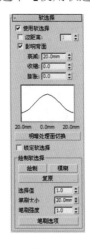

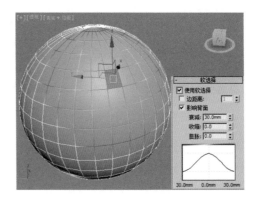

图 6-14   图 6-15

3.【编辑几何体】卷展栏

【编辑几何体】卷展栏中提供了多种用于编辑多边形的工具，这些工具在所有次物体级别下都可用，如图 6-16 所示。

重复上一个 按钮：单击该按钮可以重复使用上一次使用的命令。

约束：使用现有的几何体来约束子对象的变换效果，共有【无】、【边】、【面】和【法线】4 种方式可供选择。

保持 UV：选中该复选框后，可以在编辑子对象的同时不影响该对象的 UV 贴图。

创建 按钮：创建新的几何体。

塌陷 按钮：该按钮类似于 焊接 按钮的功能，但是不需要设置【阈值】参数就可以直接塌陷在一起。

附加 按钮：单击该按钮可以将场景中的其他对象附加到选定的可编辑多边形中。

分离 按钮：将选定的子对象作为单独的对象或元素分离出来。

切片平面 按钮：单击该按钮可以沿某一平面分开网格对象。

图 6-16

分割：选中该复选框后，可以通过单击 快速切片 和 切割 按钮在划分边的位置处创建出两个顶点集合。

切片 按钮：可以在切片平面位置处执行切割操作。

重置平面 按钮：将执行过【切片】的平面恢复到之前的状态。

快速切片 按钮：可以将对象进行快速切片，切片线沿着对象表面，所以可以更加准确地进行切片，如图 6-17 所示。

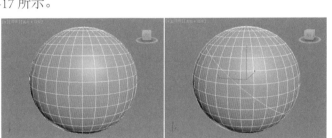

图 6-17

切割 按钮：可以在一个或多个多边形上创建出新的边，如图 6-18 所示。

图 6-18

网格平滑 按钮：使选定的对象产生平滑效果。

细化 按钮：增加局部网格的密度，从而方便处理对象的细节。

平面化 按钮：强制所有选定的子对象成为共面。

视图对齐 按钮：使对象中的所有顶点与活动视图所在的平面对齐。

栅格对齐 按钮：使选定对象中的所有顶点与活动视图所在的平面对齐。

松弛 按钮：使当前选定的对象产生松弛现象。

隐藏选定对象 按钮：隐藏所选定的子对象。

全部取消隐藏 按钮：将所有的隐藏对象还原为可见对象。

隐藏未选定对象 按钮：隐藏未选定的任何子对象。

命名选择：用于复制和粘贴子对象的命名选择集。

删除孤立顶点：选中该复选框后，选择连续子对象时会删除孤立顶点。

完全交互：选中该复选框后，如果更改数值，将直接在视图中显示最终的结果。

4.【细分曲面】卷展栏

【细分曲面】卷展栏中的参数可以将细分效果应用于多边形对象，以便可以对分辨率较低的【框架】网格进行操作，同时还可以查看更为平滑的细分结果，如图 6-19 所示。

平滑结果：对所有的多边形应用相同的平滑组。

使用 NURMS 细分：通过 NURMS 方法应用平滑效果。

等值线显示：选中该复选框后，只显示等值线。

显示框架：在修改或细分之前，切换可编辑多边形对象的两种颜色线框的显示方式。

显示：包含【迭代次数】和【平滑度】两个选项。

迭代次数：用于控制平滑多边形对象时所用的迭代次数。

平滑度：用于控制多边形的平滑程度。

渲染：用于控制渲染时的迭代次数与平滑度。

分隔方式：包括【平滑组】与【材质】两个复选框。

更新选项：设置手动或渲染时的更新选项。

5.【细分置换】卷展栏

【细分置换】卷展栏中的参数主要用于细分可编辑的多边形，其中包括【细分预设】和【细分方法】等，如图 6-20 所示。

图 6-19

图 6-20

6. 【绘制变形】卷展栏

【绘制变形】卷展栏可以对物体上的子对象进行推、拉操作，或者在对象曲面上拖曳光标来影响顶点，如图 6-21 所示。在对象层级中，【绘制变形】可以影响选定对象中的所有顶点；在子对象层级中，【绘制变形】仅影响所选定的顶点。图 6-22 所示为在球体上绘制的效果。

图 6-21

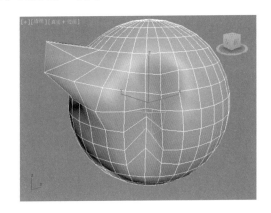

图 6-22

7. 【编辑顶点】卷展栏

进入可编辑多边形的 【顶点】级别，在"修改"面板中会增加【编辑顶点】卷展栏，该卷展栏可以用来处理关于点的所有操作，如图 6-23 所示。

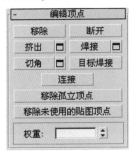

图 6-23

移除：可以将顶点进行移除处理。

断开：选择顶点，并单击该按钮后可以将顶点断开，变为多个顶点。

挤出：单击该按钮可以将顶点往后向内进行挤出，使其产生锥形的效果。

焊接：两个或多个顶点在一定的距离范围内，可以单击该按钮进行焊接，焊接为一个顶点。图 6-24 所示为使用【焊接】制作的效果。

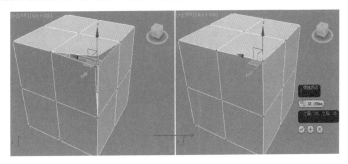

图 6-24

图 6-25

切角：单击该按钮可以将顶点切角为三角形的面效果。

目标焊接：选择一个顶点后，单击该按钮可以将其焊接到相邻的目标顶点。

连接：在选中的对角顶点之间创建新的边。

移除孤立顶点：删除不属于任何多边形的所有顶点。

移除未使用的贴图顶点：单击该按钮可以将未使用的顶点进行自动删除。

权重：设置选定顶点的权重，供 NURMS 细分选项和【网格平滑】修改器使用。

8.【编辑边】卷展栏

进入可编辑多边形的 ◁【边】级别，在【修改】面板中会增加【编辑边】卷展栏，该卷展栏可以用来处理关于边的所有操作，如图 6-25 所示。

插入顶点：可以手动在选择的边上任意添加顶点。

移除：选择边以后，单击该按钮或按【Backspace】键可以移除边。如果按【Delete】键，将删除边以及与边连接的面。

分割：沿着选定边分割网格。对网格中心的单条边应用时，不会起任何作用。

挤出：直接单击该按钮可以在视图中挤出边。图 6-26 所示为使用【挤出】制作的效果。

焊接：组合"焊接边"对话框指定的"焊接阈值"范围内的选定边。只能焊接仅附着一个多边形的边，也就是边界上的边。

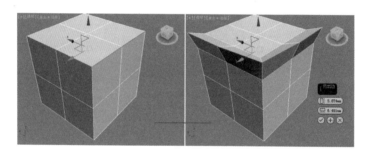

图 6-26

切角：可以将选择的边进行切角处理产生平行的多条边。图 6-27 所示为使用【切角】制作的效果。

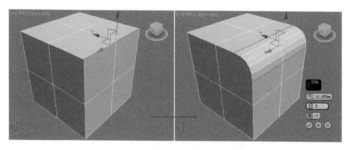

图 6-27

目标焊接：用于选择边并将其焊接到目标边。只能焊接仅附着一个多边形的边，也就是边界上的边。图 6-28 所示为使用【目标焊接】制作的效果。

桥：单击该按钮可以连接对象的边，但只能连接边界边。

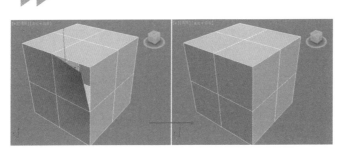

图 6-28

连接 ：可以选择平行的多条边，并使用该工具产生垂直的边。图 6-29 所示为使用【连接】制作的效果。

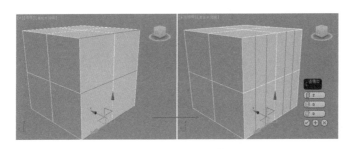

图 6-29

利用所选内容创建图形 ：可以将选定的边创建为样条线图形。

权重：设置选定边的权重，供 NURMS 细分选项和【网格平滑】修改器使用。

拆缝：指定对选定边执行的折缝操作量，供 NURMS 细分选项和【网格平滑】修改器使用。

编辑三角形 ：用于修改绘制内边或对角线时多边形细分为三角形的方式。

旋转 ：用于通过单击对角线修改多边形细分为三角形的方式。单击该按钮时，对角线可以在线框和边面视图中显示为虚线。

9.【编辑多边形】卷展栏

进入可编辑多边形的 ■【多边形】级别，在【修改】面板中会增加【编辑多边形】卷展栏，该卷展栏可以用来处理关于多边形的所有操作，如图 6-30 所示。

图 6-30

插入顶点 ：可以手动在选择的多边形上任意添加顶点。

挤出 ：单击该按钮可以将选择的多边形进行挤出效果处理。组、局部法线、按多边形 3 种方式，效果各不相同。图 6-31 所示为使用【挤出】制作的效果。

轮廓 ：用于增加或减少每组连续的选定多边形的外边。

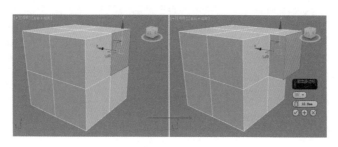

图 6-31

倒角：与【挤出】比较类似，但是比【挤出】更为复杂，可以挤出多边形，也可以向内和外缩放多边形。图 6-32 所示为使用【倒角】制作的效果。

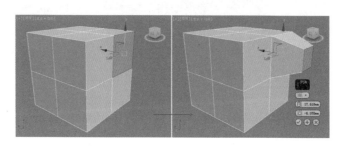

图 6-32

插入：单击该按钮可以制作出插入一个新多边形的效果。图 6-33 所示为使用【插入】制作的效果。

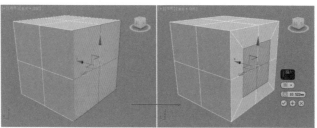

图 6-33

桥：选择模型正反两面相对的两个多边形，并单击该按钮可以制作出镂空的效果。

翻转：反转选定多边形的法线方向，从而使其面向用户的正面。

从边旋转：选择多边形后，单击该按钮可以沿着垂直方向拖动任何边，旋转选定的多边形。

沿样条线挤出：沿样条线挤出当前选定的多边形。

编辑三角剖分：通过绘制内边修改多边形细分为三角形的方式。

重复三角算法：在当前选定的一个或多个多边形上执行最佳三角剖分。

旋转：单击该按钮可以修改多边形细分为三角形的方式。

求生秘籍 —— 技巧提示：模型的半透明显示

在制作模型时由于模型是三维的，很多时候观看起来不方便，因此可以把模型半透明显示。选择模型执行快捷键【Alt+X】，图 6-34 所示的模型变为半透明显示。

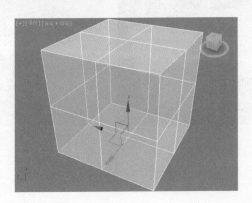

图 6-34

再次选择模型执行快捷键【Alt+X】，图 6-35 所示的模型重新变为实体显示。

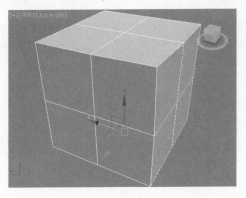

图 6-35

6.2　多边形建模经典实例

进阶案例（1）—— 多边形建模制作洗手盆

场景文件	无
案例文件	进阶案例 —— 多边形建模制作洗手盆 .max
视频教学	DVD/ 多媒体教学 /Chapter 06/ 进阶案例 —— 多边形建模制作洗手盆 .flv
难易指数	★★★★☆
技术掌握	掌握【长方体】、【编辑多边形】的运用

本例学习使用标准基本体下的【长方体】、【编辑多边形】命令来完成模型的制作，最终渲染和线框效果如图 6-36 所示。

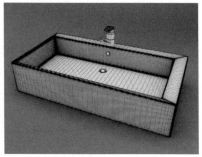

图 6-36

建模思路

01 **STEP** 使用【长方体】制作模型
02 **STEP** 使用【编辑多边形】制作模型
洗手盆建模流程如图 6-37 所示。

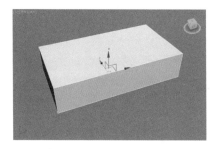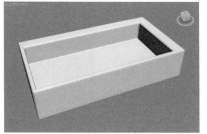

图 6-37

制作步骤

Part 1 使用【长方体】制作模型

（1）启动 3ds Max 2014 中文版，单击菜单栏中的【自定义】→【单位设置】命令，弹出【单位设置】对话框，将【显示单位比例】和【系统单位比例】设置为【毫米】，如图 6-38 所示。

图 6-38

（2）单击 （创建）→ ◯（几何体）→ **长方体** 按钮，在顶视图中拖曳并创建一个长方体，接着在【修改面板】下设置【长度】为 1500mm、【宽度】为 2800mm、【高度】为 600mm，如图 6-39 所示。

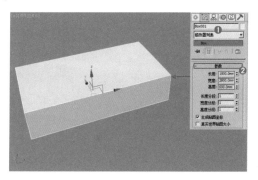

图 6-39

重点▶▶求生秘籍——技巧提示：多边形建模的基本思路

　　多边形建模是非常强大的建模方式，几乎可以制作所有的模型。在制作之前，首先要考虑最终的模型最像什么，例如，本案例要制作一个方形的洗手盆，那么可以创建一个【长方体】作为基本模型，然后将其转换为可编辑多边形，并进行相应的编辑，这样是最为准确、快捷的制作思路。

Part 2 使用【编辑多边形】制作模型

　　（1）选择长方体，并在【修改器列表】中加载【编辑多边形】命令，进入【多边形】 ▣ 级别，选择如图 6-40 所示的多边形。单击 **插入** 按钮后面的【设置】按钮 ▢，并设置【插入类型】为【按多边形】，【数量】为 150mm，如图 6-41 所示。

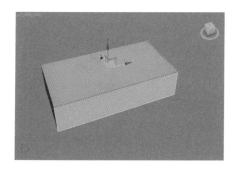

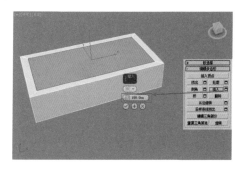

图 6-40　　　　　　　　　　　　　　　　图 6-41

　　（2）选中插入后的多边形，使用 ✛（选择并移动）工具将多边形移动到如图 6-42 所示的位置。

　　（3）进入【多边形】 ▣ 级别，在透视图中选择如图 6-43 所示的多边形，然后单击 **挤出** 按钮后面的【设置】 ▢ 按钮，并设置【高度】为－400mm，如图 6-44 所示。

图 6-42

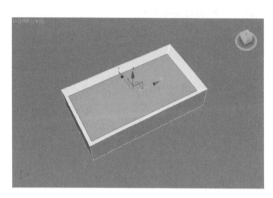

图 6-43

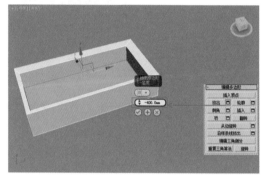

图 6-44

（4）在【边】 级别下，选择如图 6-45 所示的边，单击 切角 按钮后面的【设置】

按钮 ，并设置【数量】为25、【分段】为3，如图 6-46 所示。

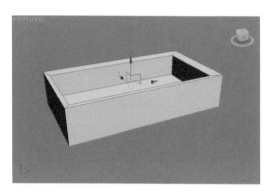

图 6-45

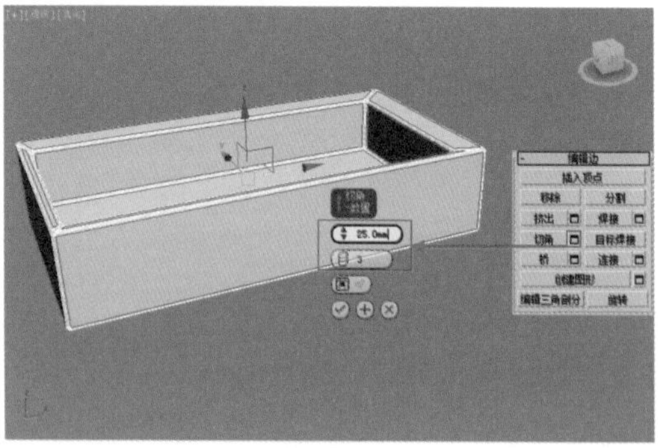

图 6-46

（5）选择长方体，在【修改器列表】中加载【网格平滑】命令，设置【迭代次数】为3，
如图 6-47 所示。

（6）最终模型效果如图 6-48 所示。

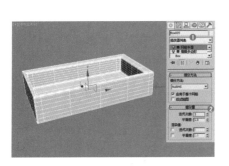

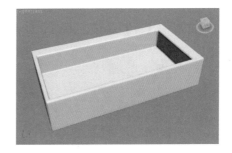

图 6-47   图 6-48

求生秘籍——技巧提示：要熟知多边形建模常用的工具

挤出：针对于【多边形】级别，将多边形挤出一定的高度，如图 6-49 和图 6-50 所示。

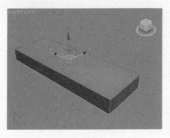

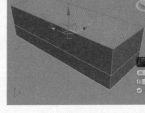

图 6-49   图 6-50

插入：针对于【多边形】级别，将多边形插入出一个新的多边形，如图 6-51 和图 6-52 所示。

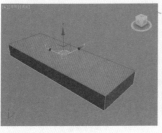

图 6-51   图 6-52

切角：针对于【边】级别，将边在平行的方向上产生新的边，如图 6-53 和图 6-54 所示。

图 6-53   图 6-54

连接：针对于【边】级别，将边在垂直的方向上产生新的边，如图 6-55 和图 6-56 所示。

图 6-55　　　　　　　　图 6-56

多边形建模还有很多工具，这 4 个工具是最为基本的，必须要非常熟练掌握。

进阶案例（2）—— 多边形建模制作柜子

场景文件	无
案例文件	进阶案例 —— 多边形建模制作柜子 .max
视频教学	DVD/ 多媒体教学 /Chapter 06/ 进阶案例 —— 多边形建模制作柜子 .flv
难易指数	★★★★☆
技术掌握	掌握【长方体】、【圆柱体】和【可编辑多边形】的运用

本例学习使用标准基本体下的【长方体】、【圆柱体】和【可编辑多边形】命令来完成模型的制作，最终渲染和线框效果如图 6-57 所示。

 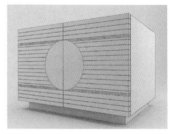

图 6-57

建模思路

01 STEP 使用【长方体】和【可编辑多边形】命令制作模型。

02 STEP 使用【圆柱体】和【可编辑多边形】命令制作模型。

柜子建模流程如图 6-58 所示。

制作步骤

Part 1 使用【长方体】和【可编辑多边形】命令制作模型

（1）单击 ✳ （创建）→ ⭕ （几何体）→ 长方体 按钮，在顶视图中拖曳并创建一个长方体，接着在【修改面板】下设置【长度】为 150mm、【宽度】为 200mm、【高度】为 120mm，如图 6-59 所示。

（2）选择上一步创建的长方体，单击鼠标右键，在弹出的快捷菜单中选择【转换为】→【转换为可编辑多边形】命令，如图 6-60 所示。

图 6-58

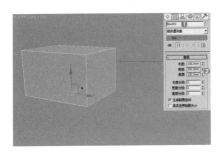

图 6-59

图 6-60

（3）选择上一步创建的长方体，进入【多边形】 级别，在透视图中选择如图 6-61 所示的多边形，接着单击 插入 按钮后面的【设置】按钮 ▢，并设置【插入类型】为【按多边形】、【数量】为 8mm，如图 6-62 所示。

图 6-61

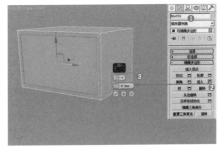

图 6-62

（4）保持选择的多边形不变，如图 6-63 所示。单击 挤出 按钮后面的【设置】 ▢ 按钮，并设置【挤出数量】为 − 140mm，如图 6-64 所示。

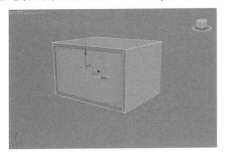

图 6-63

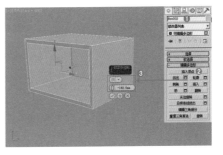

图 6-64

Part 2 使用【圆柱体】和【可编辑多边形】命令制作模型

（1）单击 （创建）→ ○（几何体）→ 长方体 按钮，在顶视图中拖曳并创建一个长方体，接着在【修改面板】下设置【长度】为120mm、【宽度】为100mm、【高度】为6mm、【长度分段】为20，如图6-65所示。

（2）选择上一步创建的长方体，单击右键选择【转换为】，接着单击【转换为可编辑多边形】。并且进入 （顶点）级别，调整如图6-66所示点的位置。

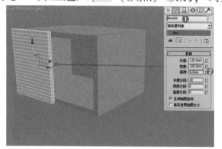
图 6-65

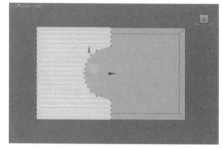
图 6-66

求生秘籍——技巧提示：把顶点调节得更精准

在前视图中创建一个圆柱体，如图6-67所示。

有了圆柱体作为参考，就可以放心调点了，如图6-68所示。

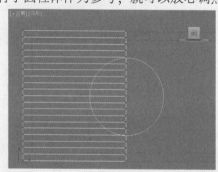
图 6-67

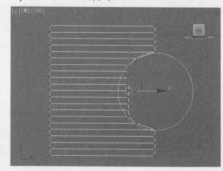
图 6-68

最终顶点就快速地调节完成了，如图6-69所示。

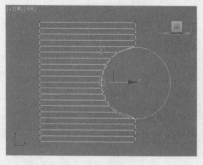
图 6-69

（3）在【边】 级别下，选择如图 6-70 所示的边。单击 连接 按钮后面的【设置】按钮 ，并设置【分段】为 1，【收缩】为 0，如图 6-71 所示。

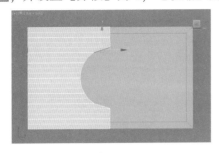

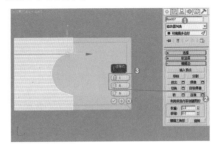

图 6-70　　　　　　　　　　　　　　图 6-71

（4）在【边】 级别下，选择如图 6-72 所示的边。单击 连接 按钮后面的【设置】按钮 ，并设置【分段】为 1、【收缩】为 0，如图 6-73 所示。

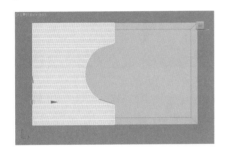

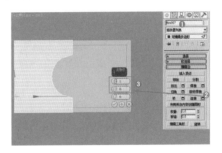

图 6-72　　　　　　　　　　　　　　图 6-73

（5）继续选择长方体，进入 （顶点）级别，调整如图 6-74 所示点的位置。

（6）单击 （创建）→ （几何体）→ 圆柱体 按钮，在顶视图中拖曳并创建一个圆柱体，接着在【修改面板】下设置【半径】为 36mm、【高度】为 6mm、【边数】为 30mm，如图 6-75 所示。

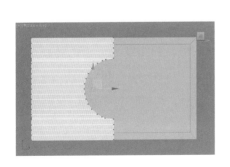

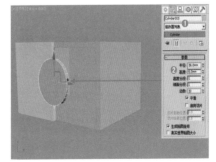

图 6-74　　　　　　　　　　　　　　图 6-75

（7）在修改面板下选中【启用切片】复选框，设置【切片结束位置】为 180，效果如图 6-76 所示。

（8）选择如图 6-77 所示的模型，然后单击【镜像】按钮 ，并设置【镜像轴】为【X】，设置偏移为 68mm，设置【克隆当前选择】为【复制】，单击【确定】按钮，效果如图 6-78 所示。

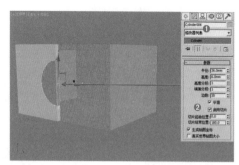

图 6-76

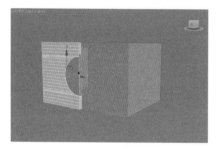

图 6-77

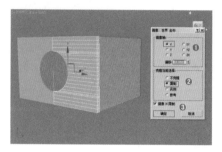

图 6-78

（9）单击 （创建）→ （几何体）→ 长方体 按钮，在顶视图中拖曳并创建一个长方体，接着在【修改面板】下设置【长度】为 130mm、【宽度】为 180mm、【高度】为 15mm，如图 6-79 所示。

（10）最终模型效果如图 6-80 所示。

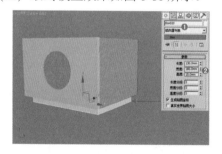

图 6-79

图 6-80

进阶案例（3）——多边形建模制作创意茶几

场景文件	无
案例文件	进阶案例——多边形建模制作创意茶几 .max
视频教学	DVD/ 多媒体教学 /Chapter 06/ 进阶案例——多边形建模制作创意茶几 .flv
难易指数	★★★★☆
技术掌握	掌握【长方体】、【可编辑多边形】和【切割】的运用

本例学习使用标准基本体下的【长方体】、【可编辑多边形】和【切割】命令来完成模

型的制作，最终渲染和线框效果如图 6-81 所示。

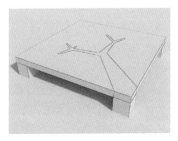

图 6-81

建模思路

01 使用【长方体】和【可编辑多边形】制作模型。
STEP

02 使用【切割】制作模型。
STEP

创意茶几建模流程如图 6-82 所示。

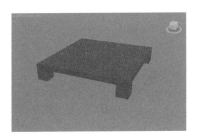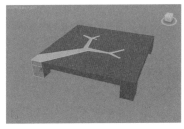

图 6-82

制作步骤

Part 1 使用【长方体】和【可编辑多边形】制作模型

（1）单击 ✳ （创建）→ ○ （几何体）→ 长方体 按钮，在顶视图中拖曳并创建一个长方体，接着在【修改面板】下设置【长度】为 2000mm、【宽度】为 2000mm、【高度】为 100mm，如图 6-83 所示。

（2）选择模型，单击鼠标右键，在弹出的快捷菜单中选择【转换为】→【转换为可编辑多边形】命令，如图 6-84 所示。

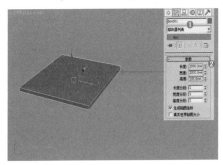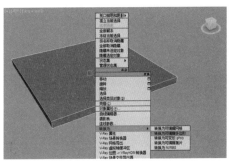

图 6-83   图 6-84

(3) 在【边】 ◁ 级别下，选择如图 6-85 所示的边。单击 连接 按钮后面的【设置】按钮 ▣，并设置【分段】为 2、【收缩】为 70，如图 6-86 所示。

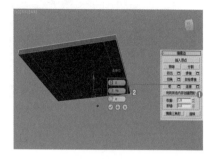

图 6-85   图 6-86

(4) 在【边】 ◁ 级别下，选择如图 6-87 所示的边。单击 连接 按钮后面的【设置】按钮 ▣，并设置【分段】为 2、【收缩】为 70，如图 6-88 所示。

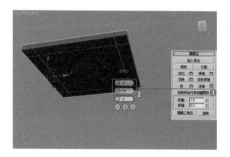

图 6-87   图 6-88

(5) 进入【多边形】 ▣ 级别，在透视图中选择如图 6-89 所示的多边形，然后单击 挤出 按钮后面的【设置】 ▣ 按钮，并设置【高度】为 240mm，如图 6-90 所示。

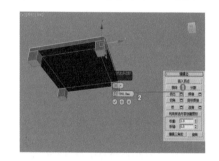

图 6-89   图 6-90

Part 2 使用【切割】制作模型

(1) 在修改面板下，展开【编辑几何体】卷展栏，单击 切割 按钮，并在模型上描绘如图 6-91 所示的图形。

(2) 进入【多边形】 ▣ 级别，在透视图中选择如图 6-92 所示的多边形，然后单击 分离 按钮，并选中【以克隆对象分离】复选框，如图 6-93 所示。

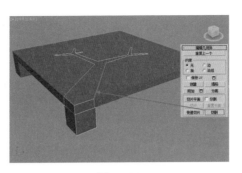

图 6-91

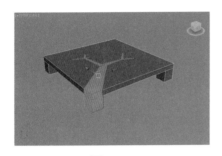

图 6-92　　　　　　　　　　　　　　图 6-93

（3）最终模型效果如图 6-94 所示。

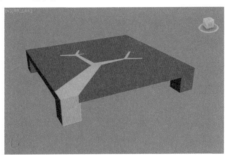

图 6-94

进阶案例（4）—— 多边形建模制作圆椅

场景文件	无
案例文件	进阶案例 —— 多边形建模制作圆椅 .max
视频教学	DVD/ 多媒体教学 /Chapter 06/ 进阶案例 —— 多边形建模制作圆椅 .flv
难易指数	★★★★☆
技术掌握	掌握【球体】、【FFD4×4×4】、【圆柱体】和【FFD2×2×2】的运用

本例学习使用标准基本体下的【球体】、【FFD4×4×4】、【圆柱体】和【FFD2×2×2】命令来完成模型的制作，最终渲染和线框效果如图 6-95 所示。

建模思路

01 STEP 使用【球体】和【FFD4×4×4】制作模型。

02 STEP 使用【圆柱体】和【FFD2×2×2】制作模型。

圆椅建模流程如图 6-96 所示。

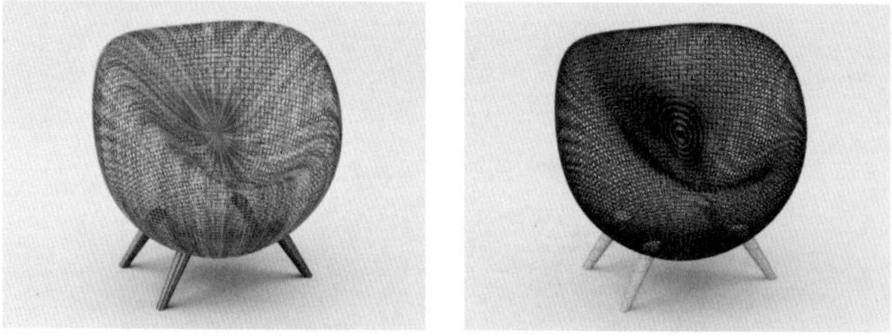

图 6-95

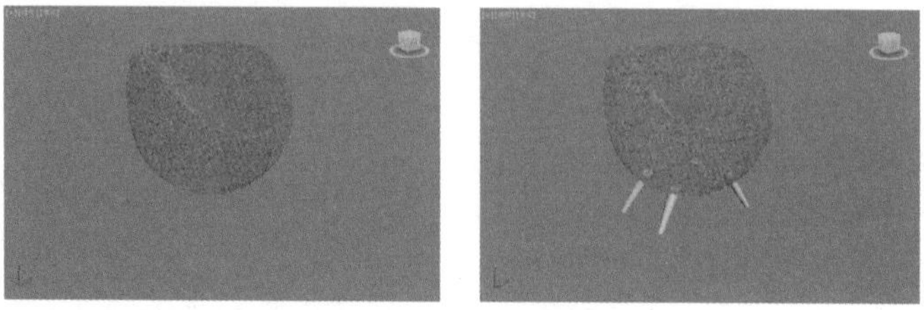

图 6-96

制作步骤

Part 1 使用【球体】和【FFD4×4×4】制作模型

(1) 单击 (创建) → (几何体) → 球体 按钮，在顶视图中拖曳并创建一个球体，接着在【修改面板】下设置【半径】为 800mm、【分段】为 160，如图 6-97 所示。

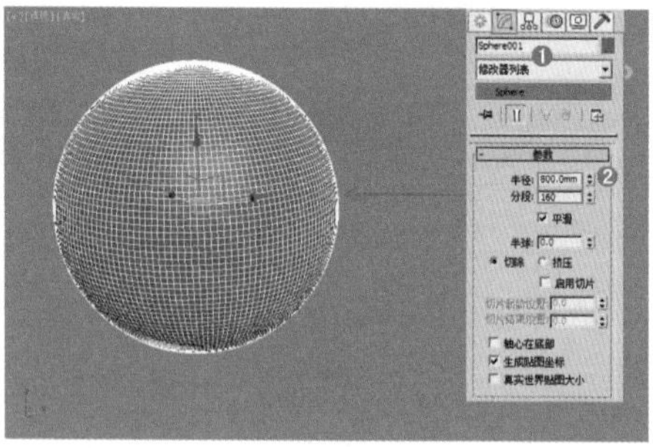

图 6-97

(2) 选择上一步创建的模型，分别为其加载【FFD4×4×4】修改器，进入【控制点】级别，调整点的位置如图 6-98 所示。

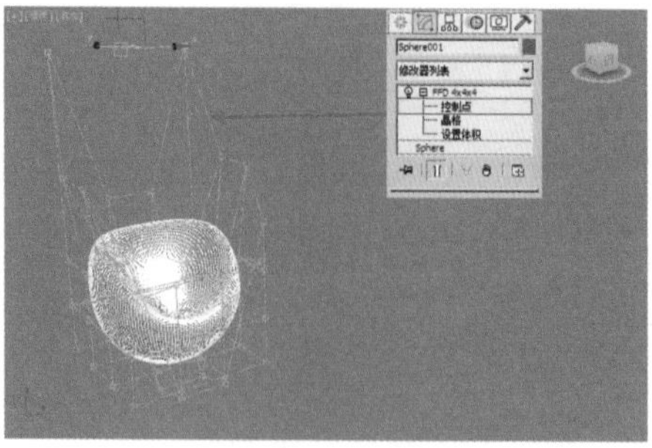

图 6-98

(3) 选择模型，单击鼠标右键，在弹出的快捷菜单中选择【转换为】→【转换为可编辑多边形】命令，如图 6-99 所示。

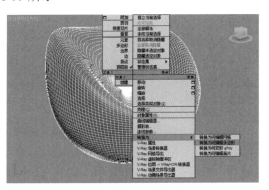

图 6-99

（4）在【边】 级别下，选择如图 6-100 所示的边。单击 利用所选内容创建图形 按钮，并设置【图形类型】为【线性】，如图 6-101 所示。

图 6-100

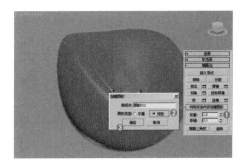

图 6-101

（5）使用 （选择并移动）工具拖曳出原来的模型并按【Delete】键将其删除，如图 6-102 所示。此时剩下了【利用所选内容创建图形】后的线，如图 6-103 所示。

图 6-102

图 6-103

（6）选择上一步的线，在【渲染】选项组下选中【在渲染中启用】和【在视口中启用】复选框，选中【径向】单选按钮，设置【厚度】为 6mm，如图 6-104 所示。

Part 2 【圆柱体】和【FFD2×2×2】制作模型

（1）单击 （创建）→ （几何体）→ 圆柱体 按钮，在顶视图中拖曳并创建一个圆柱体，接着在【修改面板】下设置【半径】为 60mm、【高度】为 400mm，如图 6-105 所示。

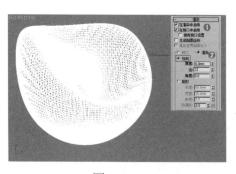

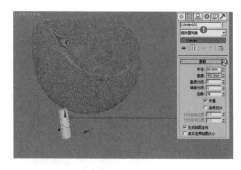

图 6-104   图 6-105

（2）选择上一步创建的模型，分别为其加载【FFD2×2×2】修改器，进入【控制点】级别，调整点的位置如图 6-106 所示。

（3）保持选择上一步中的圆柱体；使用 ⊕ (选择并移动) 工具按住【Shift】键进行复制，在弹出的【克隆选项】对话框中选中【复制】单选按钮，设置【副本数】为 3，并使用 ⊕ (选择并移动) 工具和 ↻ (选择并旋转) 工具摆放位置，如图 6-107 所示。

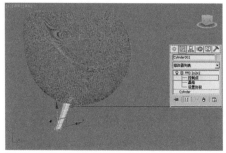

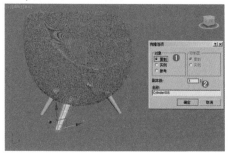

图 6-106   图 6-107

（4）最终模型效果如图 6-108 所示。

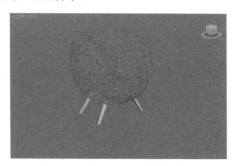

图 6-108

进阶案例（5）—— 多边形建模制作创意时钟

场景文件	无
案例文件	进阶案例 —— 多边形建模制作创意时钟 .max
视频教学	DVD/ 多媒体教学 /Chapter 06/ 进阶案例 —— 多边形建模制作创意时钟 .flv
难易指数	★★★★☆
技术掌握	掌握【圆柱体】、【长方体】和【编辑多边形】的运用

本例学习使用标准基本体下的【圆柱体】、【长方体】和【编辑多边形】命令来完成模型的制作，最终渲染和线框效果如图 6-109 所示。

建模思路

图 6-109

01
STEP 使用【圆柱体】和【编辑多边形】制作模型。

02
STEP 使用【长方体】和【编辑多边形】制作模型。

创意时钟建模流程如图 6-110 所示。

制作步骤

图 6-110

Part 1　使用【圆柱体】和【编辑多边形】制作模型

（1）单击 ✳ （创建）→ ◯ （几何体）→ 圆柱体 按钮，在顶视图中拖曳并创建一个圆柱体，接着在【修改面板】下设置【半径】为 500mm、【高度】为 200mm、【高度分段】为 1，如图 6-111 所示。

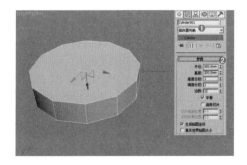

图 6-111

（2）选择圆柱体，在【修改器列表】中加载【编辑多边形】命令，在【边】◁ 级别下，选择如图 6-112 所示的边，使用 ↻ （选择并旋转）和 ▱ （选择并均匀缩放）工具调整边，如图 6-113 所示。

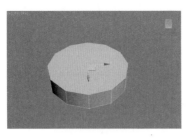

图 6-112 图 6-113

（3）在【边】 级别下，选择如图 6-114 所示的边。单击 **连接** 按钮后面的【设置】按钮，并设置【分段】为 1、【滑块】为 − 93，如图 6-115 所示。

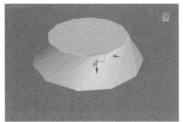
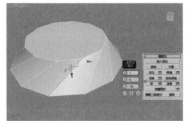

图 6-114 图 6-115

（4）在【边】 级别下，选择如图 6-116 所示的边。单击 **连接** 按钮后面的【设置】按钮，并设置【分段】为 1、【滑块】为 93，如图 6-117 所示。

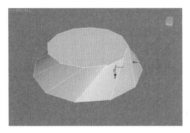
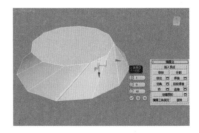

图 6-116 图 6-117

（5）以此类推，连接出其他的边，效果如图 6-118 所示。

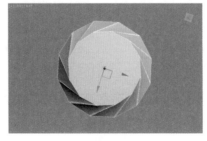

图 6-118

Part 2 使用【长方体】和【编辑多边形】制作模型

（1）单击 （创建）→ （几何体）→ **长方体** 按钮，在顶视图中拖曳并创建一个

长方体，接着在【修改面板】下设置【长度】为 20mm、【宽度】为 20mm、【高度】为 300mm，如图 6-119 所示。

（2）选择长方体，并在【修改器列表】中加载【编辑多边形】命令，在【顶点】级别下，调整点的位置如图 6-120 所示。

图 6-119　　　　　　　　　　图 6-120

（3）继续在顶视图中拖曳并创建一个长方体，接着在【修改面板】下设置【长度】为 20mm、【宽度】为 20mm、【高度】为 240mm，如图 6-121 所示。

（4）选择长方体，并在【修改器列表】中加载【编辑多边形】命令，在【边】级别下调整点的位置如图 6-122 所示。

图 6-121　　　　　　　　　　图 6-122

（5）最终模型效果如图 6-123 所示。

图 6-123

进阶案例（6）—— 多边形建模制作简约桌子

场景文件	无
案例文件	进阶案例——多边形建模制作简约桌子 .max
视频教学	DVD/ 多媒体教学 /Chapter06/ 进阶案例——多边形建模制作简约桌子 .flv
难易指数	★★★★☆
技术掌握	掌握【长方体】和【编辑多边形】的运用

本例学习使用标准基本体下的【长方体】和【编辑多边形】命令来完成模型的制作，最终渲染和线框效果如图 6-124 所示。

图 6-124

建模思路

01 STEP 使用【长方体】制作模型。

02 STEP 使用【编辑多边形】制作模型。

简约桌子建模流程如图 6-125 所示。

图 6-125

制作步骤

Part 1 使用【长方体】制作模型

单击 ※ （创建）→ ○ （几何体）→ 长方体 按钮，在顶视图中拖曳并创建一个长方体，接着在【修改面板】下设置【长度】为 1500mm、【宽度】为 3000mm、【高度】为 80mm，如图 6-126 所示。

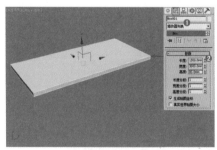

图 6-126

Part 2 使用【编辑多边形】制作模型

（1）选择长方体，并在【修改器列表】中加载【编辑多边形】命令，进入【多边形】

■ 级别，选择如图 6-127 所示的多边形。单击 插入 按钮后面的【设置】按钮 □ ，并设置【插入类型】为【按多边形】、【数量】为 40mm，如图 6-128 所示。

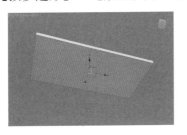

图 6-127

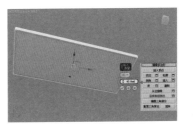

图 6-128

（2）进入【多边形】级别，在透视图中选择如图 6-129 所示的多边形，然后单击

挤出 按钮后面的【设置】▢按钮，并设置【高度】为 50mm，如图 6-130 所示。

图 6-129

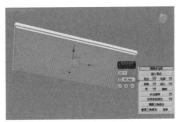

图 6-130

（3）进入【多边形】▣级别，在透视图中选择如图 6-131 所示的多边形，然后单击

倒角 按钮后面的【设置】▢按钮，并设置【轮廓】为 40mm，如图 6-132 所示。

图 6-131

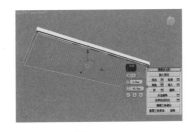

图 6-132

（4）进入【多边形】▣级别，在透视图中选择如图 6-133 所示的多边形，然后单击

挤出 按钮后面的【设置】▢按钮，并设置【高度】为 70mm，如图 6-134 所示。

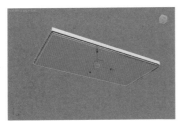

图 6-133

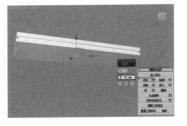

图 6-134

(5) 在【边】◁级别下，选择如图 6-135 所示的边。单击 连接 按钮后面的【设置】按钮🔲，并设置【分段】为 2、【收缩】为 73，如图 6-136 所示。

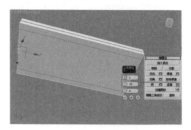

图 6-135   图 6-136

(6) 在【边】◁级别下，选择如图 6-137 所示的边。单击 连接 按钮后面的【设置】按钮🔲，并设置【分段】为 2、【收缩】为 87，如图 6-138 所示。

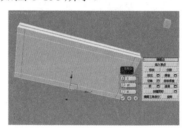

图 6-137   图 6-138

(7) 进入【多边形】■级别，在透视图中选择如图 6-139 所示的多边形，然后单击 挤出 按钮后面的【设置】🔲按钮，并设置【高度】为 1500mm，如图 6-140 所示。

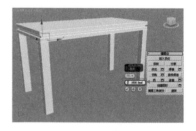

图 6-139   图 6-140

(8) 在【边】◁级别下，选择如图 6-141 所示的边。单击 切角 按钮后面的【设置】按钮，并设置【数量】为 10，如图 6-142 所示。

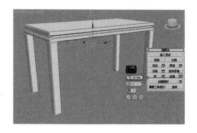

图 6-141   图 6-142

（9）进入【多边形】▣级别，选择如图 6-143 所示的多边形。单击 插入 按钮后面的【设置】按钮▣，并设置【插入类型】为【按多边形】、【数量】为 190mm，如图 6-144 所示。

 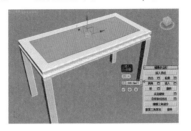

图 6-143　　　　　　　　　　　　图 6-144

（10）最终模型效果如图 6-145 所示。

图 6-145

进阶案例（7）——多边形建模制作简约靠椅

场景文件	无
案例文件	进阶案例——多边形建模制作简约靠椅 .max
视频教学	DVD/ 多媒体教学 /Chapter 06/ 进阶案例——多边形建模制作简约靠椅 .flv
难易指数	★★★★☆
技术掌握	掌握【长方体】、【FFD4×4×4】和【样条线】的运用

本例学习使用标准基本体下的【长方体】、【FFD4×4×4】和【样条线】命令来完成模型的制作，最终渲染和线框效果如图 6-146 所示。

图 6-146

建模思路

01 STEP 使用【长方体】和【FFD4×4×4】制作模型。

02 STEP 使用【样条线】制作模型。

简约靠椅建模流程如图 6-147 所示。

图 6-147

制作步骤

Part 1　使用【长方体】和【FFD4×4×4】制作模型

（1）单击 ☀（创建）→ ○（几何体）→ 长方体 按钮，在顶视图中拖曳并创建一个长方体，接着在【修改面板】下设置【长度】为 400mm、【宽度】为 600mm、【高度】为 25mm、【长度分段】为 5、【宽度分段】为 5、【高度分段】为 2，如图 6-148 所示。

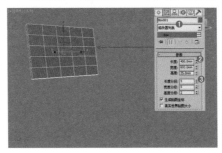

图 6-148

（2）选择上一步创建的模型，分别为其加载【FFD4×4×4】修改器，进入【控制点】级别，调整点的位置如图 6-149 所示。

（3）选择上一步的模型，分别为其加载【网格平滑】修改器，设置【迭代次数】为 3，如图 6-150 所示。

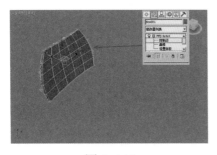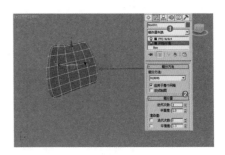

图 6-149　　　　　　　　　　　　　　图 6-150

（4）单击 ☀（创建）→ ○（几何体）→ 长方体 按钮，在顶视图中拖曳并创建一个长方体，接着在【修改面板】下设置【长度】为 600mm、【宽度】为 600mm、【高度】为 25mm、【长度分段】为 5、【宽度分段】为 5、【高度分段】为 2，如图 6-151 所示。

（5）选择上一步创建的模型，分别为其加载【FFD4×4×4】修改器，进入【控制点】级别，调整点的位置如图 6-152 所示。

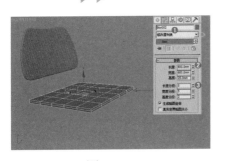

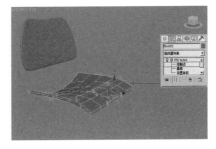

图 6-151　　　　　　　　　　　　　图 6-152

（6）选择上一步的模型，分别为其加载【网格平滑】修改器，设置【迭代次数】为 3，如图 6-153 所示。

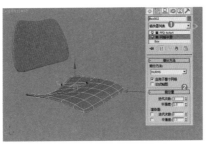

图 6-153

Part 2　使用【样条线】制作模型

（1）单击 （创建）→ （图形）→ 样条线 → 线 按钮，在左视图中创建如图 6-154 所示的样条线。

（2）在【修改面板】下展开【渲染】卷展栏，选中【在渲染中启用】和【在视口中启用】复选框，并选中【径向】单选按钮，设置【厚度】为 20mm，如图 6-155 所示。

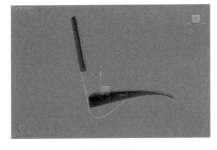

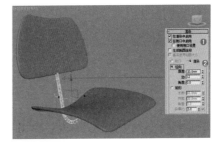

图 6-154　　　　　　　　　　　　　图 6-155

（3）单击 （创建）→ （图形）→ 样条线 → 线 按钮，在前视图中创建如图 6-156 所示的样条线。

（4）选择上一步创建的样条线，单击鼠标右键，在弹出的快捷菜单中选择【转换为】→【转换为可编辑样条线】，如图 6-157 所示。

（5）在【修改面板】下展开【渲染】卷展栏，选中【在渲染中启用】和【在视口中启用】复选框，并选中【径向】单选按钮，设置【厚度】为 20mm，如图 6-158 所示。

（6）单击 （创建）→ （图形）→ 样条线 → 线 按钮，在前视图中创建如图 6-159 所示的样条线。

图 6-156

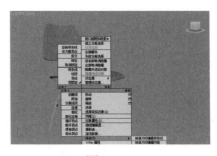

图 6-157

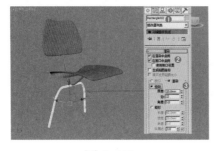

图 6-158

图 6-159

（7）选择上一步创建的样条线，单击鼠标右键，在弹出的快捷菜单中选择【转换为】→【转换为可编辑样条线】，如图 6-160 所示。

（8）在【修改面板】下展开【渲染】卷展栏，选中【在渲染中启用】和【在视口中启用】复选框，并选中【径向】单选按钮，设置【厚度】为 20mm，如图 6-161 所示。

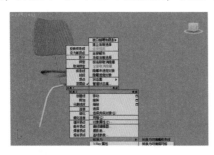

图 6-160

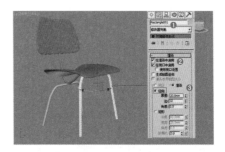

图 6-161

（9）最终模型效果如图 6-162 所示。

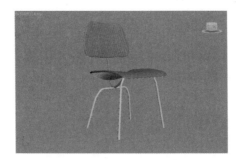

图 6-162

重点▶进阶案例（8）—— 多边形建模制作时尚椅子

场景文件	无
案例文件	进阶案例 —— 多边形建模制作时尚椅子 .max
视频教学	DVD/ 多媒体教学 /Chapter 06/ 进阶案例 —— 多边形建模制作时尚椅子 .flv
难易指数	★★★★☆
技术掌握	掌握多边形建模以及多种修改器使用

本例学习使用多边形建模以及多种修改器命令来完成模型的制作，最终渲染和线框效果如图 6-163 所示。

图 6-163

建模思路

01 STEP 使用【线】、【挤出】、【FFD】、【编辑多边形】修改器制作椅子基本模型。

02 STEP 使用【编辑多边形】、【壳】、【网格平滑】修改器细化椅子模型。

时尚椅子建模流程如图 6-164 所示。

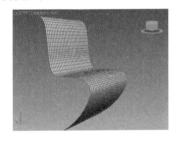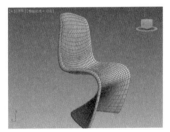

图 6-164

制作步骤

Part 1　使用【线】、【挤出】、【FFD】、【编辑多边形】修改器制作椅子基本模型

（1）在创建面板下使用【线】工具在左视图中创建一条样条线，如图 6-165 所示。

图 6-165

（2）选择上一步创建的线，为其添加【挤出】修改器，设置【数量】为 550mm、【分段】为 29，如图 6-166 所示。

（3）此时的模型效果，如图 6-167 所示。

图 6-166

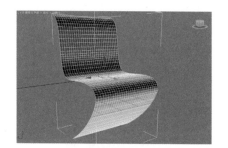

图 6-167

（4）选择上一步的模型，然后为其加载【FFD4×4×4】修改器，如图 6-168 所示。

（5）单击进入【控制点】级别，并将控制点的位置进行调整，如图 6-169 所示。

图 6-168

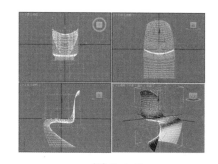

图 6-169

（6）继续单击修改，为其加载【编辑多边形】修改器，如图 6-170 所示。

（7）单击进入【顶点】级别，并将部分顶点进行适当的调整，如图 6-171 所示。

图 6-170

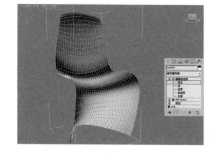

图 6-171

Part 2 使用【编辑多边形】、【壳】、【网格平滑】修改器细化椅子模型

（1）单击修改，并加载【壳】修改器，设置【外部量】为 15mm，如图 6-172 所示。

（2）此时的模型效果，如图 6-173 所示。

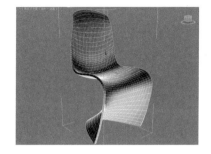

图 6-172   图 6-173

（3）继续单击修改，为模型加载【编辑多边形】修改器，并单击进入【顶点】级别，如图 6-174 所示。

（4）将顶点的位置进行适当的调整，如图 6-175 所示。

（5）继续为模型加载【网格平滑】修改器，设置【迭代次数】为 2，如图 6-176 所示。

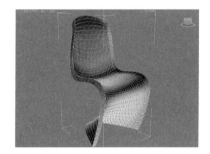

图 6-174   图 6-175   图 6-176

（6）此时的模型效果，如图 6-177 所示。

（7）继续单击修改，进入【顶点】级别，如图 6-178 所示。

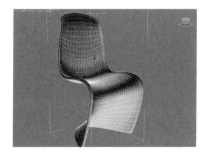

图 6-177   图 6-178

（8）此时将部分顶点的位置进行调整，如图 6-179 所示。

（9）模型最终效果，如图 6-180 所示。

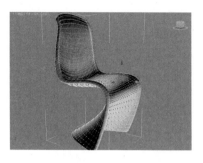
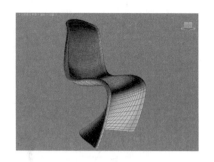

图 6-179   图 6-180

重点▶▶进阶案例（9）—— 多边形建模制作单人沙发

场景文件	无
案例文件	进阶案例——多边形建模制作单人沙发 .max
视频教学	DVD/ 多媒体教学 /Chapter 06/ 进阶案例——多边形建模制作单人沙发 .flv
难易指数	★★★★☆
技术掌握	掌握多边形建模和线工具的使用

　　本例学习使用多边形建模结合线工具完成模型的制作，最终渲染和线框效果如图 6-181 所示。

图 6-181

建模思路

01 使用【长方体】、【编辑多边形】和【网格平滑】修改器制作沙发垫。
STEP

02 使用【线】工具制作单人沙发腿。
STEP

单人沙发建模流程如图 6-182 所示。

图 6-182

制作步骤

Part 1 使用【长方体】、【编辑多边形】和【网格平滑】修改器制作沙发垫

（1）单击 （创建）→ ○（几何体）→标准基本体→ ██长方体██ 按钮，在顶视图中创建一个长方体，并设置参数如图 6-183 所示。

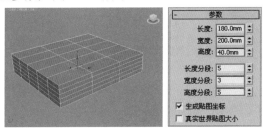

图 6-183

（2）保持选择创建的长方体，切换到 ▱（修改）命令面板中，加载【编辑多边形】修改器，进入 ◁（边）对象层级下，在视图中调节边的位置，如图 6-184 所示。

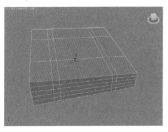

图 6-184

（3）再对长方体加载【网格平滑】修改器，在【细分量】卷展栏中设置【迭代次数】为 2，如图 6-185 所示。

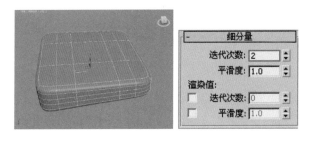

图 6-185

（4）单击 ✳（创建）→ ○（几何体）→标准基本体→ ██长方体██ 按钮，在顶视图中创建一个长方体，并设置参数如图 6-186 所示。

（5）保持选择创建的长方体，切换到 ▱（修改）命令面板中，加载【编辑多边形】修改器，进入 ◁（边）对象层级下，在视图中调节边的位置如图 6-187 所示。

（6）再对长方体加载【网格平滑】修改器，在【细分量】卷展栏中设置【迭代次数】为 2，如图 6-188 所示。

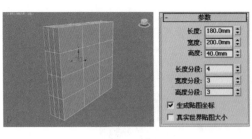

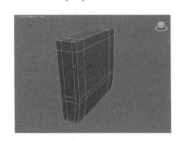

图 6-186

图 6-187

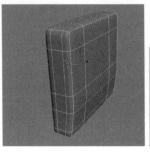

图 6-188

（7）使用工具栏中的 ✥（选择并移动）和 ↻（选择并旋转）工具，将两个调整后的长方体移动并旋转至合适的位置，如图 6-189 所示。

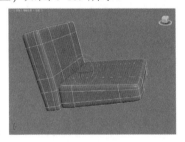

图 6-189

Part 2 使用【线】工具制作单人沙发腿

（1）单击 ✳（创建）→ ⊘（图形）→ 样条线 ▼ → 线 按钮，在左视图中绘制如图 6-190 所示的两条样条线。

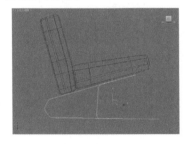

图 6-190

（2）分别选择两条样条线，进入 （修改）命令面板中，然后在【渲染】卷展栏下选中【在渲染中启用】和【在视口中启用】复选框，选中【矩形】单选按钮，设置相同的【长度】为 15.0mm、【宽度】为 2.0mm，如图 6-191 所示。

图 6-191

（3）同时选择两条样条线，使用工具栏中的 （镜像）工具，在弹出的对话框中设置【镜像轴】为 X 轴，【偏移】设置为 128.0mm、【克隆当前选择】为【实例】，镜像复制出另外一边的沙发腿，如图 6-192 所示。

图 6-192

（4）最终模型效果如图 6-193 所示。

图 6-193

求生秘籍——技巧提示：复杂的模型需要多种建模方法综合使用

　　相对比较复杂的模型有些时候需要结合其他的建模方式。例如，本案例中使用了多边形建模、修改器建模、样条线建模等。要熟练掌握所有的建模方式，并且要在合适的情况下，搭配使用。

重点▶进阶案例（10）—— 多边形建模制作脚凳

场景文件	无
案例文件	进阶案例 —— 多边形建模制作脚凳 .max
视频教学	DVD/ 多媒体教学 /Chapter 06/ 进阶案例 —— 多边形建模制作脚凳 .flv
难易指数	★★★★★
技术掌握	掌握【长方体】、【编辑多边形】和【网格平滑】命令的运用

本例学习使用标准基本体下的【长方体】、【编辑多边形】和【网格平滑】命令来完成模型的制作，最终渲染和线框效果如图 6-194 所示。

图 6-194

建模思路

01 STEP 使用【长方体】、【编辑多边形】和【网格平滑】制作模型。

02 STEP 使用【长方体】、【编辑多边形】和【网格平滑】制作脚凳。

脚凳建模流程如图 6-195 所示。

图 6-195

制作步骤

Part 1 使用【长方体】、【编辑多边形】和【网格平滑】制作模型

（1）单击 ※（创建）→ ○（几何体）→ 长方体 按钮，在顶视图中拖曳并创建一个长方体，接着在【修改面板】下设置【长度】为 2000mm、【宽度】为 2000mm、【高度】为 280mm、【长度分段】为 1，【宽度分段】为 1、【高度分段】为 1，如图 6-196 所示。

（2）选择长方体，在【修改器列表】中加载【编辑多边形】命令，在【边】 ◁ 级别下，选择如图 6-197 所示的边。单击 连接 按钮后面的【设置】按钮 □，并设置【分段】为 2，如图 6-198 所示。

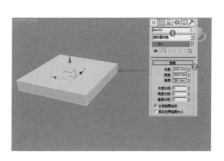

图 6-196

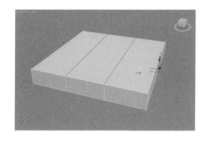

图 6-197

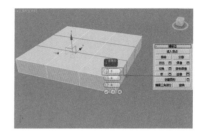

图 6-198

（3）在【边】级别下，选择如图 6-199 所示的边。单击 **连接** 按钮后面的【设置】按钮 ，并设置【分段】为 2，如图 6-200 所示。

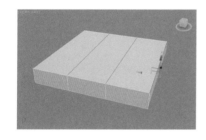

图 6-199

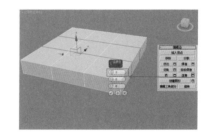

图 6-200

（4）在【边】 级别下，选择如图 6-201 所示的边。单击 **连接** 按钮后面的【设置】按钮 ，并设置【分段】为 2、【收缩】为 68，如图 6-202 所示。

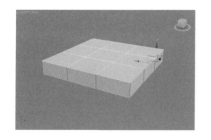

图 6-201

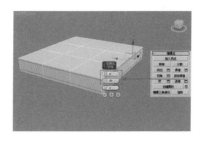

图 6-202

(5) 在【边】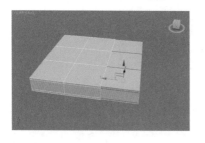 级别下，选择如图 6-203 所示的边。单击 连接 按钮后面的【设置】按钮 ，并设置【分段】为 1、【滑块】为 – 70，如图 6-204 所示。

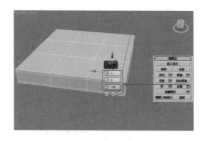

图 6-203　　　　　　　　　　　　　图 6-204

(6) 在【边】 级别下，选择如图 6-205 所示的边。单击 连接 按钮后面的【设置】按钮 ，并设置【分段】为 1、【滑块】为 – 70，如图 6-206 所示。

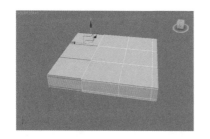
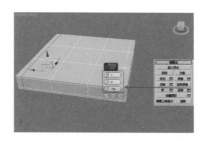

图 6-205　　　　　　　　　　　　　图 6-206

(7) 在【边】 级别下，选择如图 6-207 所示的边。单击 连接 按钮后面的【设置】按钮 ，并设置【分段】为 1、【滑块】为 – 70，如图 6-208 所示。

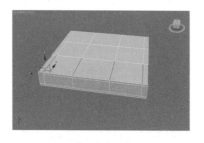
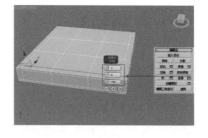

图 6-207　　　　　　　　　　　　　图 6-208

(8) 在【边】 级别下，选择如图 6-209 所示的边。单击 连接 按钮后面的【设置】按钮 ，并设置【分段】为 1、【滑块】为 – 70，如图 6-210 所示。

(9) 在【边】 级别下，选择如图 6-211 所示的边。单击 连接 按钮后面的【设置】按钮 ，并设置【分段】为 1、【滑块】为 – 70，如图 6-212 所示。

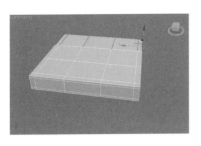

图 6-209

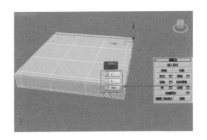

图 6-210

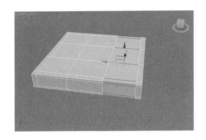

图 6-211

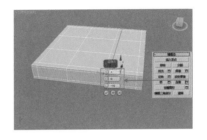

图 6-212

（10）在【边】 级别下，选择如图 6-213 所示的边。单击 **连接** 按钮后面的【设置】按钮 ，并设置【分段】为 1、【滑块】为 −70，如图 6-214 所示。

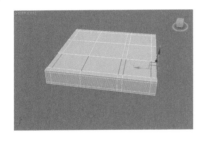

图 6-213

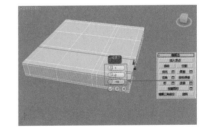

图 6-214

（11）在【边】 级别下，选择如图 6-215 所示的边。单击 **连接** 按钮后面的【设置】按钮 ，并设置【分段】为 1、【滑块】为 −70，如图 6-216 所示。

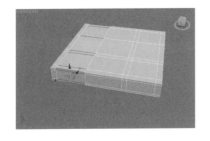

图 6-215

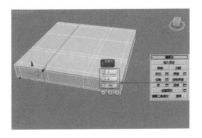

图 6-216

Chapter 06

（12）在【边】 级别下，选择如图 6-217 所示的边。单击 连接 按钮后面的【设置】按钮，并设置【分段】为 1、【滑块】为 − 70，如图 6-218 所示。

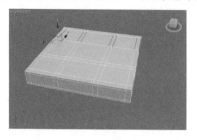

图 6-217

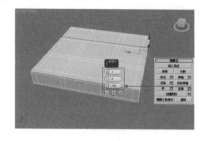

图 6-218

（13）在【边】 级别下，选择如图 6-219 所示的边。单击 连接 按钮后面的【设置】按钮，并设置【分段】为 1、【滑块】为 − 70，如图 6-220 所示。

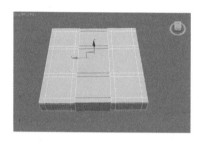

图 6-219

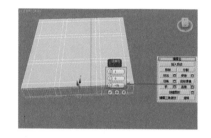

图 6-220

求生秘籍——技巧提示：使用【连接】工具的目的

在上面的步骤中反复使用了【连接】工具，其目的是为了增加很多分段，以便这些分段交叉分布为一个个的小多边形，以方便制作脚凳的凹和凸以及缝隙的效果。

（14）在【边】 级别下，选择如图 6-221 所示的边。单击 连接 按钮后面的【设置】按钮，并设置【分段】为 1、【滑块】为 − 70，如图 6-222 所示。

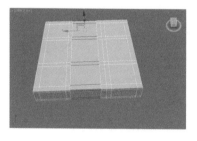

图 6-221

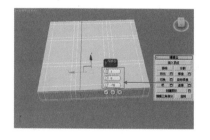

图 6-222

（15）在【边】  级别下，选择如图 6-223 所示的边。单击【连接】按钮 连接 后面的【设置】按钮 ，并设置【分段】为 1、【滑块】为 − 70，如图 6-224 所示。

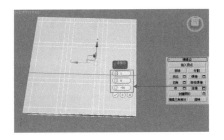

图 6-223　　　　　　　　　　　　　图 6-224

（16）在【边】 级别下，选择如图 6-225 所示的边。单击 连接 按钮后面的【设置】按钮 ，并设置【分段】为 1、【滑块】为 − 70，如图 6-226 所示。

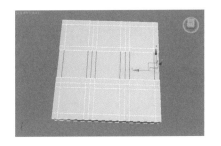
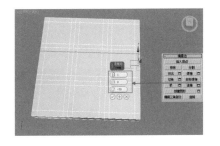

图 6-225　　　　　　　　　　　　　图 6-226

（17）在【顶点】 级别下，选择如图 6-227 所示的顶点。单击 切角 按钮后面的【设置】按钮 ，并设置【数量】为 35，如图 6-228 所示。

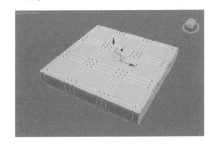
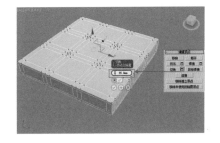

图 6-227　　　　　　　　　　　　　图 6-228

（18）进入【多边形】 级别，在透视图中选择如图 6-229 所示的多边形，然后单击 挤出 按钮后面的【设置】按钮 ，并设置【高度】为 − 100mm，如图 6-230 所示。

（19）在【顶点】 级别下，选择如图 6-231 所示的顶点。使用 （选择并移动）工具调整点的位置，如图 6-232 所示。

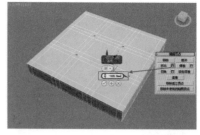

图 6-229　　　　　　　　　　　　图 6-230

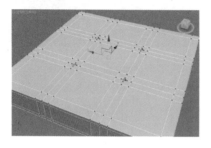

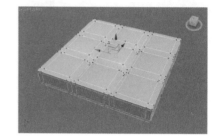

图 6-231　　　　　　　　　　　　图 6-232

（20）选择上一步创建的样条线，单击鼠标右键，在弹出的快捷菜单中选择【转换为】→【转换为可编辑多边形】命令，如图 6-233 所示。

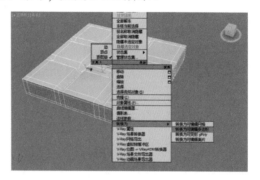

图 6-233

（21）选择上一步的模型，分别为其加载【网格平滑】修改器，设置【迭代次数】为 3，如图 6-234 所示。

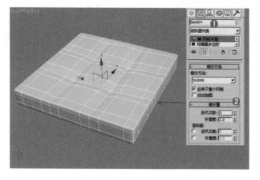

图 6-234

（22）在【边】✐级别下，选择如图 6-235 所示的边。单击 **利用所选内容创建图形** 按钮，并设置【图形类型】为【线性】，如图 6-236 所示。

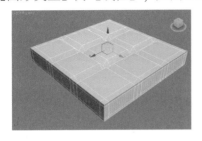
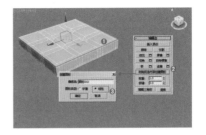

图 6-235　　　　　　　　　　　　　　图 6-236

（23）选择上一步的样条线，如图 6-237 所示。在【渲染】选项组下选中【在渲染中启用】和【在视口中启用】复选框，选中【径向】单选按钮，设置【厚度】为 30mm，如图 6-238 所示。

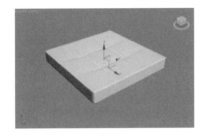
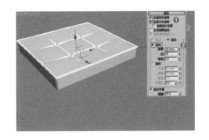

图 6-237　　　　　　　　　　　　　　图 6-238

（24）选择上一步的模型，分别为其加载【网格平滑】修改器，设置【迭代次数】为 3，如图 6-239 所示。

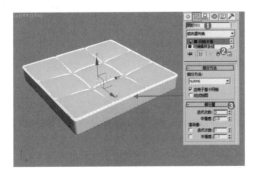

图 6-239

Part 2　使用【长方体】、【编辑多边形】和【网格平滑】制作脚凳模型

（1）单击 ※（创建）→ ◯（几何体）→ **长方体** 按钮，在顶视图中拖曳并创建一个长方体，接着在【修改面板】下设置【长度】为 2000mm、【宽度】为 2000mm、【高度】为 1800mm、【长度分段】为 1、【宽度分段】为 1、【高度分段】为 1，如图 6-240 所示。

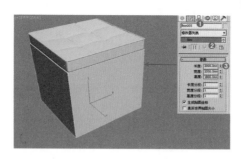

图 6-240

（2）选择长方体，并在【修改器列表】中加载【编辑多边形】命令，在【边】 级别下，选择如图 6-241 所示的边。单击 连接 按钮后面的【设置】按钮，并设置【分段】为 2、【收缩】为 90，其余的 3 个面分别连接，如图 6-242 所示。

图 6-241

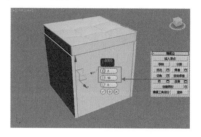

图 6-242

（3）在【边】 级别下，选择如图 6-243 所示的边。单击 连接 按钮后面的【设置】按钮，并设置【分段】为 2、【收缩】为 90，如图 6-244 所示。

图 6-243

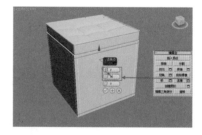

图 6-244

（4）选择上一步的模型，分别为其加载【网格平滑】修改器，设置【迭代次数】为 3，如图 6-245 所示。

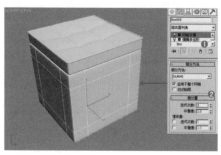

图 6-245

（5）最终模型效果如图 6-246 所示。

图 6-246

重点▶▶求生秘籍——软件技能：制作模型尽量分为几个部分来做

本案例相对比较复杂，应用到很多工具，这些都需要熟练掌握。另外，还需要了解一个重要的思路，那就是做模型时尽量分部分来做，而不要做成一个整体。本案例分成了上半部分的坐垫模型和下半部分的模型，这样一部分一部分地制作更为简洁。若直接将模型做为一个整体，一旦发现错误将很难修改，并且最终制作材质时也比较麻烦。

6.3 石墨建模工具

石墨建模工具是为了使用户操作更为灵活、方便而设计出的一种工具集。它与多边形建模工具非常类似，大部分的功能都可以在多边形建模参数中找到。它具有基于下文的自定义界面，该界面提供了完全特定于建模任务的所有工具（且仅提供此类工具），在需要时可以随时调用，从而最大限度地减少了屏幕上杂乱显示的问题。

❓FAQ常见问题解答：如何在 3ds Max 2014 界面中显示石墨建模工具？

如果 3ds Max 2014 界面中没有显示石墨建模工具，则可通过选择【自定义】→【显示 UI】→【显示功能区】，重新启用石墨建模工具。

石墨建模工具采用工具栏形式，可通过水平或垂直配置模式浮动或停靠。工具栏中包含 5 个选项卡，分别为建模、自由形式、选择、对象绘制、填充，如图 6-247 所示。

图 6-247

6.3.1 【多边形建模】面板

【多边形建模】面板，如图 6-248 所示。

6.3.2 【修改选择】面板

【修改选择】面板中提供了用于调整对象的多种工具，如图 6-249 所示。

图 6-248

图 6-249

【增长】按钮 ：朝所有可用方向外侧扩展选择区域。

【收缩】按钮 ：通过取消选择最外部的子对象来缩小子对象的选择区域。

【循环】按钮 ：根据当前选择的子对象来选择一个或多个循环。

【在圆柱体末端循环】按钮 ：沿圆柱体的顶边和底边选择顶点和边循环。

【增长循环】按钮 ：根据当前选择的子对象来增长循环。

【收缩循环】按钮 ：通过从末端移除子对象来减小选定循环的范围。

【循环模式】按钮 ：如果启用该选项，则选择子对象时也会自动选择关联循环。

【点循环】按钮 ：选择有间距的循环。

【点循环圆柱体】按钮 ：选择环绕圆柱体顶边和底边的非连续循环中的边或顶点。

【环】按钮 ：根据当前选择的子对象来选择一个或多个环。

【增长环】按钮 ：分步扩大一个或多个边环，只能用在【边】和【边界】级别中。

【收缩环】按钮 ：通过从末端移除边来减小选定边循环的范围，不适用于圆形环，只能用在【边】和【边界】级别中。

【环模式】按钮 ：启用该选项时，系统会自动选择环。

【点环】按钮 ：基于当前选择，选择有间距的边环。

【轮廓】按钮 ：选择当前子对象的边界，并取消选择其余部分。

【相似】按钮 ：根据选定的子对象特性来选择其他类似的元素。

【填充】按钮 ：选择两个选定子对象之间的所有子对象。

【填充孔洞】按钮 ：选择由轮廓选择和轮廓内的独立选择指定的闭合区域中的所有子对象。

【步循环】按钮 ：在同一循环上的两个选定子对象之间选择循环。

【StepLoop 最长距离】按钮 StepLoop 最长距离 ：使用最长距离在同一循环中的两个选定子对象之间选择循环。

【步模式】按钮 ：使用【步模式】来分步选择循环。

【点间距】文本框：指定用【点循环】选择循环中的子对象之间的间距范围，或用【点环】选择的环中边之间的间距范围。

6.3.3　【编辑】面板

【编辑】面板中提供了用于修改多边形对象的各种工具，如图 6-250 所示。

图 6-250

【保留 UV】按钮 ：单击该按钮后，可以编辑子对象，而不影响对象的 UV 贴图，如图 6-251 所示。

【扭曲】按钮 ：单击该按钮后，可以通过鼠标操作来扭曲 UV，如图 6-252 所示。

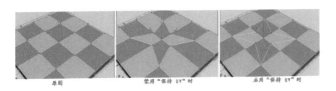

图 6-251

图 6-252

【重复上一个】按钮 ：重复最近使用的命令。

求生秘籍 —— 技巧提示：重复上一个工具的使用

【重复上一个】按钮 不会重复执行所有操作，如不能重复变换。使用该工具时，若要确定重复执行哪个命令，可以将光标指向该按钮，在弹出的工具提示上会显示可重复执行的操作名称。

【快速切片】按钮 ：可以将对象快速切片，单击鼠标右键可以停止切片操作。

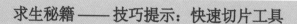

求生秘籍——技巧提示：快速切片工具

在对象层级中，单击【快速切片】按钮 会影响整个对象。

【快速循环】按钮 ：通过单击来放置边循环。按住【Shift】键的同时单击可以插入边循环，并调整新循环以匹配周围的曲面流。

【NURMS】按钮 ：通过 NURMS 方法应用平滑并打开【NURMS】面板。

【剪切】按钮 ：用于创建一个多边形到另一个多边形的边，或在多边形内创建边。

【绘制连接】按钮 ：单击该按钮后，可以以交互的方式绘制边和顶点之间的连接线。

设置流：启用该选项时，可以使用【绘制连接】工具 自动重新定位新边，以适合周围网格内的图形。

【约束】按钮 ：可以使用现有的几何体来约束子对象的变换。

6.3.4 【几何体（全部）】面板

【几何体（全部）】面板中提供了编辑几何体的工具，如图 6-253 所示。

图 6-253

【松弛】按钮 ：使用该工具可以将松弛效果应用于当前选定的对象。

【松弛设置】按钮 ：打开【松弛】对话框，在对话框中可以设置松弛的相关参数。

【创建】按钮 ：创建新的几何体。

【附加】按钮 ：用于将场景中的其他对象附加到选定的多边形对象。

【从列表中附加】按钮 ：打开【附加列表】对话框，在对话框中可以将场景中的其他对象附加到选定对象。

【塌陷】按钮 ：通过将其顶点与选择中心的顶点焊接起来，使连续选定的子对象组产生塌陷效果，如图 6-254 所示。

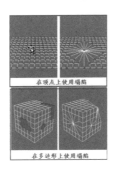

图 6-254

【分离】按钮：将选定的子对象和附加到子对象的多边形作为单独的对象或元素分离出来。

【封口多边形】按钮：从顶点或边选择创建一个多边形并选择该多边形。

【四边形化全部】按钮：一组用于将三角形转化为四边形的工具。

【切片平面】按钮：为切片平面创建 Gizmo，可以定位和旋转它来指定切片位置。

求生秘籍 —— 技巧提示：切片平面

在【多边形】或【元素】级别中，使用【切片平面】工具只能影响选定的多边形。如果要对整个对象执行切片操作，可以在其他子对象级别或对象级别中使用【切片平面】工具。

6.3.5 【子对象】面板

在不同的子对象级别中，【子对象】面板的显示状态也不一样。下面依次讲解各个子对象的面板。

（1）【顶点】面板中提供了编辑顶点的相应工具，如图 6-255 所示。

图 6-255

【挤出】按钮：使用该工具可以对选中的顶点进行挤出。

【挤出设置】按钮：打开【挤出顶点】对话框，在该对话框中可以设置挤出顶点的相关参数。

【切角】按钮 ：使用该工具可以对当前所选的顶点进行切角操作。

【切角设置】按钮 切角设置 ：打开【切角顶点】对话框，在该对话框中可以设置切角顶点的相关参数。

【焊接】按钮 ：对阈值范围内选中的顶点进行合并。

【焊接设置】按钮 焊接设置 ：打开【焊接顶点】对话框，在该对话框中可以设置【焊接预置】参数。

【移除】按钮 ：删除选中的顶点。

【断开】按钮 ：在与选定顶点相连的每个多边形上都创建一个新顶点，使多边形的转角相互分开。

【目标】按钮 ：可以选择一个顶点，并将它焊接到相邻目标顶点。

权重：设置选定顶点的权重。

【删除孤立顶点】按钮 ：删除不属于任何多边形的所有顶点。

【移除未使用的贴图顶点】按钮 ：自动删除某些建模操作留下的未使用过的孤立贴图顶点。

（2）【边】面板中提供了对【边】进行操作的相关工具，如图 6-256 所示。

图 6-256

【挤出】按钮 ：对边进行挤出。

【挤出设置】按钮 挤出设置 ：打开【挤出边】对话框，在该对话框中可以设置挤出边的相关参数。

【切角】按钮 ：对边进行切角。

【切角设置】按钮 切角设置 ：打开【切角边】对话框，在该对话框中可以设置切角边的相关参数。

【焊接】按钮✏：对阈值范围内选中的边进行合并。

【焊接设置】按钮 焊接设置：打开【焊接边】对话框，在该对话框中可以设置【焊接预置】参数。

【桥】按钮：连接多边形对象的边。

【桥设置】按钮 桥设置：打开【跨越边界】对话框，在该对话框中可以设置桥接边的相关参数。

【移除】按钮：删除选定的边。

【分割】按钮：沿着选定的边分割网格。

【目标焊接】按钮◎：用于选择边并将其焊接到目标边。

【自旋】按钮：旋转多边形中的一个或多个选定边，从而更改方向。

【插入顶点】按钮：在选定的边内插入顶点。

【利用所选内容创建图形】按钮：选择一个或多个边后，单击该按钮可以创建一个新图形。

权重：设置选定边的权重，以供 NURMS 进行细分或供【网格平滑】修改器使用。
折缝：对选定的边指定折缝操作量。

（3）【边界】面板中提供了对【边界】进行操作的相关工具，如图 6-257 所示。

图 6-257

【挤出】按钮：对边界进行挤出操作。

【挤出设置】按钮 挤出设置：打开【挤出边】对话框，在该对话框中可以设置挤出边界的相关参数。

【桥】按钮：连接多边形对象上的边界。

【桥设置】按钮 桥设置：打开【跨越边界】对话框，在该对话框中可以设置桥接边界的相关参数。

【切角】按钮 ：对边界进行切角操作。

【切角设置】按钮 切角设置 ：打开【切角边】对话框，在该对话框中可以设置切角边的相关参数。

【连接】按钮 ：在选定的边界之间创建新边。

【连接设置】按钮 连接设置 ：打开【连接边】对话框，在该对话框中可以设置连接边界的相关参数。

【利用所选内容创建图形】按钮 ：选择一个或多个边界后，单击该按钮可以创建一个新图形。

权重：设置选定边界的权重。

折缝：对选定的边界指定折缝操作量。

(4) 【多边形】面板中提供了对多边形进行操作的相关工具，如图 6-258 所示。

图 6-258

【挤出】按钮 ：对多边形进行挤出操作。

【挤出设置】按钮 挤出设置 ：打开【挤出多边形】对话框，在该对话框中可以设置挤出多边形的相关参数。

【倒角】按钮 ：对多边形进行倒角操作。

【倒角设置】按钮 倒角设置 ：打开【倒角多边形】对话框，在该对话框中可以设置倒角多边形的相关参数。

【桥】 ：连接对象上的两个多边形或选定多边形。

【桥设置】按钮 桥设置 ：打开【跨越多边形】对话框，在该对话框中可以设置桥接多边形的相关参数。

【几何多边形】按钮 ：将多边形的顶点进行重新组织，以形成完美的几何形状。

【翻转】按钮 ：翻转选定多边形的法线方向。

【转枢】按钮 ：对多边形进行旋转操作。

【转枢设置】按钮 转枢设置 ：打开【从边旋转多边形】对话框，在该对话框中可以设置从边旋转多边形的相关参数。

【插入】按钮 ：对多边形进行插入操作。

【插入设置】按钮 插入设置 ：打开【插入多边形】对话框，在该对话框中可以设置插入多边形的相关参数。

【轮廓】按钮 ：用于增加或减少每组连续的选定多边形的外边。

【轮廓设置】按钮 轮廓设置 ：打开【多边形加轮廓】对话框，在该对话框中可以设置【轮廓量】参数。

【样条线上挤出】按钮 ：沿样条线挤出当前的选定内容。

【样条线上挤出设置】按钮 样条线上挤出设置 ：打开【沿样条线挤出多边形】对话框，在该对话框中可以拾取样条线的路径以及其他相关参数。

【插入顶点】按钮 ：手动在多边形上插入顶点，以细分多边形。

（5）【元素】面板中提供了对元素进行操作的相关工具，如图 6-259 所示。

【翻转】按钮 ：翻转选定多边形的法线方向。

【插入顶点】按钮 ：手动在多边形元素上插入顶点，以细分多边形。

6.3.6　【循环】面板

【循环】面板的工具和参数主要用于处理边循环，如图 6-260 所示。

【连接】按钮 ：在选中的对象之间创建新边。

图 6-259

图 6-260

【连接设置】按钮 连接设置 ：打开【连接边】对话框，只有在【边】级别下才可用。

【距离连接】按钮 ：在跨越一定距离和其他拓扑的顶点和边之间创建边循环。

【流连接】按钮 ：跨越一个或多个边环来连接选定边。

自动环：启用该选项并使用【流连接】工具 后，系统会自动创建完全边循环。

【插入循环】按钮 ：根据当前子对象选择创建一个或多个边循环。

【移除循环】按钮 ：称除当前子对象层级处的循环，并自动删除所有剩余顶点。

【设置流】按钮 ：调整选定边以适合周围网格的图形。

自动循环：启用该选项后，使用【设置流】工具 可以自动为选定的边选择循环。

【构建末端】按钮 ：根据选择的顶点或边来构建四边形。

【构建角点】按钮 ：根据选择的顶点或边来构建四边形的角点，以翻转边循环。

【循环工具】按钮 ：打开【循环工具】对话框，该对话框中包含用于调整循环的相关工具。

【随机连接】按钮 ：连接选定的边，并随机定位所创建的边。

自动循环：启用该选项后，应用的【随机连接】可以使循环尽可能完整。

设置流速度：调整选定边的流的速度。

6.3.7 【细分】面板

【细分】面板中的工具可以用来增加网格数量，如图 6-261 所示。

图 6-261

【网格平滑】按钮 ：将对象进行网格平滑处理。

【网格平滑设置】按钮 ：打开【网格平滑选择】对话框，在该对话框中可以指定平滑的应用方式。

【细化】按钮 ：对所有多边形进行细化操作。

【细化设置】按钮 ：打开【细化选择】对话框，在该对话框中可以指定细化的方式。

【使用置换】按钮：打开【置换】面板，在该面板中可以为置换指定细分网格的方式。

6.3.8　【三角剖分】面板

【三角剖分】面板中提供了用于将多边形细分为三角形的一些方式，如图 6-262 所示。

【编辑】按钮：在修改内边或对角线时，将多边形细分为三角形的方式。

图 6-262

【旋转】按钮：通过单击对角线将多边形细分为三角形。

【重复三角算法】按钮：对当前选定的多边形自动执行最佳的三角剖分操作。

6.3.9　【对齐】面板

【对齐】面板可以用在对象级别及所有子对象级别中，如图 6-263 所示。

【平面化】按钮：强制所有选定的子对象成为共面。

【到视图】按钮：使对象中的所有顶点与活动视图所在的平面对齐。

图 6-263

【到栅格】按钮：使选定对象中的所有顶点与活动视图所在的平面对齐。

【X】按钮 X／【Y】按钮 Y／【Z】按钮 Z：平面化选定的所有子对象，并使该平面与对象的局部坐标系中的相应平面对齐。

6.3.10　【可见性】面板

使用【可见性】面板中的工具可以隐藏和取消隐藏对象，如图 6-264 所示。

【隐藏选定对象】按钮：隐藏当前选定的对象。

【隐藏未选定对象】按钮：隐藏未选定的对象。

图 6-264

【全部取消隐藏】按钮：将隐藏的对象恢复为可见。

6.3.11　【属性】面板

使用【属性】面板中的工具可以调整网格平滑、顶点颜色和材质 ID，如图 6-265 所示。

【硬】按钮：对整个模型禁用平滑。

【选定硬的】按钮：对选定的多边形禁用平滑。

图 6-265

【平滑】按钮 ：对整个对象启用平滑。

【平滑选定项】按钮 平滑选定项 ：对选定的多边形启用平滑。

【平滑 30】按钮 30 ：对整个对象启用适度平滑。

【已选定平滑 30】按钮 30 已选定平滑 30 ：对选定的多边形启用适度平滑。

【颜色】按钮 ：设置选定顶点或多边形的颜色。

【照明】按钮 ：设置选定顶点或多边形的照明颜色。

Alpha 按钮：为选定的顶点或多边形分配 Alpha 值。

【平滑组】按钮 ：打开用于处理平滑组的对话框。

【材质 ID】按钮 ：打开用于设置材质 ID、按 ID 和子材质名称选择的【材质 ID】对话框。

Chapter 07
渲染器参数详解

本章学习要点：

⌐ 掌握 VRay 渲染器的使用方法。
⌐ 测试渲染的参数设置方案。
⌐ 最终渲染的参数设置方案。

7.1 初识 VRay 渲染器

7.1.1 渲染的概念

在室内设计、影视、动漫、广告制作中，运用的渲染是指应用计算机图形软件（一般包括二维软件、三维软件以及各类影视后期制作软件等）把在计算机中做好的模型、灯光、材质、视频等，通过渲染器进行渲染，达到想要看到的最终效果。VRay 渲染器是室内设计中使用人数最多的渲染器。

7.1.2 要渲染的原因

使用 3ds Max 制作作品的目的是将制作的模型、材质、灯光、动画等通过一定的方式表现出来。在 3ds Max 中必须通过渲染才能得到最终的效果，若不渲染则只能看到 3ds Max 视图中的效果。合理地设置渲染器的参数，可以很好地控制渲染速度、渲染质量等。

试一下：切换为 VRay 渲染器

一般来说在制作完成模型后，首先需要设置渲染器参数，这是因为如果不先设置渲染器参数，灯光和材质即使可以设置，也无法测试其效果是否正确。在 3ds Max 中单击【渲染设置】按钮 📸，就可以弹出【渲染设置】对话框。在【公用】选项卡下展开【指定渲染器】卷展栏，接着单击【产品级】选项后面的【选择渲染器】按钮 ⋯，最后在弹出的【选择渲染器】对话框中选择 VRay 渲染器即可，如图 7-1 所示。

7.1.3 渲染工具

在【主工具栏】右侧提供了多个渲染工具，如图 7-2 所示。

【渲染设置】按钮 📸：单击该按钮可以打开【渲染设置】对话框，基本上所有的渲染参数都在该对话框中完成。

【渲染帧窗口】按钮 🖼：单击该按钮可以选择渲染区域、切换通道和存储渲染图像等任务。

【渲染产品】按钮 ☕：单击该按钮可以使用当前的产品级渲染设置来渲染场景。

【渲染迭代】按钮 🔁：单击该按钮可以在迭代模式下渲染场景。

ActiveShade (动态着色) 按钮：单击该按钮可以在浮动的窗口中执行【动态着色】渲染。

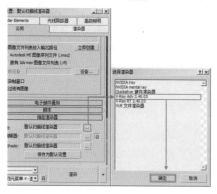

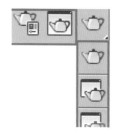

图 7-1　　　　　　　　　　　　图 7-2

7.2 VRay 渲染器

　　VRay 是由 Chaosgroup 和 Asgvis 公司出品的一款高质量渲染软件。VRay 是目前业界最受欢迎的渲染引擎之一。VRay 渲染器为不同领域的优秀 3D 软件提供了高质量的图片和动画渲染。VRay 广泛应用于建筑设计、室内设计、动画设计、展示设计等多个领域。图 7-3 所示为使用 VRay 渲染器渲染的优秀作品效果。

图 7-3

VRay 渲染器参数主要包括公用、V-Ray、间接照明、设置和 Render Elements（渲染元素）5 个选项卡，如图 7-4 所示。

图 7-4

7.2.1　公用

1. 公用参数

【公用参数】卷展栏用来设置所有渲染器的公用参数。其参数面板，如图 7-5 所示。

（1）时间输出。

在【时间输出】选项区可以选择要渲染的帧。其参数面板，如图 7-6 所示。

单帧：仅当前帧。

活动时间段：活动时间段为显示在时间滑块内的当前帧范围。

范围：指定两个数字之间（包括这两个数）的所有帧。

帧：可以指定非连续帧，帧与帧之间用逗号隔开（如 1,3），或者连续的帧范围，用连字符相连（如 0-8）。

（2）要渲染的区域。

【要渲染的区域】选项区控制渲染的区域部分。其参数面板，如图 7-7 所示。

要渲染的区域：包括视图、选定对象、区域、裁剪和放大选项。

选择的自动区域：该选项控制选择的自动渲染区域。

图 7-5

图 7-6

图 7-7

（3）输出大小。

【输出大小】选项区可以控制最终渲染的宽度和高度尺寸。其参数面板，如图 7-8 所示。

【输出大小】下拉列表：在该下拉列表中可以选择几个标准的电影和视频分辨率以及纵横比。

图 7-8

光圈宽度（毫米）：指定用于创建渲染输出的摄影机光圈宽度。

宽度和高度：以像素为单位指定图像的宽度和高度，从而设置输出图像的分辨率。

预设分辨率按钮（320×240、640×480 等）：单击这些按钮之一，可以选择一个预设分辨率。

图像纵横比：设置图像的纵横比。

像素纵横比：设置显示在其他设备上的像素纵横比。

【像素纵横比】左边的【锁定】按钮：可以锁定像素纵横比。

（4）选项。

【选项】选项区控制渲染的 9 种选项的开关。其参数面板，如图 7-9 所示。

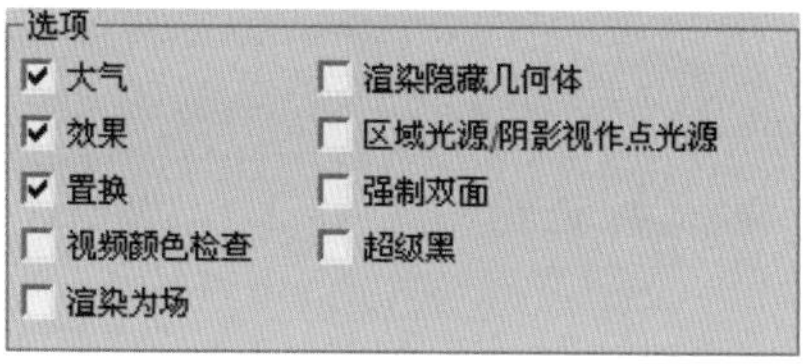

图 7-9

大气和效果：选中该复选框后，渲染任何应用的大气效果，如体积雾。

效果：选中该复选框后，渲染任何应用的渲染效果，如模糊。

置换：渲染任何应用的置换贴图。

视频颜色检查：检查超出 NTSC 或 PAL 安全阈值的像素颜色，标记这些像素颜色并将其改为可接受的值。

渲染为场：为视频创建动画时，将视频渲染为场，而不是渲染为帧。

渲染隐藏几何体：渲染场景中所有的几何体对象，包括隐藏的对象。

区域光源 / 阴影视作点光源：将所有的区域光源或阴影当做从点对象发出的进行渲染，这样可以加快渲染速度。

强制双面：双面材质渲染可渲染所有曲面的两个面。

超级黑：超级黑渲染限制用于视频组合的渲染几何体的暗度。除非确实需要此选项，否则将其禁用。

（5）高级照明。

高级照明控制是否使用高级照明。其参数面板，如图 7-10 所示。

使用高级照明：选中该复选框后，3ds Max 在渲染过程中提供光能传递解决方案或光跟踪。

图 7-10

需要时计算高级照明：选中该复选框后，当需要逐帧处理时，3ds Max 计算光能传递。

（6）位图性能和内存选项。

位图性能和内存选项控制全局设置 和位图代理的数值。其参数面板，如图 7-11 所示。

图 7-11

设置：单击该按钮可以打开【位图代理】对话框的全局设置和默认值。

（7）渲染输出。

【渲染输出】选项区控制最终渲染输出的参数。其参数面板，如图 7-12 所示。

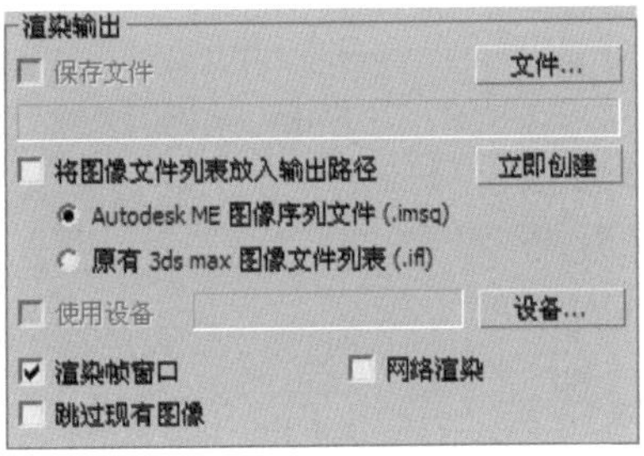

图 7-12

保存文件：选中该复选框后，进行渲染时 3ds Max 会将渲染后的图像或动画保存到磁盘。

文件：打开【渲染输出文件】对话框，指定输出文件名、格式以及路径。

将图像文件列表放入输出路径：选中该复选框可创建图像序列 (IMSQ) 文件，并将其保存在与渲染相同的目录中。

立即创建：单击该按钮以"手动"创建图像序列文件。首先必须为渲染自身选择一个输出文件。

Autodesk ME 图像序列文件 (.imsq)：选中该单选按钮之后（默认值），可创建图像序列 (IMSQ) 文件。

原有 3ds max 图像文件列表 (.ifl)：选中该单选按钮之后，可创建由 3ds Max 的旧版本创建的各种图像文件列表 (IFL) 文件。

使用设备：将渲染的输出发送到像录像机这样的设备上。

渲染帧窗口：在渲染帧窗口中显示渲染输出。

网络渲染：如果选中【网络渲染】复选框，在渲染时将看到【网络作业分配】对话框。

跳过现有图像：选中该复选框且选中【保存文件】复选框后，渲染器将跳过序列中已经渲染到磁盘中的图像。

2. 电子邮件通知

使用【电子邮件通知】卷展栏可使渲染作业发送电子邮件通知。其参数面板，如图 7-13 所示。

图 7-13

启用通知：选中该复选框后，渲染器将在某些事件发生时发送电子邮件通知。默认设置为禁用状态。

通知进度：发送电子邮件以表明渲染进度。

通知故障：只有在出现阻止渲染完成的情况时才发送电子邮件通知。默认设置为启用。

通知完成：当渲染作业完成时，发送电子邮件通知。默认设置为禁用状态。

发件人：输入启动渲染作业的用户的电子邮件地址。

收件人：输入需要了解渲染状态的用户的电子邮件地址。

SMTP 服务器：输入作为邮件服务器使用的系统的数字 IP 地址。

3. 脚本

使用【脚本】卷展栏可以指定在渲染之前和之后要运行的脚本。其参数面板，如图 7-14 所示。

图 7-14

（1）预渲染。

启用：选中该复选框之后，启用脚本。

立即执行：单击该按钮可以"手动"执行脚本。

文件名字段：选定脚本之后，该字段显示其路径和名称，可以编辑该字段。

文件：单击该按钮可以打开"文件"对话框，选择要运行的预渲染脚本。

删除文件：单击可删除脚本。

本地执行（被网络渲染忽略）：启用之后，必须本地运行脚本。如果使用网络渲染，则忽略脚本。

（2）渲染后期。

启用：选中该复选框之后，启用脚本。

立即执行：单击该按钮可以"手动"执行脚本。

文件名字段：选定脚本之后，该字段显示其路径和名称，可以编辑该字段。

文件：单击该按钮可以打开"文件"对话框，选择要运行的后期渲染脚本。

删除文件：单击可删除脚本。

4. 指定渲染器

【指定渲染器】卷展栏显示当前指定的渲染器名称以及可以更改该指定的按钮。其参数面板，如图 7-15 所示。

图 7-15

【选择渲染器】按钮 ...：单击该按钮可更改渲染器指定。

产品级：选择用于渲染图形输出的渲染器。

材质编辑器：选择用于渲染【材质编辑器】中示例的渲染器。

【锁定】按钮 🔒：在默认情况下，示例窗渲染器被锁定为与产品级渲染器相同的渲染器。

ActiveShade：选择用于预览场景中照明和材质更改效果的 ActiveShade 渲染器。

保存为默认设置：单击该按钮可将当前渲染器指定保存为默认设置，以便下次重新启动 3ds Max 时它们处于活动状态。

7.2.2 V-Ray

1. 授权

【V-Ray:: 授权】卷展栏下主要呈现的是 VRay 的注册信息，注册文件一般都放置在 C:\Program Files\Common Files\ChaosGroup\vrlclient.xml 中，如图 7-16 所示。

2. 关于 V-Ray

在【关于 V-Ray】展卷栏下，可以看到关于 VRay 的官方网站地址、渲染器的版本等，如图 7-17 所示。

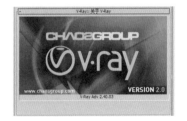

图 7-16   图 7-17

3. 帧缓冲区

【帧缓冲区】卷展栏下的参数可以代替 3ds Max 自身的帧缓冲窗口。这里可以设置渲染图像的大小，以及保存渲染图像等，其参数设置面板，如图 7-18 所示。

启用内置帧缓存：选中该复选框，可以使用 V-Ray 自身的渲染窗口。需要注意的是，应该关闭 3ds Max 默认的渲染窗口，这样可以节约一些内存资源，如图 7-19 所示。

渲染到内存帧缓冲区：选中该复选框，可以将图像渲染到内存，再由帧缓存窗口显示出来，可以方便用户观察渲染过程。

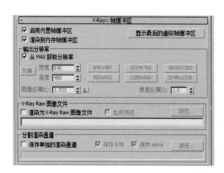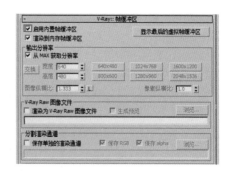

图 7-18   图 7-19

从 MAX 获取分辨率：选中该复选框，将从 3ds Max 的【渲染设置】对话框的【公用】选项卡的【输出大小】选项区中获取渲染尺寸；若取消选中该复选框，将从 V-Ray 渲染器的【输出分辨率】选项区中获取渲染尺寸。

像素纵横比：控制渲染图像的纵横比。

宽度：设置像素的宽度。

长度：设置像素的长度。

渲染为 V-Ray Raw 格式图像：控制是否将渲染后的文件保存到所指定的路径中。

保存单独的渲染通道：控制是否单独保存渲染通道。

保存 RGB：控制是否保存 RGB 色彩。

保存 alpha：控制是否保存 alpha 通道。

浏览… 按钮：单击该按钮可以保存 RGB 和 alpha 文件。

4. 全局开关

【全局开关】展卷栏下的参数主要用来对场景中的灯光、材质、置换等进行全局设置，如是否使用默认灯光、是否开启阴影、是否开启模糊等，其参数面板如图 7-20 所示。

图 7-20

（1）几何体。

置换：控制是否开启场景中的置换效果。在 V-Ray 的置换系统中有两种置换方式：材质置换和 V-Ray 置换修改器，如图 7-21 所示。若取消选中该复选框，则场景中的两种置换都将失去作用。

强制背面消隐：【强制背面消隐】与【创建对象时背面消隐】相似，但【创建对象时背面消隐】只用于视图，对渲染没有影响；而【强制背面消隐】是针对渲染而言的，选中该复选框后反法线的物体将不可见。

图 7-21

（2）照明。

灯光：控制是否开启场景中的光照效果。若取消选中该复选框，则场景中放置的灯光将不起作用。

默认灯光：控制场景是否使用 3ds Max 系统中的默认光照，一般情况下都不选中它。

隐藏灯光：控制场景是否让隐藏的灯光产生光照。该选项对于调节场景中的光照非常方便。

阴影：控制场景是否产生阴影。

仅显示全局照明：若选中该复选框，则场景渲染结果只显示全局照明的光照效果。

（3）间接照明。

不渲染最终的图像：控制是否渲染最终图像。如果选中该复选框，则 V-Ray 将在计算完光子以后，不再渲染最终图像。这种方法非常适合于渲染光子图。

（4）材质。

反射 / 折射：控制是否开启场景中的材质的反射和折射效果。

最大深度：控制整个场景中的反射、折射的最大深度，后面文本框中的数值表示反射、折射的次数。

贴图：控制是否让场景中的物体的程序贴图和纹理贴图渲染出来。如果取消选中该复选框，那么渲染出来的图像就不会显示贴图，取而代之的是漫反射通道里的颜色。

过滤贴图：控制 V-Ray 渲染时是否使用贴图纹理过滤。如果选中该复选框，V-Ray 将用自身的【抗锯齿过滤器】来对贴图纹理进行过滤，如图 7-22 所示。如果取消选中该复选框，将以原始图像进行渲染。

图 7-22

全局照明过滤贴图：控制是否在全局照明中过滤贴图。

最大透明级别：控制透明材质被光线追踪的最大深度。值越高，被光线追踪的深度越深，效果越好，但渲染速度会变慢。

透明中止：控制 V-Ray 渲染器对透明材质的追踪终止值。当光线透明度的累计比当前设定的阈值低时，将停止光线透明追踪。

覆盖材质：若在后面的通道中设置了一个材质，那么场景中所有的物体都将使用该材质进行渲染，这在测试阳光的方向时非常有用。

光泽效果：是否开启反射或折射模糊效果。若取消选中该复选框，则场景中带模糊的材质将不会渲染出反射或折射模糊效果。

（5）光线跟踪。

二次光偏移：设置光线发生二次反弹时的偏移距离，主要用于检查建模时有无重面，并且纠正其反射出现的错误。在默认的情况下将产生黑斑，一般设为 0.001。

（6）兼容性。

旧版阳光 / 天空 / 摄影机模型：由于 3ds Max 存在版本问题，因此该选项可以选择是否启用旧版阳光 / 天空 / 摄影机的模型。

使用 3ds Max 光度学比例：默认情况下选中该复选框的，也就是默认是使用 3ds Max 光度学比例。

5. 图像采样器（反锯齿）

抗锯齿在渲染设置中是一个必须调整的参数，其数值的大小决定了图像的渲染精度和渲染时间。抗锯齿与全局照明精度的高低没有关系，只作用于场景物体的图像和物体的边缘精度，其参数设置面板，如图 7-23 所示。

图 7-23

（1）类型：用来设置【图像采样器】的类型，包括【固定图像采样器】、【自适应 DMC 图像采样器】和【自适应细分图像采样器】3 种类型。

固定图像采样器：对每个像素使用一个固定的细分值。该采样方式适合拥有大量的模糊效果（如运动模糊、景深模糊、反射模糊、折射模糊等）或者具有高细节纹理贴图的场景，渲染速度比较快。其参数面板如图 7-24 所示，【细分】值越高，采样品质越高，渲染时间也越长。

图 7-24

自适应 DMC 图像采样器：该采样方式可以根据每个像素以及与它相邻像素的明暗差异使不同的像素使用不同的样本数量。在角落部分使用较高的样本数量，在平坦部分使用较低的样本数量。该采样方式适合拥有少量的模糊效果或者具有高细节的纹理贴图以及具有大量几何体面的场景，其参数面板如图 7-25 所示。

自适应细分图像采样器：该采样器适用于没有或者有少量的模糊效果的场景中。这种情况下，它的渲染速度最快。在具有大量细节和模糊效果的场景中，它的渲染速度会非常慢，渲染质量也不高，这是因为它需要去优化模糊和大量的细节，这样就需要对模糊和大量细节进行预计算，从而把渲染速度降低。该采样方式是 3 种采样类型中最占内存资源的一种，【固定图像采样器】占的内存资源最少。其参数面板如图 7-26 所示。

图 7-25   图 7-26

（2）开：当关闭抗锯齿过滤器时，常用于测试渲染，渲染速度非常快、质量较差，如图 7-27 所示。

（3）抗锯齿过滤器：设置渲染场景的抗锯齿过滤器。若选中【开】复选框，则可以从后面的下拉列表中选择一个抗锯齿方式来对场景进行抗锯齿处理；如果不选中【开】复选框，那么渲染时将使用纹理抗锯齿过滤型。

区域：用区域大小来计算抗锯齿，如图 7-28 所示。

图 7-27   图 7-28

清晰四方形：来自 Neslon Max 算法的清晰 9 像素重组过滤器，如图 7-29 所示。

Catmull-Rom：一种具有边缘增强的过滤器，可以产生较清晰的图像效果，如图 7-30 所示。

图 7-29   图 7-30

图版匹配 /Max R2：使用 3ds Max R2 方法将摄影机、场景或【无光 / 投影】与未过滤的背景图像匹配，如图 7-31 所示。

四方形：和【清晰四方形】相似，能产生一定的模糊效果，如图 7-32 所示。

图 7-31   图 7-32

立方体：基于立方体的 25 像素过滤器，能产生一定的模糊效果，如图 7-33 所示。
视频：适合于制作视频动画的一种抗锯齿过滤器，如图 7-34 所示。

图 7-33　　　　　　　　　　图 7-34

柔化：用于程度模糊效果的一种抗锯齿过滤器，如图 7-35 所示。
Cook 变量：一种通用过滤器，较小的数值可以得到清晰的图像效果，如图 7-36 所示。

图 7-35　　　　　　　　　　图 7-36

混合：一种用混合值来确定图像清晰或模糊的抗锯齿过滤器，如图 7-37 所示。
Blackman：一种没有边缘增强效果的抗锯齿过滤器，如图 7-38 所示。

图 7-37　　　　　　　　　　图 7-38

Mitchell-Netravali：一种常用的过滤器，能产生微量模糊的图像效果，如图 7-39 所示。

VRayLanczos/VRaySincFilter：可以很好地平衡渲染速度和渲染质量，如图 7-40 所示。

图 7-39　　　　　　　　　　　　图 7-40

VRayBox/VRayTriangleFilter：以【盒子】和【三角形】的方式进行抗锯齿，如图 7-41 所示。

图 7-41

（4）大小：设置过滤器的大小。

6. 自适应 DMC 图像采样器

【自适应 DMC 图像采样器】是一种高级抗锯齿采样器。在【图像采样器】选项区设置【类型】为【自适应确定性蒙特卡洛】，系统会增加一个自适应 DMC 图像采样器卷展栏，如图 7-42 所示。

图 7-42

最小细分：定义每个像素使用样本的最小数量。

最大细分：定义每个像素使用样本的最大数量。

颜色阈值：色彩的最小判断值，当色彩的判断达到这个值以后，就停止对色彩的判断。具体来说就是分辨哪些是平坦区域，哪些是角落区域。这里的色彩应该理解为色彩的灰度。

使用确定性蒙特卡洛采样器阈值：若选中该复选框，【颜色阈值】将不起作用，而是采用【DMC 采样器】里的阈值。

显示采样：选中该复选框后，可以看到【自适应确定性蒙特卡洛】的样本分布情况。

若设置【图像采样器】类型为【自适应细分】，则会出现【自适应细分图像采样器】卷展栏，如图 7-43 所示。

图 7-43

对象轮廓：选中该复选框将使采样器强制在物体的边进行超级采样而不管它是否需要进行超级采样。

法线阈值：选中该复选框将使超级采样沿法线方向急剧变化。

随机采样：该复选框默认为选中，可以控制随机的采样。

7. 环境

【环境】卷展栏分为【全局照明环境（天光）覆盖】、【反射 / 折射环境覆盖】和【折射环境覆盖】3 个选项区，如图 7-44 所示。

（1）全局照明环境（天光）覆盖。

图 7-44

开：控制是否开启 V-Ray 的天光。

颜色：设置天光的颜色。

倍增器：设置天光亮度的倍增。值越高，天光的亮度越高。

【无】按钮 ⟨⟨ None ⟩⟩：选择贴图来作为天光的光照。

（2）反射 / 折射环境覆盖。

开：若选中该复选框，当前场景中的反射环境将由它来控制。

颜色：设置反射环境的颜色。

倍增器：设置反射环境亮度的倍增。值越高，反射环境的亮度越高。

【无】按钮 ⟨⟨ None ⟩⟩：选择贴图来作为反射环境。可以在通道上加载 HDRI 贴图以制作出真实的环境反射效果，如图 7-45 所示。

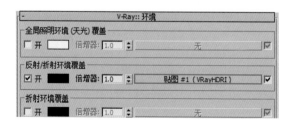

图 7-45

图 7-46 所示为未添加和添加 HDRI 贴图的对比效果。

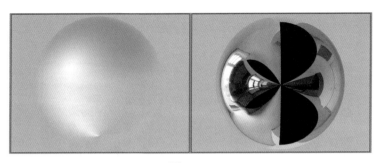

图 7-46

（3）折射环境覆盖。

开：若选中该复选框，当前场景中的折射环境由它来控制。

颜色：设置折射环境的颜色。

倍增器：设置反射环境亮度的倍增。值越高，折射环境的亮度越高。

【无】按钮 _____None_____ ：选择贴图来作为折射环境。

8. 颜色贴图

【颜色贴图】卷展栏下的参数用来控制整个场景的色彩和曝光方式，其参数设置面板，如图 7-47 所示。

图 7-47

（1）类型：包括【线性倍增】、【指数】、【HSV 指数】、【强度指数】、【伽玛校正】、【强度伽玛】和【莱因哈德】7 种曝光模式。

线性倍增：这种模式将基于最终色彩亮度来进行线性的倍增，容易产生曝光效果，不建议使用，如图 7-48 所示。

指数：可以降低靠近光源处表面的曝光效果，产生柔和效果，如图 7-49 所示。

图 7-48　　　　　　　　　　　图 7-49

HSV 指数: 与【指数】曝光相似, 其可保持场景的饱和度, 这种方式会取消高光的计算, 如图 7-50 所示。

强度指数: 这种方式是对上面两种指数曝光的结合, 既抑制曝光效果, 又保持物体的饱和度, 如图 7-51 所示。

图 7-50   图 7-51

伽玛校正: 采用伽玛来修正场景中的灯光衰减和贴图色彩, 其效果和【线性倍增】曝光模式类似, 如图 7-52 所示。

强度伽玛: 这种曝光模式不仅拥有【伽玛校正】的优点, 同时还可以修正场景灯光的亮度, 如图 7-53 所示。

图 7-52   图 7-53

莱因哈德: 这种曝光方式可以把【线性倍增】和【指数】曝光混合起来, 如图 7-54 所示。

图 7-54

（2）子像素映射：在实际渲染时，物体的高光区与非高光区的界限处会有明显的黑边，该选项可解决这个问题。

（3）钳制输出：选中该复选框后，在渲染图中有些无法表现出来的色彩会通过限制来自动纠正。

（4）影响背景：控制是否让曝光模式影响背景。若取消选中该复选框，背景不受曝光模式的影响。

（5）不影响颜色（仅自适应）：在使用 HDRI 和【VR 灯光材质】时，若不选中该复选框，则【颜色映射】卷展栏下的参数将对这些具有发光功能的材质或贴图产生影响。

（6）线性工作流：通过调整图像的灰度值，使得图像得到线性化显示的技术流程。

9. 摄像机

【V-Ray:: 摄像机】是 V-Ray 系统里的一个摄像机特效功能，可以制作景深和运动模糊等效果，如图 7-55 所示。

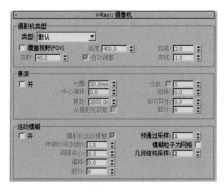

图 7-55

（1）摄影机类型。

【摄影机类型】选项区主要用来定义三维场景投射到平面的不同方式，其具体参数如图 7-56 所示。

图 7-56

类型：V-Ray 支持 7 种摄影机类型：【默认】、【球形】、【圆柱（点）】、【圆柱（正交）】、【盒】、【鱼眼】、【变形球（旧式）】。

覆盖视野（FOV）：替代 3ds Max 默认摄影机的视角，默认摄影机的最大视角为 $180°$，而这里的视角可为 $360°$。

视野：这个值可以替换 3ds Max 默认的视角值，最大值为 $360°$。

高度：当仅使用【圆柱（正交）】摄影机时，该选项才可用，用于设定摄影机高度。

自动调整：当使用【鱼眼】和【变形球（旧式）】摄影机时，该选项才可用。

距离：当使用【鱼眼】摄影机时，该选项才可用。在关闭【自适应】选项的情况下，【距离】选项用来控制摄影机到反射球之间的距离，值越大，表示摄影机到反射球之间的距离越大。

曲线：当使用【鱼眼】摄影机时，该选项才可用，主要用来控制渲染图形的扭曲程度。

值越小，扭曲程度越大。

　　（2）景深。

　　【景深】选项区主要用来模拟摄影中的景深效果，其参数面板如图 7-57 所示。

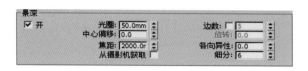

图 7-57

　　开：控制是否开启景深。

　　光圈：【光圈】值越小，景深越大；【光圈】值越大，景深越小，模糊程度越高。

　　中心偏移：主要用来控制模糊效果的中心位置，值为 0 表示以物体边缘均匀向两边模糊，正值表示模糊中心向物体内部偏移，负值则表示模糊中心向物体外部偏移。

　　焦距：摄影机到焦点的距离，焦点处的物体最清晰。

　　从摄影机获取：当选中该复选框时，焦点由摄影机的目标点确定。

　　边数：用来模拟物理世界中的摄影机光圈的多边形形状，如 5 就代表五边形。

　　旋转：光圈多边形形状的旋转。

　　各向异性：控制多边形形状的各向异性，值越大，形状越扁。

　　细分：用于控制景深效果的品质。

　　（3）运动模糊。

　　【运动模糊】选项区中的参数用来模拟真实摄影机拍摄运动物体所产生的模糊效果，它仅对运动的物体有效，其参数面板如图 7-58 所示。

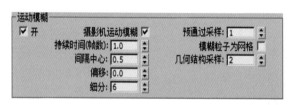

图 7-58

　　开：选中该复选框后，可以开启运动模糊特效。

　　持续时间（帧数）：控制运动模糊每一帧的持续时间，值越大，模糊程度越强。

　　间隔中心：用来控制运动模糊的时间间隔中心，0 表示间隔中心位于运动方向的后面；0.5 表示间隔中心位于模糊的中心；1 表示间隔中心位于运动方向的前面。

　　偏移：用来控制运动模糊的偏移，0 表示不偏移，负值表示沿着运动方向的反方向偏移，正值表示沿着运动方向偏移。

　　细分：控制模糊的细分，较小的值容易产生杂点，较大的值模糊效果的品质较高。

　　预通过采样：控制在不同时间段上的模糊样本数量。

　　模糊粒子为网格：若选中该复选框，则系统会把模糊粒子转换为网格物体来计算。

　　几何结构采样：这个值常用在制作物体的旋转动画上。如果使用默认值 2，那么模糊的边将是一条直线；如果取值为 8，那么模糊的边将是一个 8 段细分的弧形。通常为了得到比较精确的效果，需要把这个值设定在 5 以上。

7.2.3 间接照明

【间接照明】可以通俗地理解为间接地照明。间接照明的原理图，如图 7-59 所示。

1. 间接照明（全局照明）

在修改 V-Ray 渲染器时，首先要开启【间接照明】，这样才能出现真实的渲染效果。开启 V-Ray 间接照明后，光线会在物体与物体间互相反弹，因此光线计算的会更准确，图像也更加真实，如图 7-60 所示。

图 7-59

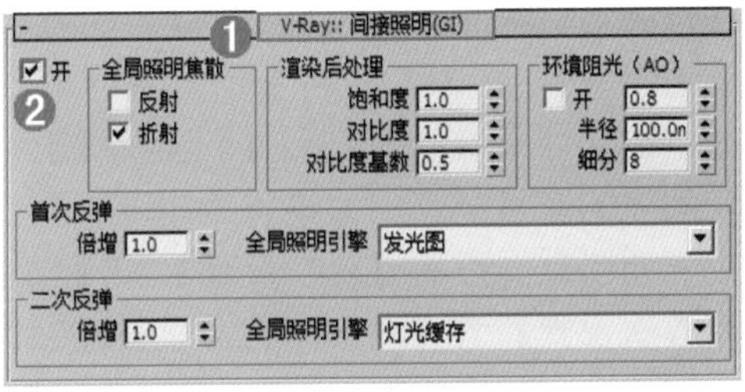

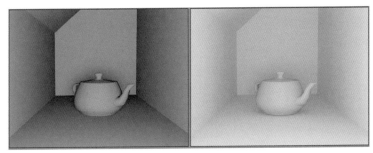

图 7-60

开：选中该复选框，将开启间接照明效果。一般来说，为了模拟真实的效果，都需要选中【开】复选框。图 7-61 所示为未选中【开】和选中【开】复选框的对比效果。

图 7-61

全局照明焦散：只有在【焦散】卷展栏下选中【开】复选框后该功能才可用。

反射：控制是否开启反射焦散效果。

折射：控制是否开启折射焦散效果。

后期处理：控制场景中的饱和度和对比度。

饱和度：可以用来控制色溢，降低该数值可以降低色溢效果。图 7-62 所示为设置【饱和度】为 1 和 0 的对比效果。

对比度：控制色彩的对比度。数值越高，色彩对比越强；数值越低，色彩对比越弱。

对比度基准：控制【饱和度】和【对比度】的基数。数值越高，【饱和度】和【对比度】效果越明显。

环境阻光：该选项可以控制 AO 贴图的效果。

开：控制是否开启环境阻光（AO）。

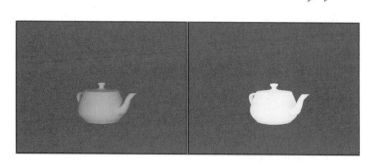

图 7-62

半径：控制环境阻光（AO）的半径。

细分：环境阻光（AO）的细分。

首次反弹 / 二次反弹：V-Ray 计算光的方法是真实的，光线发射出来后进行反弹，然后再进行反弹。

倍增：控制【首次反弹】和【二次反弹】的光的倍增值。值越高，【首次反弹】和【二次反弹】的光的能量越强，渲染场景越亮，默认情况下为 1。

全局照明引擎：设置【首次反弹】和【二次反弹】的全局照明引擎。一般最常用的搭配是设置【首次反弹】为【发光图】，设置【二次反弹】为【灯光缓存】。

2. 发光图

在 V-Ray 渲染器中，【发光图】是计算场景中物体的漫反射表面发光的时候会采取的一种有效的方法。在计算间接照明时，并不是场景的每一个部分都需要同样的细节表现，它会自动判断在重要的部分进行更加准确的计算，而在不重要的部分进行粗略的计算。发光图是计算 3D 空间点的集合的间接照明光。

【发光图】是一种常用的全局照明引擎，它只存在于【首次反弹】引擎中，其参数设置面板，如图 7-63 所示。

图 7-63

（1）内建预置。

【内建预置】选项区，主要用来选择【当前预置】的类型，其具体参数如图 7-64 所示。

【当前预置】下拉列表有以下 8 种预设类型，如图 7-65 所示。

图 7-64

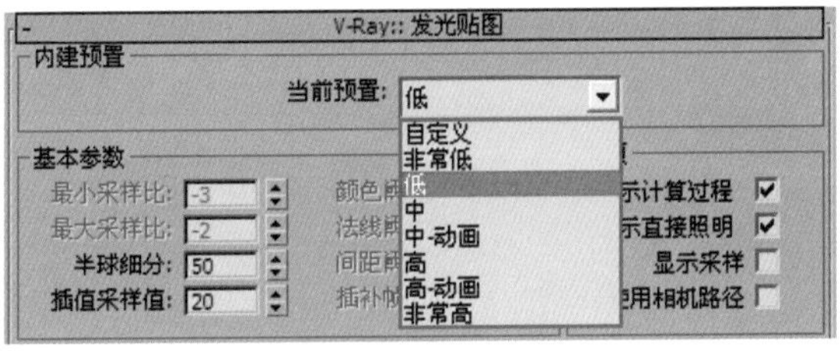

图 7-65

自定义：选择该模式时，可以手动调节参数。

非常低：一种非常低的精度模式，主要用于测试阶段。

低：一种比较低的精度模式。

中：一种中级品质的预设模式。

中 - 动画：用于渲染动画效果，可以解决动画闪烁的问题。

高：一种高精度模式，一般用在光子贴图中。

高 - 动画：比中等品质效果更好的一种动画渲染预设模式。

非常高：是预设模式中精度最高的一种，可以用来渲染高品质的效果图。

图 7-66 所示为设置【当前预置】为【非常低】和【高】的对比效果。设置为【非常低】时，渲染速度快，但是质量差；设置为【高】时，渲染速度慢，但是质量高。

图 7-66

（2）基本参数。

【基本参数】选项区中的参数主要用来控制样本的数量、采样的分布以及物体边缘的查找精度，如图 7-67 所示。

图 7-67

最小比率：主要控制场景中比较平坦面积比较大的面的质量受光。【最小比率】比较小时，样本在平坦区域的数量也比较小，渲染时间也比较少；【最小比率】比较大时，样本在平坦区域的样本数量比较多，同时渲染时间会增加。

最大比率: 主要控制场景中细节比较多、弯曲较大的物体表面或物体交汇处的质量。【最大比率】越大, 转折部分的样本数量越多, 渲染时间越长; 【最大比率】越小, 转折部分的样本数量越少, 渲染时间越快。

半球细分: 为 V-Ray 采用的是几何光学, 它可以模拟光线的条数。【半球细分】数值越高, 表现光线越多, 精度也就越高, 渲染的品质也越好, 同时渲染时间也会增加。图 7-68 所示为设置【半球细分】为 2 和 50 时的对比效果。

图 7-68

插值采样: 该参数是对样本进行模糊处理, 数值越大渲染越精细。图 7-69 所示为设置【插值采样】为 2 和设置【插值采样】为 20 的对比效果。

图 7-69

颜色阈值: 该值主要是让渲染器分辨哪些是平坦区域, 哪些不是平坦区域, 它是按照颜色的灰度来区分的。值越小, 对灰度的敏感度越高, 区分能力越强。

法线阈值: 该值主要是让渲染器分辨哪些是交叉区域, 哪些不是交叉区域, 它是按照法线的方向来区分的。值越小, 对法线方向的敏感度越高, 区分能力越强。

间距阈值: 该值主要是让渲染器分辨哪些是弯曲表面区域, 哪些不是弯曲表面区域, 它是按照表面距离和表面弧度的比较来区分的。值越高, 表示弯曲表面的样本越多, 区分能力越强。

插值帧数: 该数值用于控制插补的帧数。默认数值为 2。

(3) 选项。

【选项】选项区中的参数主要用来控制渲染过程的显示方式和样本是否可见, 其参数面板如图 7-70 所示。

图 7-70

显示计算相位：选中该复选框后，可以看到渲染帧里的 GI 预计算过程，同时会占用一定的内存资源，建议选中。

显示直接光：在预计算的时候显示直接光，以方便用户观察直接光照的位置。

显示采样：显示采样的分布以及分布的密度，帮助用户分析 GI 的精度够不够。

使用摄影机路径：选中该复选框将会使用相机的路径。

（4）细节增强。

【细节增强】是使用【高蒙特卡洛积分计算方式】来单独计算场景物体的边线、角落等细节地方，这样在平坦区域就不需要很高的 GI，总体上来说节约了渲染时间，并且提高了图像的品质，其参数面板如图 7-71 所示。

图 7-71

开：是否开启【细部增强】功能，选中后细节非常精细，但是渲染速度非常慢。图 7-72 所示为开启和关闭该选项的对比效果。

图 7-72

比例：细分半径的单位依据，有【屏幕】和【世界】两个选项。【屏幕】是指用渲染图的最后尺寸来作为单位；【世界】是用 3ds Max 系统中的单位来定义的。

半径：【半径】值越大，使用【细部增强】功能的区域也就越大，渲染时间也越慢。

细分倍增：控制细部的细分，但是这个值和【发光图】里的【半球细分】有关系。值越低，细部就会产生杂点，渲染速度比较快；值越高，细部就可以避免产生杂点，同时渲染速度会变慢。

（5）高级选项。

【高级选项】选项区中的参数主要是对样本的相似点进行插值、查找，其参数面板如图 7-73 所示。

图 7-73

插值类型：V-Ray 提供了 4 种样本插补方式，为【发光图】样本的相似点进行插补。

查找采样：主要控制哪些位置的采样点适合用来作为基础插补的采样点。

计算传递差值采样：用在计算【发光图】过程中，主要计算已经被查找后的插补样本的使用数量。较低的数值可以加速计算过程，但是渲染质量较低；较高的值计算速度会减慢，渲染质量较好。推荐使用 10 ～ 25 的数值。

多过程：选中该复选框时，V-Ray 会根据【最大比率】和【最小比率】进行多次计算。

随机采样：控制【发光图】的样本是否随机分配。

检查采样可见性：在灯光通过比较薄的物体时，很有可能会产生漏光现象，选中该复选框可以解决这个问题。

（6）模式。

【模式】选项区中的参数主要是提供【发光图】的使用模式，其参数面板如图 7-74 所示。

图 7-74

模式：一共有 8 种模式，如图 7-75 所示。

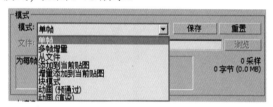

图 7-75

单帧：一般用来渲染静帧图像。在渲染完图像后，可以单击 保存 按钮，将光子进行保存，如图 7-76 所示。

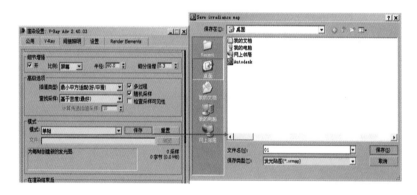

图 7-76

多帧增量：用于渲染仅有摄影机移动的动画。当 V-Ray 计算完第 1 帧的光子后，后面的帧根据第 1 帧里没有的光子信息进行计算，节约了渲染时间。

从文件：当渲染完光子以后，可以将其保存起来，这个选项就是调用保存的光子图进行动画计算（静帧同样也可以这样）。将【模式】切换到【从文件】，然后单击浏览按钮，就可以调用需要的光子图进行渲染，如图 7-77 所示。这种方法非常适合渲染大尺寸图像。

添加到当前贴图：当渲染完一个角度的时候，可以把摄影机转一个角度再重新计算新角度的光子，最后把这两次的光子叠加起来，这样的光子信息更丰富、更准确，同时也可以进行多次叠加。

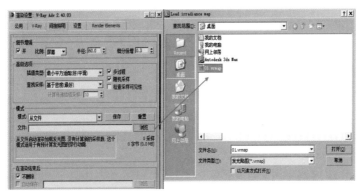

图 7-77

增量添加到当前贴图：这个模式和【添加到当前贴图】相似，只不过它不是重新计算新角度的光子，而是只对没有计算过的区域进行新的计算。

块模式：把整个图分成块来计算，渲染完一个块再进行下一个块的计算。在低 GI 的情况下，渲染出来的块会出现错位的情况。它主要用于网络渲染，速度比其他方式快。

动画（预通过）：适合动画预览，使用这种模式要预先保存好光子贴图。

动画（渲染）：适合最终动画渲染，这种模式要预先保存好光子贴图。

保存 按钮：将光子图保存到硬盘。

重置 按钮：将光子图从内存中清除。

文件：设置光子图所保存的路径。

浏览 按钮：从硬盘中调用需要的光子图进行渲染。

（7）在渲染结束后。

【在渲染结束后】选项区中的参数主要用来控制光子图在渲染完以后如何处理，其参数面板如图 7-78 所示。

图 7-78

不删除：当光子渲染完以后，不把光子从内存中删掉。

自动保存：当光子渲染完以后，自动保存在硬盘中，单击 **浏览** 按钮就可以选择保存位置。

切换到保存的贴图：若选中【自动保存】复选框，则在渲染结束时会自动进入【从文件】模式并调用光子贴图。

3. BF 强算全局光

【BF 强算全局光】计算方式是由蒙特卡洛积分方式演变过来的，该计算方式比蒙特卡洛积分方式多了细分和反弹控制，并且内部计算方式采用了一些优化方式。它的计算精度相当精确，但是渲染速度比较慢，在【细分】比较小时，会有杂点产生，其参数面板如图 7-79 所示。

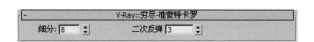

图 7-79

细分：定义【强算全局照明】的样本数量，值越大，效果越好，速度越慢；值越小，效果越差，渲染速度相对快一些。

二次反弹：当【二次反弹】也选择【强算全局照明】以后，这个选项才被激活，它控制【二次反弹】的次数，值越小，【二次反弹】越不充分，场景越暗。通常在值达到 8 以后，更高值的渲染效果区别不是很大，同时值越高，渲染速度越慢。

4. 灯光缓存

【灯光缓存】与【发光图】比较相似，都是将最后的光发散到摄影机后得到最终图像，只是【灯光缓存】与【发光图】的光线路径是相反的。【发光图】的光线追踪方向是从光源发射到场景的模型中，最后再反弹到摄影机；而【灯光缓存】是从摄影机开始追踪光线到光源，摄影机追踪光线的数量就是【灯光缓存】的最后精度。其参数设置面板，如图 7-80 所示。

（1）计算参数。

【计算参数】选项区用来设置【灯光缓存】的基本参数，如细分、采样大小、单位依据等，其参数面板如图 7-81 所示。

图 7-80

图 7-81

细分：用来决定【灯光缓存】的样本数量，值越高，样本总量越多，渲染效果越好，渲染时间越慢。图 7-82 所示为设置【细分】为 150 和 1500 的对比效果。

图 7-82

采样大小：控制【灯光缓存】的样本大小，小的样本可以得到更多的细节，但是需要更多的样本。

比例：在效果图中使用【屏幕】选项，在动画中使用【世界】选项。

进程数：该参数由 CPU 的个数来确定，若是单 CUP 单核单线程，则可以设定为 1；若是双核，则可以设定为 2。数值太大渲染的图像会有点模糊。

存储直接光：选中该复选框以后，【灯光缓存】将存储直接光照信息。当场景中有很多灯光时，使用这个选项会提高渲染速度。因为它已经把直接光照信息保存到【灯光缓存】里，在渲染出图的时候，不需要对直接光照再进行采样计算。

显示计算相位：选中该复选框，可以显示【灯光缓存】的计算过程，方便观察。如图 7-83 所示。

图 7-83

自适应跟踪：该选项的作用在于记录场景中的灯光位置，并在光的位置上采用更多的样本，同时模糊特效也会处理得更快，但是会占用更多的内存资源。

仅使用方向：选中【自适应跟踪】复选框后，该选项被激活。其作用在于只记录直接光照信息，不考虑间接照明，加快了渲染速度。

（2）重建参数。

【重建参数】选项区主要是对【灯光缓存】的样本以不同的方式进行模糊处理，其参数面板如图 7-84 所示。

图 7-84

预滤器：选中该复选框以后，可以对【灯光缓存】样本进行提前过滤。它主要是查找样本边界，然后对其进行模糊处理。后面的值越高，对样本进行模糊处理的程度越深。

使用光泽光线的灯光缓存：是否使用平滑的灯光缓存。选中该复选框后会使渲染效果更加平滑，但会影响到细节效果。

过滤器：该选项是在渲染最后成图时，对样本进行过滤。

无：对样本不进行过滤。

最近：当使用这个过滤方式时，过滤器会对样本的边界进行查找，然后对色彩进行均化处理，从而得到一个模糊效果。

固定：该方式和【最近】方式的不同点在于，它采用距离的判断来对样本进行模糊处理。

插值采样：该参数是对样本进行模糊处理，较大的值可以得到比较模糊的效果，较小的值可以得到比较锐利的效果。

折回阈值：控制折回的阈值数值。

（3）模式。

【模式】参数与发光图中的光子图使用模式基本一致，其参数面板，如图 7-85 所示。

图 7-85

模式：设置光子图的使用模式。

单帧：一般用来渲染静帧图像。

穿行：该模式用在动画方面，它把第 1 帧到最后 1 帧的所有样本都融合在一起。

从文件：使用这种模式，V-Ray 要导入一个预先渲染好的光子贴图，该功能只渲染光影追踪。

渐进路径跟踪：该模式就是常说的 PPT，它是一种新的计算方式，和【自适应确定性蒙特卡洛】一样是一个精确的计算方式。不同的是，它不停地去计算样本，不对任何样本进行优化，直到样本计算完毕为止。

保存到文件 按钮：将保存在内存中的光子贴图再次进行保存。

浏览 按钮：从硬盘中浏览保存好的光子图。

（4）在渲染结束后。

【在渲染结束后】选项区主要用来控制光子图在渲染完以后如何处理，其参数面板如图 7-86 所示。

图 7-86

不删除：当光子渲染完以后，不把光子从内存中删掉。

自动保存：当光子渲染完以后，自动保存在硬盘中，单击 浏览 按钮可以选择保存位置。

切换到被保存的缓存：当选中该复选框以后，系统会自动使用最新渲染的光子图来进行大图渲染。

7.2.4 设置

1. DMC 采样器

【DMC 采样器】卷展栏下的参数可以用来控制整体的渲染质量和速度，其参数设置面板，如图 7-87 所示。

图 7-87

适应数量：主要用来控制自适应的百分比。

噪波阈值：控制渲染中所有产生噪点的极限值，包括灯光细分、抗锯齿等。数值越小，渲染品质越高，渲染速度就越慢。

时间独立：控制是否在渲染动画时对每一帧都使用相同的【DMC 采样器】参数设置。

最少采样值：设置样本及样本插补中使用的最少样本数量。数值越小，渲染品质越低，速度就越快。

全局细分倍增器：V-Ray 渲染器有很多【细分】选项，该选项用来控制所有细分的百分比。

路径采样器：设置样本路径的选择方式，每种方式都会影响渲染速度和品质，在一般情况下选择默认方式即可。

2. 默认置换

【默认置换】卷展栏下的参数是用灰度贴图来实现物体表面的凸凹效果。它对材质中的置换起作用，而不作用于物体表面，其参数设置面板，如图 7-88 所示。

图 7-88

覆盖 MAX 设置：控制是否用【默认置换】卷展栏下的参数来替代 3ds Max 中的置换参数。

边长：设置 3D 置换中产生最小的三角面长度。数值越小，精度越高，渲染速度越慢。

依赖于视图：控制是否将渲染图像中的像素长度设置为【边长度】的单位。

最大细分：设置物体表面置换后可产生的最大细分值。

数量：设置置换的强度总量。数值越大，置换效果越明显。

相对于边界框：控制是否在置换时关联边界。若不选中该复选框，在物体的转角处可能会产生裂面现象。

紧密边界：控制是否对置换进行预先计算。

3. 系统

【系统】卷展栏下的参数不仅对渲染速度有影响，而且还会影响渲染的显示和提示功能，同时还可以完成联机渲染，其参数设置面板，如图 7-89 所示。

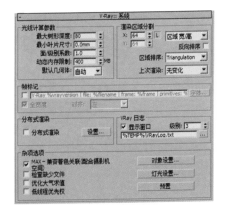

图 7-89

（1）光线计算参数。

最大树形深度：控制根节点的最大分支数量。较高的值会加快渲染速度，同时会占用较多的内存。

最小叶片尺寸：控制叶节点的最小尺寸，当达到叶节点尺寸以后，系统停止计算场景。

面 / 级别系数：控制一个节点中的最大三角面数量，当未超过临近点时计算速度快；当超过临近点后，渲染速度减慢。

动态内存限制：控制动态内存的总量。注意，这里的动态内存被分配给每个线程，如果是双线程，那么每个线程各占一半的动态内存。如果这个值较小，那么系统经常在内存中加载并释放一些信息，这样就减慢了渲染速度。用户应该根据自己的内存情况来确定该值。

默认几何体：控制内存的使用方式。

自动：VRay 会根据使用内存的情况自动调整使用静态或动态的方式。

静态：在渲染过程中采用静态内存会加快渲染速度，同时在复杂场景中，由于需要的内存资源较多，经常会出现 3ds Max 跳出的情况。

动态：使用内存资源交换技术，当渲染完一个块后就会释放占用的内存资源，同时开始下一个块的计算。这样就有效地扩展了内存的使用。动态内存的渲染速度比静态内存慢。

（2）渲染区域分割。

X/Y：当在后面的下拉列表里选择【区域宽 / 高】时，它表示渲染块的像素宽度；当在后面的下拉列表里选择【区域数量】时，它表示水平 / 垂直方向一共有多少个渲染块。

【锁】按钮 L：单击该按钮，将强制 X 和 Y 的值相同。

反向排序：选中该复选框，渲染顺序将和设定的顺序相反。

区域排序：控制渲染块的渲染顺序（不会影响渲染速度）。

从上 –> 下：渲染块将按照从上到下的渲染顺序渲染。

从左 –> 右：渲染块将按照从左到右的渲染顺序渲染。

棋盘格：渲染块将按照棋格方式的渲染顺序渲染。

螺旋：渲染块将按照从里到外的渲染顺序渲染。

三角剖分：这是 VRay 默认的渲染方式，它将图形分为两个三角形依次进行渲染。

稀耳伯特曲线：渲染块将按照【希耳伯特曲线】方式的渲染顺序渲染。

上次渲染：该参数确定在渲染开始时，在 3ds Max 默认的帧缓存框中以什么样的方式处理渲染图像。这些参数的设置不会影响最终渲染效果。

无变化：与前一次渲染的图像保持一致。

交叉：每隔两个像素图像被设置为黑色。

区域：每隔一条线设置为黑色。

暗色：图像的颜色设置为黑色。

蓝色：图像的颜色设置为蓝色。

（3）帧标记。

✔ V-Ray %vrayversion | 文件: %filename | 帧: %frame | 基面数: %pri：选中该复选框，就可以显示水印。

字体 按钮：修改水印里的字体属性。

全宽度：水印的最大宽度。选中该复选框后，它的宽度和渲染图像的宽度相当。

对齐：控制水印里的字体排列位置，有【左】、【中】、【右】3 个选项。

（4）分布式渲染。

分布式渲染：选中该复选框，可以开启【分布式渲染】功能。

设置... 按钮：控制网络中的计算机的添加、删除等。

（5）VRay 日志。

显示窗口：选中该复选框，可以显示【VRay 日志】的窗口。

级别：控制【VRay 日志】的显示内容，一共分为 4 个级别。1 表示仅显示错误信息，2 表示显示错误和警告信息，3 表示显示错误、警告和情报信息，4 表示显示错误、警告、情报和调试信息。

`c:\VRayLog.txt` ` ... `：可以选择保存【VRay 日志】文件的位置。

（6）杂项选项。

MAX- 兼容着色关联（配合摄影机空间）：有些 3ds Max 插件是采用摄影机空间来进行计算的，因为它们都是针对默认的扫描线渲染器而开发的。

检查缺少文件：选中该复选框，VRay 会自己寻找场景中丢失的文件，然后保存到 C:\VRayLog.txt 中。

优化大气求值：当场景中拥有大气效果，并且大气比较稀薄的时候，选中该复选框可以得到比较优秀的大气效果。

低线程优先权：选中该复选框，VRay 将使用低线程进行渲染。

` 对象设置... ` 按钮：单击该按钮会弹出【对象设置】对话框，在该对话框中可以设置场景物体的局部参数。

` 灯光设置... ` 按钮：单击该按钮会弹出【灯光设置】对话框，在该对话框中可以设置场景灯光的一些参数。

` 预设 ` 按钮：单击该按钮会打开【预置】对话框，在对话框中可以保持当前 VRay 渲染参数的属性，方便以后使用。

7.2.5　Render Elements（渲染元素）

通过添加【渲染元素】，可以针对某一级别单独进行渲染，并在后期进行调节、合成、处理，如图 7-90 所示。

图 7-90

添加：单击该按钮可将新元素添加到列表中。单击该按钮会弹出【渲染元素】对话框。

合并：单击该按钮可合并来自其他 3ds Max Design 场景中的渲染元素。单击该按钮会弹出一个【文件】对话框，可以从中选择要获取元素的场景文件。选定文件中的渲染元素列表将添加到当前的列表中。

　　删除：单击该按钮可从列表中删除选定对象。

　　激活元素：选中该复选框后，单击【渲染】可分别对元素进行渲染。默认设置为启用。

　　显示元素：选中该复选框后，每个渲染元素会显示在各自的窗口中，并且其中的每个窗口都是渲染帧窗口的精简版。

　　元素渲染列表：显示要单独进行渲染的元素以及它们的状态。要重新调整列表中列的大小，可拖动两列之间的边框。

　　选定元素参数：控制用来编辑列表中选定的元素。

　　输出到 Combustion：启用该选项后，会生成包含正进行渲染元素的 Combustion 工作区（CWS）文件。

重点▶▶求生秘籍 —— 技巧提示：复位 VRay 渲染器

　　有些时候渲染出的效果非常奇怪，但是由于渲染器参数比较多很难找到哪个参数有问题，不妨试一下复位 VRay 渲染器。单击【选择渲染器】按钮，并选择【默认扫描线渲染器】，如图 7-91 所示。

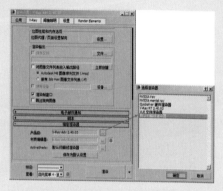

图 7-91

　　再次单击【选择渲染器】按钮，并选择【V-Ray Adv 2.40.03】，设置好 VRay 渲染器的参数即可，如图 7-92 所示。

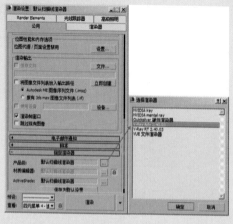

图 7-92

7.3　测试渲染的参数设置方案 【重点】

　　(1) 按【F10】键，在打开的【渲染设置】对话框中单击【公用】选项卡，设置输出的尺寸小一些，如图 7-93 所示。

　　(2) 单击【V-Ray】选项卡，展开【图形采样器 (反锯齿)】卷展栏，设置【类型】为【固定】、【抗锯齿过滤器】类型为【区域】。展开【颜色贴图】卷展栏，设置【类型】为【指数】，选中【子像素贴图】和【钳制输出】复选框，如图 7-94 所示。

图 7-93　　　　　　　　　　　　　　　图 7-94

　　(3) 单击【间接照明】选项卡，设置【首次反弹】为【发光图】、【二次反弹】为【灯光缓存】。展开【发光图】卷展栏，设置【内建预置】为【非常低】、设置【半球细分】为 30、【插值采样】为 20、选中【显示计算相位】和【显示直接光】复选框。展开【灯光缓存】卷展栏，设置【细分】为 300，选中【存储直接光】和【显示计算相位】复选框，如图 7-95 所示。

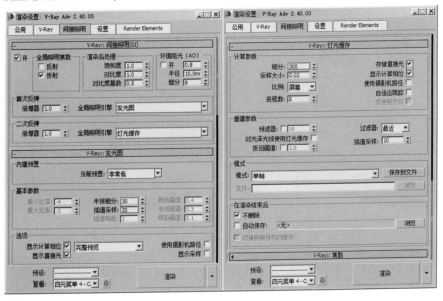

图 7-95

（4）单击【设置】选项卡，展开【DMC 采样器】卷展栏，设置【适应数量】为 0.98、【噪波阈值】为 0.05，取消选中【显示窗口】复选框，如图 7-96 所示。

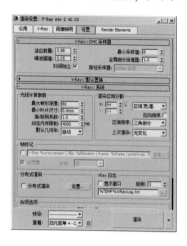

图 7-96

7.4 最终渲染的参数设置方案 《重点

（1）单击【公用】选项卡，设置输出的尺寸大一些，如图 7-97 所示。

（2）单击【V-Ray】选项卡，展开【图形采样器（反锯齿）】卷展栏，设置【类型】为【自适应确定性蒙特卡洛】，在【抗锯齿过滤器】选项组区选中【开】复选框，并选择【Catmull-Rom】。展开【颜色贴图】卷展栏，设置【类型】为【指数】，选中【子像素贴图】和【钳制输出】复选框，如图 7-98 所示。

图 7-97

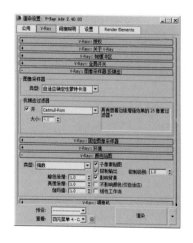

图 7-98

（3）单击【间接照明】选项卡，设置【首次反弹】为【发光图】、设置【二次反弹】为【灯光缓存】。展开【发光图】卷展栏，设置【内建预置】为【中】、【半球细分】为 60、【插值采样】为 30，选中【显示计算相位】和【显示直接光】复选框。展开【灯光缓存】卷展栏，设置【细分】为 1500，选中【存储直接光】和【显示计算相位】复选框，如图 7-99 所示。

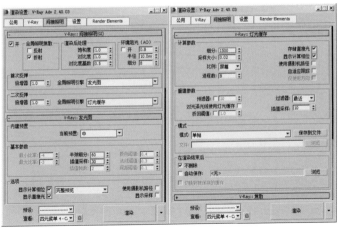

图 7-99

（4）单击【设置】选项卡，设置【适应数量】为 0.8、【噪波阈值】为 0.005，取消选中【显示窗口】复选框，如图 7-100 所示。

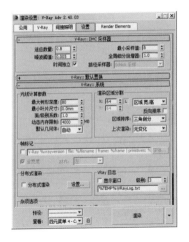

图 7-100

Chapter 08
灯光技术

本章学习要点：
- 目标灯光的参数及使用方法。
- 标准灯光的参数及使用方法。
- VRay 灯光的参数及使用方法。

8.1 认识灯光

有了光才能看到缤纷的世界，因此光是非常重要的。光不仅可以起到照明的作用，而且可以突出三维的质感、烘托气氛，如图 8-1 所示。

图 8-1

8.1.1 灯光的概念

顾名思义灯光就是灯发出的光，当然这并不是完全正确的，因为自然环境中除了灯以外，如太阳、月亮、火焰、闪电都会对环境产生光的影响。在 3ds Max 中制作灯光也是如此，很多读者对于创建场景的灯光无从下手，不知道什么时候使用什么灯光。其实很简单，只要把 3ds Max 的场景想象为现实中的场景就行了。例如，带有窗户的场景，现实中肯定有室外的光线从窗外照向窗内，所以就需要在窗口外创建一盏向内照射的灯光，如图 8-2 所示。

图 8-2

8.1.2　3ds Max 中灯光的属性

1. 强度

初始点的灯光强度影响灯光照亮对象的亮度，如图 8-3 所示。

图 8-3

2. 入射角

曲面与光源倾斜的越多，曲面接收到的光越少，并且看上去越暗。曲面法线相对于光源的角度称为入射角。

当入射角为 0°（即光源与曲面垂直）时，曲面由光源的全部强度照亮。随着入射角的增加，照明的强度减小，如图 8-4 所示。

3. 衰减

在现实世界中，灯光的强度将随着距离的增长而减弱。远离光源的对象看起来更暗，距离光源较近的对象看起来更亮，这种效果称为衰减。实际上，灯光以平方反比速率衰减，即其强度的减小与到光源距离的平方成比例。当光线由大气驱散时，通常衰减幅度更大，特别是当大气中有灰尘粒子（如雾或云）时，如图 8-5 所示。

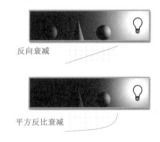

图 8-4　　　　　　　　　　图 8-5

4. 反射光和环境光

对象反射光可以照亮其他对象。曲面反射光越多，用于照明其环境中其他对象的光也越多。反射光创建环境光。环境光具有均匀的强度，并且属于均质漫反射。它不具有可辨别的光源和方向，如图 8-6 所示。

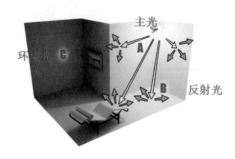

图 8-6

5. 颜色和灯光

灯光的颜色部分依赖于生成该灯光的过程。例如，钨灯投影橘黄色的灯光，水银蒸汽灯投影冷色的浅蓝色灯光，太阳光为浅黄色。

（1）加色混合。

在对已知光源色进行研究的过程中发现，色光的三原色与颜料色的三原色有所不同，色光的三原色为红（略带橙色）、绿、蓝（略带紫色）。而色光三原色混合后的间色（红紫、黄、绿青）相当于颜料色的三原色。色光在混合中会使混合后的色光明度增加，使色彩明度增加的混合方法称为加法混合，又称色光混合，如图 8-7 所示。

1）红光 + 绿光 = 黄光

2）红光 + 蓝光 = 品红光

3）蓝光 + 绿光 = 青光

4）红光 + 绿光 + 蓝光 = 白光

（2）减色混合。

当色料混合在一起时，呈现另一种颜色效果，就是减色混合法。色料的三原色分别是品红色、青色和黄色，因为一般三

图 8-7

原色色料的颜色本身就不够纯正，所以混合以后的色彩也不是标准的红色、绿色和蓝色，如图 8-8 所示。三原色色料的混合有以下规律：

1）青色 + 品红色 = 蓝色

2）青色 + 黄色 = 绿色

3）品红色 + 黄色 = 红色

4）品红色 + 黄色 + 青色 = 黑色

图 8-8

6. 颜色温度

使用热力学温度开尔文 (K) 介绍颜色。对于描述光源的颜色和与白色相近的其他颜色值，该选项非常有用。图 8-9 所示为某些类型灯光的颜色温度，该表使用等值的色调编号（从 HSV 颜色描述）。如果对场景中的灯光使用这些色调编号，则将该值设置为全部 (255)，然后调整饱和度以满足场景的需要。心理上倾向于纠正灯光的颜色，以便对象看起来由白色的

灯光照亮；通常场景中颜色温度的效果很小。

光源	颜色温度	色调
阴天的日光	6000K	130
中午的太阳光	5000K	58
白色荧光	4000K	27
钨／卤素灯	3300K	20
白炽灯 (100~200W)	2900K	16
白炽灯 （25W）	2500K	12
日落或日出的太阳光	2000K	7
蜡烛火焰	1750K	5

图 8-9

8.2 光度学灯光

【光度学】灯光是系统默认的灯光，共有 3 种类型，分别是【目标灯光】、【自由灯光】和【mr 天空入口】，如图 8-10 所示。

图 8-10

8.2.1 目标灯光

【目标灯光】是具有可以用于指向灯光的目标子对象。图 8-11 所示为利用【目标灯光】制作的作品。

图 8-11

单击 目标灯光 按钮，在视图中创建一盏【目标灯光】，其参数设置面板如图 8-12 所示。

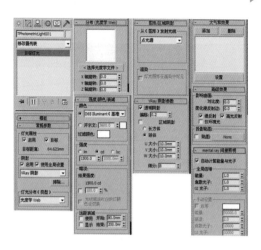

图 8-12

求生秘籍——技巧提示：光域网知识

　　光域网是一种关于光源亮度分布的三维表现形式，存储于 IES 文件当中。这种文件通常可以从灯光的制造厂商那里获得，格式主要有 IES、LTLI 或 CIBSE。光域网是灯光的一种物理性质，确定光在空气中发散的方式。不同的灯，在空气中的发散方式是不一样的，如手电筒会发一个光束，还有一些壁灯、台灯，那些不同形状的图案就是光域网造成的。之所以会有不同的图案，是因为每个灯在出厂时，厂家都对其指定了不同的光域网。

　　在三维软件里，如果给灯光指定一个特殊的文件，就可以产生与现实生活相同的发散效果。光域网分布 (Web Distribution) 方式通过指定光域网文件来描述灯光亮度的分布状况。光域网是室内灯光设计的专业名词，表示光线在一定的空间范围内所形成的特殊效果。光域网类型有模仿灯带的，模仿筒灯、射灯、壁灯、台灯等。最常用的是模仿筒灯、壁灯、台灯的光域网，模仿灯带的不常用。每种光域网的形状都不太一样，可根据情况选择调用，如图 8-13 所示。

图 8-13

1. 常规参数

展开【常规参数】卷展栏，如图 8-14 所示。

（1）灯光属性。

启用：控制是否开启灯光。

目标：启用该选项后，目标灯光才有目标点。如果禁用该选项，目标灯光将变成自由灯光。

目标距离：用来显示目标的距离。

（2）阴影。

启用：控制是否开启灯光的阴影效果。

使用全局设置：如果启用该选项后，该灯光投射的阴影将影响整个场景的阴影效果；如果关闭该选项，则必须选择渲染器使用哪种方式来生成特定的灯光阴影。

阴影类型：设置渲染器渲染场景时使用的阴影类型，包括【mental ray 阴影贴图】、【高级光线跟踪】、【区域阴影】、【阴影贴图】、【光线跟踪阴影】、VRay 阴影和 VRay 阴影贴图，如图 8-15 所示。

图 8-14　　　　　　　　　　　图 8-15

排除... 按钮：将选定的对象排除于灯光效果之外。

（3）灯光分布（类型）。

灯光分布（类型）：设置灯光的分布类型，包含【光度学 Web】、【聚光灯】、【统一漫反射】和【统一球形】4 种类型。

FAQ 常见问题解答：目标灯光最容易忽略的地方在哪里？

一般使用目标灯光的目的都是为了模拟射灯的效果，所以需要将【灯光分布（类型）】设置为【光度学 Web】方式，然后单击 ＜选择光度学文件＞ 按钮，并添加一个 .ies 的文件，如图 8-16 所示。

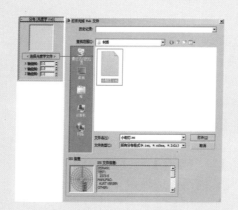

图 8-16

2. 强度 / 颜色 / 衰减

展开【强度 / 颜色 / 衰减】卷展栏，如图 8-17 所示。

灯光：挑选公用灯光，以近似灯光的光谱特征。图 8-18 所示为 D50 Illuminant（基准白色）、荧光（冷色调白色）、HID 高压钠灯的对比效果。

开尔文：通过调整色温微调器设置灯光的颜色。

过滤颜色：使用颜色过滤器来模拟置于光源上的过滤色效果。图 8-19 所示为设置过滤颜色为绿色的效果。

强度：控制灯光的强弱程度。

结果强度：用于显示暗淡所产生的强度。

暗淡百分比：启用该选项后，该值会指定用于降低灯光强度的【倍增】。图 8-20 所示为【暗淡百分比】设置为 100 和 10 的对比效果。

图 8-17

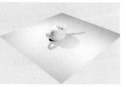

图 8-18

图 8-19   图 8-20

光线暗淡时白炽灯颜色会切换：启用该选项之后，灯光可以在暗淡时通过产生更多的黄色来模拟白炽灯。

使用：启用灯光的远距衰减。

显示：在视口中显示远距衰减的范围设置。

开始：设置灯光开始淡出的距离。

结束：设置灯光减为 0 时的距离。

3. 图形 / 区域阴影

展开【图形 / 区域阴影】卷展栏，如图 8-21 所示。

从（图形）发射光线：选择阴影生成的图形类型，包括【点光源】、【线】、【矩形】、【圆形】、【球体】和【圆柱体】6 种类型。

灯光图形在渲染中可见：启用该选项后，如果灯光对象位于视野之内，那么灯光图形在渲染中会显示为自供照明（发光）的图形。

图 8-21

4. 阴影贴图参数

展开【阴影贴图参数】卷展栏，如图 8-22 所示。

偏移：将阴影移向或移离投射阴影的对象。

大小：设置用于计算灯光的阴影贴图的大小。

采样范围：决定阴影内平均有多少个区域。

绝对贴图偏移：启用该选项后，阴影贴图的偏移是不标准化的，但是该偏移在固定比例的基础上会以 3ds Max 为单位来表示。

双面阴影：启用该选项后，计算阴影时物体的背面也将产生阴影。

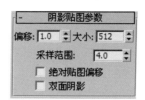

图 8-22

5. VRay 阴影参数

展开【VRay 阴影参数】卷展栏，如图 8-23 所示。

透明阴影：控制透明物体的阴影，必须使用 VRay 材质并选择材质中的【影响阴影】才能产生效果。

偏移：控制阴影与物体的偏移距离，一般可保持默认值。

区域阴影：控制物体阴影效果，使用时会降低渲染速度，有长方体和球体两种模式。图 8-24 所示为取消选中和选中该复选框的对比效果。

图 8-23

图 8-24

长方体 / 球体：用来控制阴影的方式，一般默认设置为球体即可。

U/V/W 大小：值越大阴影越模糊，并且还会产生杂点、降低渲染速度。图 8-25 所示为设置 U/V/W 大小为 10 和 30 的对比效果。

细分：该数值越大，阴影越细腻，噪点越少，渲染速度越慢。

图 8-25

⑦FAQ FAQ 常见问题解答：每类灯光都有多种阴影类型，选择哪种更适合？

一般在制作室内外效果图时，大部分用户需要安装 VRay 渲染器，以便快速地得到非常真实的渲染效果。所以推荐使用【VRay 阴影】，需要注意的是，【VRay 阴影】与【VRay 阴影贴图】是两种不同的类型，不要混淆。在设置这些参数之前，需要选中【阴影】下的【启用】复选框，如图 8-26 所示。

在为【阴影】选择一种类型后，在下面的阴影参数中会自动变为与【阴影】类型相对应的卷展栏，如图 8-27 所示。

图 8-26   图 8-27

进阶案例（1）——VR 灯光和目标灯光制作壁灯

场景文件	01.max
案例文件	进阶案例——VR 灯光和目标灯光制作壁灯 .max
视频教学	DVD/ 多媒体教学 /Chapter 08/ 进阶案例——VR 灯光和目标灯光制作壁灯 .flv
难易指数	★★★☆☆
灯光方式	VR 灯光和目标灯光
技术掌握	掌握 VR 灯光制作壁灯和目标灯光制作射灯的运用

在这个场景中，主要使用 VR 灯光和目标灯光制作壁灯的效果。

（1）打开本书配套光盘中的【场景文件 /Chapter08/01.max】文件，如图 8-28 所示。

（2）单击 ✳ 【创建】→ ⦧ 【灯光】按钮，设置【灯光类型】为【VRay】，单击 VR灯光 按钮，如图 8-29 所示。

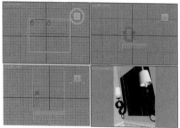

图 8-28   图 8-29

（3）在顶视图中拖曳并创建两盏 VR 灯光，分别放置到每一个灯罩内，如图 8-30 所示。在 ⦧ 【修改】面板下设置【类型】为【球体】、【倍增器】为 30、【颜色】为浅黄色（红：251，绿：210，蓝：157）、【半径】为 4mm，选中【不可见】复选框，设置【细分】

为 15，如图 8-31 所示。

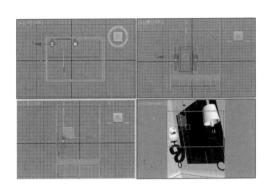

图 8-30　　　　　　　　　　　图 8-31

（4）单击 【创建】→ 【灯光】按钮，设置【灯光类型】为【光度学】，单击 目标灯光 按钮，如图 8-32 所示。

（5）在前视图中拖曳并创建 4 盏目标灯光，从上向下照射，

如图 8-33 所示。在 【修改】面板下，选中【阴影】选项区

图 8-32

中的【启用】复选框，设置【阴影类型】为【VRay 阴影】，在【灯光分布（类型）】选项区中设置类型为【光度学 Web】，展开【分布（光度学 Web）】卷展栏，在后面的通道上加载【小射灯 .ies】光域网文件，设置【过滤颜色】为黄色（红：244，绿：185，蓝：133）、【强度】为 300，选中【区域阴影】复选框，设置【细分】为 15，如图 8-34 所示。

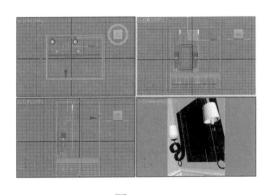

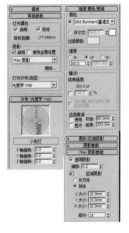

图 8-33　　　　　　　　　　　图 8-34

Chapter 08

（6）最终的渲染效果，如图 8-35 所示。

图 8-35

重点▶▶进阶案例（2）——VR 灯光和目标灯光制作射灯

场景文件	02.max
案例文件	进阶案例——VR 灯光和目标灯光制作射灯 .max
视频教学	DVD/ 多媒体教学 /Chapter 08/ 进阶案例——VR 灯光和目标灯光制作射灯 .flv
难易指数	★★★☆☆
灯光方式	VR 灯光和目标灯光
技术掌握	掌握 VR 灯光和目标灯光的运用

在这个场景中，主要使用 VR 灯光和目标灯光制作射灯的效果。

（1）打开本书配套光盘中的【场景文件 /Chapter08/02.max】文件，如图 8-36 所示。

（2）单击 ☀ 【创建】→ ☜ 【灯光】按钮，设置【灯光类型】为【光度学】，单击

目标灯光 按钮，如图 8-37 所示。

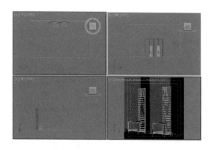

图 8-36

图 8-37

（3）在前视图中拖曳并创建两盏目标灯光，从上向下照射，如图 8-38 所示。在 ⌇ 【修改】面板中的【阴影】选项区中选中【启用】复选框，设置【阴影类型】为【VRay 阴影】，在【灯光分布（类型）】选项区中设置类型为【光度学 Web】，展开【分布（光度学 Web）】卷展栏，在后面的通道上加载【小射灯 .ies】光域网文件，设置【过滤颜色】为黄色（红：252，绿：214，蓝：148）、【强度】为 200000，选中【区域阴影】复选框，设置【细分】为 15，如图 8-39 所示。

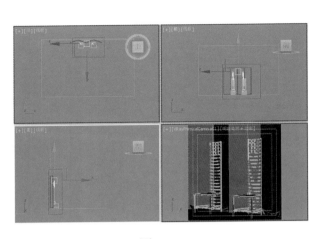

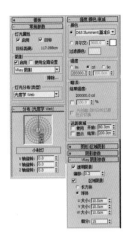

图 8-38　　　　　　　　　　　　　　　图 8-39

(4) 单击 ✳【创建】→ ◁【灯光】按钮,设置【灯光类型】为【VRay】,单击 █VR灯光█ 按钮,如图 8-40 所示。

图 8-40

(5) 在左视图中拖曳并创建 1 盏 VR 灯光,如图 8-41 所示。在 ◁【修改】面板下设置类型为【平面】、【倍增器】为 50、【颜色】为白色 (红: 255,绿: 253,蓝: 245)、【1/2 长】为 324mm、【1/2 宽】为 374mm,选中【不可见】复选框,如图 8-42 所示。

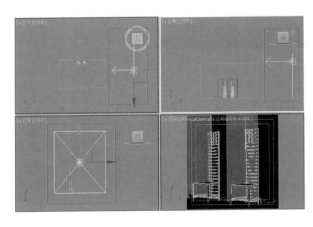

图 8-41　　　　　　　　　　　　　　图 8-42

(6) 继续在左视图中拖曳并创建 1 盏 VR 灯光,如图 8-43 所示。在 ◁【修改】面板下设置【类型】为【平面】、【倍增器】为 50、【颜色】为浅蓝色 (红: 220,绿: 235,蓝: 255)、【1/2 长】为 324mm、【1/2 宽】为 374mm,选中【不可见】复选框,如图 8-44 所示。

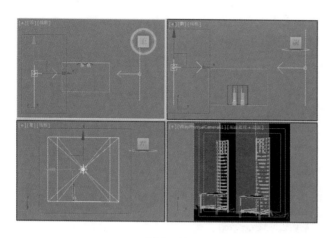

图 8-43

图 8-44

求生秘籍——技巧提示：VR 灯光作为辅助光源

　　本案例中使用两盏目标灯光制作射灯效果，但是只使用这两盏灯光可能会造成场景的四周比较暗的效果，因此需要使用灯光作为辅助光源。在这里选择使用两盏 VR 灯光作为辅助光源，照亮左右两侧的效果。

　　（7）最终的渲染效果，如图 8-45 所示。

图 8-45

8.2.2 自由灯光

　　【自由灯光】没有目标点，可以与【目标灯光】快速转化，具体参数如图 8-46 所示。

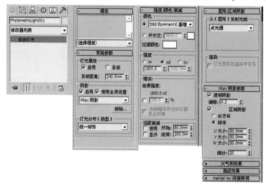

图 8-46

---

⑦FAQ 常见问题解答：怎么显示或不显示视图中的光影效果？

　　在 3ds Max 2014 中，在创建灯光后就可以在视图中实时地预览光影的效果，当然这种效果是比较假的，如图 8-47 所示。

图 8-47

　　在图 8-48 左上角的 **[真实]** 处单击鼠标右键，然后取消选择【照明和阴影】下的【阴影】选项，此时显示效果如图 8-49 所示。

图 8-48

图 8-49

　　再次在图 8-50 左上角的 **[真实]** 处单击鼠标右键，然后取消选择【照明和阴影】下的【环境光阻挡】选项，此时显示效果如图 8-51 所示。

图 8-50

图 8-51

8.3 标准灯光

【标准】灯光是 3ds Max 最基本的灯光类型，共 8 种类型，分别是【目标聚光灯】、【自由聚光灯】、【目标平行光】、【自由平行光】、【泛光灯】、【天光】、【mr Area Omni】和【mr Area Spot】，如图 8-52 所示。

8.3.1 目标聚光灯

【目标聚光灯】像闪光灯一样投影聚焦的光束，这是在剧院中或桅灯下的聚光区。目标聚光灯使用目标对象指向摄影机。图 8-53 所示为【目标聚光灯】制作的作品。

【目标聚光灯】参数主要包括【常规参数】、【强度/颜色/衰减】、【聚光灯参数】、【高级效果】、【阴影参数】、【光线跟踪阴影参数】、【大气和效果】、【mental ray 间接照明】。具体参数，如图 8-54 所示。

图 8-52

图 8-53

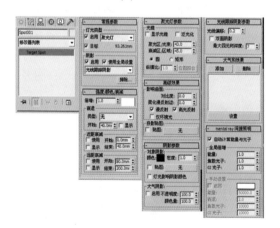

图 8-54

1. 常规参数

【常规参数】卷展栏具体参数如图 8-55 所示。

（1）灯光类型：共有 3 种类型可供选择，分别是【聚光灯】、【平行光】和【泛光灯】。

启用：控制是否开启灯光。

目标：如果启用该选项后，灯光将成为目标。

（2）阴影：控制是否开启灯光阴影。

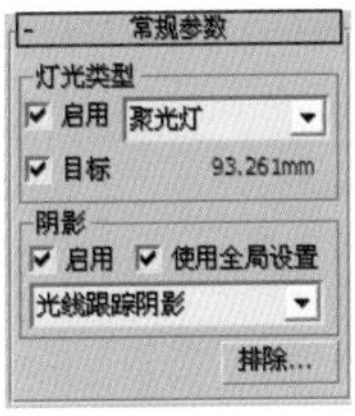

使用全局设置：如果启用该选项，该灯光投射的阴影将影响整个场景的阴影效果。如果关闭该选项，则必须选择渲染器使用哪种方式来生成特定的灯光阴影。

阴影类型：切换阴影的类型得到不同的阴影效果。

排除... 按钮：将选定的对象排除于灯光效果之外。

2. 强度 / 颜色 / 衰减

图 8-55

【强度 / 颜色 / 衰减】卷展栏具体参数如图 8-56 所示。

（1）倍增：控制灯光的强弱程度。

（2）颜色：用来设置灯光的颜色。

（3）衰退：该选项区中的参数用来设置灯光衰退的类型和起始距离。

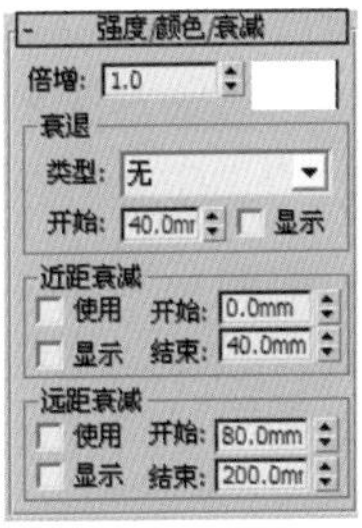

类型：指定灯光的衰退方式。【无】表示不衰退，【倒数】表示反向衰退，【平方反比】以平方反比的方式进行衰退。

开始：设置灯光开始衰退的距离。

显示：在视口中显示灯光衰退的效果。

图 8-56

（4）近距衰减 / 远距衰减：该选项区用来设置灯光近距离衰退 / 远距离衰退的参数。

使用：启用灯光近距离衰退 / 远距离衰退。

显示：在视口中显示近距离衰退 / 远距离衰退的范围。

开始：设置灯光开始淡出的距离。

结束：设置灯光达到衰退最远处的距离。

3. 聚光灯参数

【聚光灯参数】卷展栏具体参数如图 8-57 所示。

显示光锥：控制是否开启圆锥体显示效果。

泛光化：开启该选项时，灯光将在各个方向投射光线。

聚光区 / 光束：用来调整灯光圆锥体的角度。

衰减区 / 区域：设置灯光衰减区的角度。

圆 / 矩形：指定聚光区和衰减区的形状。

纵横比：设置矩形光束的纵横比。

图 8-57

位图拟合 按钮：若灯光的【光锥】设置为【矩形】，则可以单击该按钮来设置光锥的纵横比，以匹配特定的位图。

4. 高级效果

展开【高级效果】卷展栏，具体参数如图 8-58 所示。

对比度：调整曲面的漫反射区域和环境光区域之间的对比度。

柔化漫反射边：增加【柔化漫反射边】的值可以柔化曲面的漫反射部分与环境光部分之间的边缘。

漫反射：启用此选项后，灯光将影响对象曲面的漫反射属性。

高光反射：启用此选项后，灯光将影响对象曲面的高光属性。

仅环境光：启用此选项后，灯光仅影响照明的环境光组件。

贴图：为阴影加载贴图。

图 8-58

5. 阴影参数

展开【阴影参数】卷展栏，具体参数如图 8-59 所示。

颜色：设置阴影的颜色，默认为黑色。

密度：设置阴影的密度。

贴图：为阴影指定贴图。

灯光影响阴影颜色：开启该选项后，灯光颜色将与阴影颜色混合在一起。

启用：启用该选项后，大气可以穿过灯光投射阴影。

不透明度：调节阴影的不透明度。

颜色量：调整颜色和阴影颜色的混合量。

图 8-59

6. 光线跟踪阴影参数

【光线跟踪阴影参数】卷展栏具体参数如图 8-60 所示。

光线偏移：将阴影移向或移离投射阴影的对象。

双面阴影：启用该选项后，计算阴影时背面将不被忽略。

最大四元树深度：使用光线跟踪器调整四元树的深度。

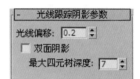

图 8-60

重点▶▶进阶案例 —— 目标聚光灯制作聚光效果

场景文件	03.max
案例文件	进阶案例 —— 目标聚光灯制作聚光效果 .max
视频教学	DVD/ 多媒体教学 /Chapter 08/ 进阶案例 —— 目标聚光灯制作聚光效果 .flv
难易指数	★★★☆☆
灯光方式	目标聚光灯和 VR 灯光
技术掌握	目标聚光灯和 VR 灯光的运用

在这个场景中，主要使用泛光灯和 VR 灯光制作壁灯的效果。

（1）打开本书配套光盘中的【场景文件 /Chapter08/03.max】文件，如图 8-61 所示。

（2）单击 ✳ 【创建】→ 🔦 【灯光】按钮，设置【灯光类型】为【VRay】，单击 VR灯光 按钮，如图 8-62 所示。

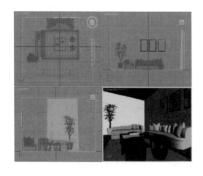

图 8-61

图 8-62

（3）在左视图中拖曳创建一盏【VR 灯光】，如图 8-63 所示。

（4）在 🎨 【修改】面板下设置【类型】为【平面】、【倍增器】为 20、【颜色】为浅蓝色（红：153，绿：175，蓝：246）、【1/2 长】为 1200mm、【1/2 宽】为 980mm、【细分】为 15，如图 8-64 所示。

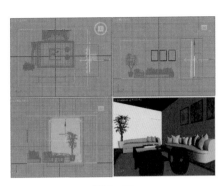

图 8-63　　　　　　　　　　　　　图 8-64

（5）单击 【创建】→ 【灯光】按钮，设置【灯光类型】为【标准】，单击 目标聚光灯 按钮，如图 8-65 所示。

（6）在前视图中单击创建 1 盏【目标聚光灯】，从上向下照射，如图 8-66 所示。

图 8-65

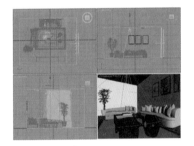

图 8-66

（7）在 【修改】面板下选中【阴影】选项区中的【启用】复选框，设置类型为【VRay 阴影】、【倍增】为 2、【颜色】为黄色（红：254，绿：215，蓝：164）、【聚光区 / 光束】为 30、【衰减区 / 区域】为 80，选中【区域阴影】复选框，设置【U/V/W 大小】为 30mm、【细分】为 25，如图 8-67 所示。

（8）最终的渲染效果，如图 8-68 所示。

图 8-67

图 8-68

275

8.3.2 自由聚光灯

【自由聚光灯】和【目标聚光灯】的关系与【目标灯光】和【自由灯光】的关系一样，都是可以快速转化的，【自由聚光灯】的参数和【目标聚光灯】的参数基本一致，这里不重复进行讲解。【自由聚光灯】没有目标点，因此只能通过旋转来调节灯光的角度，如图 8-69 所示。

8.3.3 目标平行光

【目标平行光】可以产生一个照射区域，主要用来模拟自然光线的照射效果，一般常用来制作日光等效果，如图 8-70 所示。

【目标平行光】的参数和【目标聚光灯】的参数基本一致，这里不重复进行讲解。【目标平行光】具体参数如图 8-71 所示。

图 8-69

图 8-70

图 8-71

> **?FAQ 常见问题解答：为什么目标聚光灯、自由聚光灯、目标平行光、平行光、泛光参数很类似？**

在 3ds Max 中的标准灯光中，目标聚光灯、自由聚光灯、目标平行光、平行光、泛光都是可以互相转换的，只需要修改其中某些参数即可。例如，创建的目标聚光灯，如图 8-72 所示。此时【灯光类型】为【聚光灯】，如图 8-73 所示。

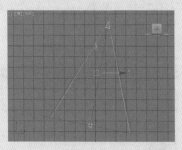

图 8-72   图 8-73

将【灯光类型】更改为【泛光】后，如图 8-74 所示，发现灯光也变成了泛光，如图 8-75 所示。

图 8-74　　　　　　　　　　　　　　　　图 8-75

8.3.4　自由平行光

【自由平行光】能产生一个平行的照射区域，具体参数如图 8-76 所示。

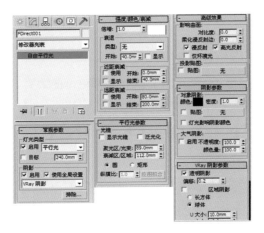

图 8-76

8.3.5　泛光灯

【泛光灯】从单个光源向各个方向投影光线。泛光灯用于模拟点光源、辅助光源，如图 8-77 所示。

图 8-77

【泛光灯】具体参数如图 8-78 所示。

图 8-78

重点 >> 进阶案例 —— 泛光灯制作壁灯

场景文件	04.max
案例文件	进阶案例 —— 泛光灯制作壁灯 .max
视频教学	DVD/ 多媒体教学 /Chapter 08/ 进阶案例 —— 泛光灯制作壁灯 .flv
难易指数	★★★☆☆
灯光方式	泛光灯和 VR 灯光
技术掌握	掌握泛光灯和 VR 灯光的运用

在这个场景中，主要使用泛光灯和 VR 灯光制作壁灯的效果。

（1）打开本书配套光盘中的【场景文件 /Chapter08/04.max】文件，如图 8-79 所示。

（2）单击 ✳ 【创建】→ ◤ 【灯光】按钮，设置【灯光类型】为【VRay】，单击 VR灯光 按钮，如图 8-80 所示。

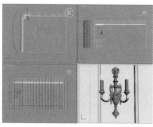

图 8-79   图 8-80

（3）在左视图中拖曳创建一盏【VR 灯光】，如图 8-81 所示。

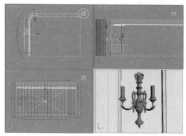

图 8-81

（4）在  【修改】面板下设置【类型】为【平面】、【倍增器】为 5、【颜色】为浅蓝色（红：187，绿：193，蓝：236）、【1/2 长】为 1350mm、【1/2 宽】为 2200mm，选中【不可见】复选框，设置【细分】为 30，如图 8-82 所示。

（5）单击 【创建】→ 【灯光】按钮，设置【灯光类型】为【标准】，单击 泛光 按钮，如图 8-83 所示。

（6）在前视图中单击创建两盏【泛光】，如图 8-84 所示。

图 8-83

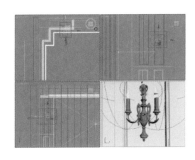

图 8-82

图 8-84

（7）在 【修改】面板下选中【阴影】选项区中的【启用】复选框，设置类型为【VRay 阴影】；设置【倍增】为 8、【颜色】为黄色（红：253，绿：207，蓝：158）；选中【远距衰减】选项区中的【使用】复选框，设置【开始】为 0mm；选中【显示】复选框，设置【结束】为 200mm；选中【区域阴影】复选框，设置【U/V/W 大小】为 30mm、【细分】为 30，如图 8-85 所示。

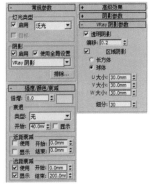

图 8-85

（8）最终的渲染效果，如图 8-86 所示。

图 8-86

求生秘籍——技巧提示：使用 VR 灯光（球体）也可制作泛光效果

泛光效果是现实中非常常见的灯光效果，通常用来制作壁灯、台灯、吊灯、烛光等。其特点是以一个点为中心向四周发射光照，并且随着距离越来越远，强度也逐渐衰减。在 3ds Max 中可以使用【泛光】制作泛光灯效果，也可以使用【VR 灯光（球体）】进行制作。

8.3.6　天光

【天光】用于模拟天空光，可以整体增亮场景。当使用默认扫描线渲染器进行渲染时，天光与高级照明、光跟踪器或光能传递结合使用效果会更佳。图 8-87 所示为天光的原理图。

【天光】的具体参数如图 8-88 所示。

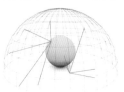

图 8-87

图 8-88

启用：控制是否开启天光。

倍增：控制天光的强弱程度。

使用场景环境：使用【环境与特效】对话框中设置的灯光颜色。

天空颜色：设置天光的颜色。

贴图：指定贴图来影响天光颜色。

投影阴影：控制天光是否投影阴影。

每采样光线数：用于计算落在场景中指定点上天光的光线数。对于动画，应将该选项设置为较高的值，可消除闪烁。值为 30 左右可以消除闪烁，如图 8-89 所示。

光线偏移：对象可以在场景中指定点上投射阴影的最短距离。

图 8-89

8.4　VRay 灯光

安装好 VRay 渲染器后，在【创建】面板中就可以选择 VR 灯光。VR 灯光包含 4 种类型，分别是【VR 灯光】、【VRayIES】、【VR 环境灯光】和【VR 太阳】，如图 8-90 所示。

VR 灯光：主要用来模拟室内光源，如灯带、灯罩灯光。

VRayIES：VRayIES 是一个 V 型的射线光源插件，可以用来加载 IES 灯光，能使现实中的灯光分布更加逼真。

VR 环境灯光：模拟环境的灯光。

VR 太阳：主要用来模拟真实的室外太阳光。

8.4.1　VR 灯光

图 8-90

【VR 灯光】是室内外效果图制作使用最多的灯光类型，可以模拟真实的柔和光照效果，常用来模拟窗口处灯光、顶棚灯带、灯罩灯光等。其具体参数如图 8-91 所示。图 8-92 所示为使用 VR 灯光制作的效果。

图 8-91

图 8-92

1. 常规

（1）开：控制是否开启 VR 灯光。

（2）　**排除**　按钮：用来排除灯光对物体的影响。

（3）类型：指定 VR 灯光的类型，共有【平面】、【穹顶】、【球体】和【网格】4 种类型，如图 8-93 所示。

平面：将 VR 灯光设置成平面形状。

穹顶：将 VR 灯光设置成穹顶状，类似于 3ds Max 的天光物体，光线来自于位于光源 z 轴的半球体状圆顶。

球体：将 VR 灯光设置成球体形状。

网格：【网格】是一种以网格为基础的灯光。

图 8-93

2. 强度

（1）单位：指定 VR 灯光的发光单位，共有【默认（图像）】、【发光率】、【亮度】、【辐射率（W）】和【辐射】5 种，如图 8-94 所示。

默认（图像）：VRay 默认单位，依靠灯光的颜色和亮度来控制灯光的最后强弱，如果忽略曝光类型的因素，灯光色彩将是物体表面受光的最终色彩。

发光率：当选择这个单位时，灯光的亮度将和灯光的大小无关。

亮度：当选择这个单位时，灯光的亮度和它的大小有关系。

辐射率（W）：当选择这个单位时，灯光的亮度和灯光的大小无关。注意，这里的瓦特和物理上的瓦特不一样，如这里的 100W 大约等于物理上的 2~3 瓦特。

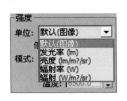

图 8-94

辐射：当选择这个单位时，灯光的亮度和它的大小有关系。

（2）颜色：指定灯光的颜色。

（3）倍增器：设置灯光的强度。

3. 大小

1/2 长：设置灯光的长度。

1/2 宽：设置灯光的宽度。

W 大小：当前这个参数还没有被激活。

4. 选项

投射阴影：控制是否对物体的光照产生阴影。

双面：用来控制灯光的双面都产生照明效果。

不可见：该选项用来控制最终渲染时是否显示 VR 灯光的形状。

忽略灯光法线：该选项控制灯光的发射是否按照光源的法线进行发射。

不衰减：在物理世界中，所有的光线都是有衰减的。如果选中该选项，VRay 将不计算灯光的衰减效果。

天光入口：该选项把 VRay 灯转换为天光，这时的 VR 灯光就变成了【间接照明（GI）】，失去了直接照明。若选中该选项，则【投射阴影】、【双面】、【不可见】等参数将不可用，这些参数将被 VRay 的天光参数所取代。

存储发光图：选中该选项，且【间接照明（GI）】中的【首次反弹】引擎选择【发光贴图】时，VR 灯光的光照信息将保存在【发光贴图】中。在渲染光子的时候将变得更慢，但是在渲染出图时，渲染速度会提高很多。渲染完光子后，可以关闭或删除这个 VR 灯光，它对最后的渲染效果没有影响，因为它的光照信息已经保存在了【发光贴图】中。

影响漫反射：该选项决定灯光是否影响物体材质属性的漫反射。

影响高光反射：该选项决定灯光是否影响物体材质属性的高光。

影响反射：选中该选项时，灯光将对物体的反射区进行光照，物体可以将光源进行反射。

5. 采样

细分：该参数控制 VR 灯光的采样细分。数值越小，渲染杂点越多，渲染速度越快；数值越大，渲染杂点越少，渲染速度越慢。

阴影偏移：该参数用来控制物体与阴影的偏移距离，较高的值会使阴影向灯光的方向偏移。

中止：控制灯光中止的数值，一般情况下不用修改该参数。

6. 纹理

使用纹理：控制是否用纹理贴图作为半球光源。

None：选择贴图通道。

分辨率：设置纹理贴图的分辨率，最高为 2048。

自适应：控制纹理的自适应数值，一般情况下数值默认即可。

进阶案例（1）——VR 灯光制作灯带

场景文件	05.max
案例文件	进阶案例——VR 灯光制作灯带 .max
视频教学	DVD/ 多媒体教学 /Chapter 08/ 进阶案例——VR 灯光制作灯带 .flv
难易指数	★★★☆☆
灯光方式	VR 灯光
技术掌握	掌握 VR 灯光的运用

在这个场景中，主要使用 VR 灯光制作灯带的效果。

（1）打开本书配套光盘中的【场景文件 /Chapter08/05.max】文件，如图 8-95 所示。

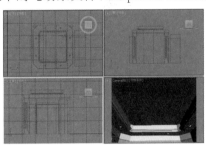

图 8-95

（2）单击 ✳【创建】→ ☝【灯光】按钮，设置【灯光类型】为【VRay】，单击 ▊VR灯光▊ 按钮，如图 8-96 所示。

（3）在顶视图中拖曳并创建 4 盏 VR 灯光，从下向上照射，如图 8-97 所示。在 ◌【修改】面板下设置【类型】为【平面】、【倍增器】为 5、【颜色】为黄色（红：254，绿：207，蓝：164）、【1/2 长】为 1200mm、【1/2 宽】为 100mm，选中【不可见】复选框，设置【细分】为 20，如图 8-98 所示。

图 8-96

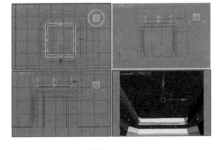

图 8-97

图 8-98

重点▶▶求生秘籍——技巧提示：VR 灯光作为灯带使用时，需注意其位置

很多时候，都会使用 VR 灯光放置到顶棚位置，用来模拟顶棚的灯带效果，这个方法是正确的。需要注意 VR 灯光的位置，VR 灯光一定要准确地放置到灯槽内，不要放置到墙体的内部，若不小心放置到墙体的内部，那么灯光将起不到作用，光也照射不出来。当然其他灯光也是如此，都不要将灯光放置到墙体里面，如图 8-99 所示。

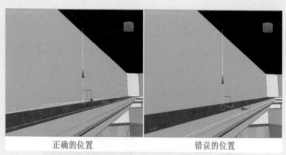

图 8-99

（4）继续在左视图中拖曳并创建一盏 VR 灯光，如图 8-100 所示。在 【修改】面板下设置【类型】为【平面】、【倍增器】为 10、【颜色】为蓝色（红：89，绿：125，蓝：240）、【1/2 长】为 1200mm、【1/2 宽】为 980mm、【细分】为 20，如图 8-101 所示。

（5）最终的渲染效果，如图 8-102 所示。

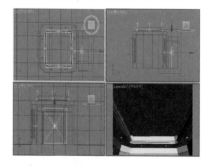

图 8-100

图 8-102

图 8-101

进阶案例（2）——VR 灯光制作吊灯

场景文件	06.max
案例文件	进阶案例——VR 灯光制作吊灯 .max
视频教学	DVD/ 多媒体教学 /**Chapter 08**/ 进阶案例——VR 灯光制作吊灯 .flv
难易指数	★★★☆☆
灯光方式	VR 灯光
技术掌握	掌握 VR 灯光的运用

在这个场景中，主要使用 VR 灯光制作吊灯的效果。

（1）打开本书配套光盘中的【场景文件 /Chapter08/06.max】文件，如图 8-103 所示。

（2）单击 ✴ 【创建】→ ⬙ 【灯光】按钮，设置【灯光类型】为【VRay】，单击 VR灯光 按钮，如图 8-104 所示。

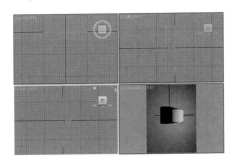

图 8-103

图 8-104

（3）在顶视图中拖曳并创建 1 盏 VR 灯光，放置到灯罩内，如图 8-105 所示。在 ⬙ 【修改】面板下设置【类型】为【球体】、【倍增器】为 80、【颜色】为黄色（红：237，绿：162，蓝：102）、【半径】为 9mm，选中【不可见】复选框，设置【细分】为 20，如图 8-106 所示。

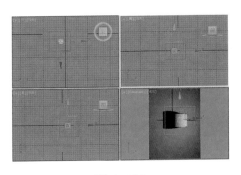

图 8-105

图 8-106

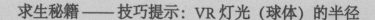

┌───┐
求生秘籍——技巧提示：VR 灯光（球体）的半径

　　一般来说，常用VR灯光(球体)来制作灯罩发出的灯光。但是需要设置合适的【半径】数值，该数值设置的过大、过小都不会出现真实的效果，那么怎么确定合适的【半径】呢？很简单，只需要按照现实中灯罩内灯泡的大小，或是灯泡占灯罩面积的大小进行设置就行了。
└───┘

　　（4）继续在前视图中创建1盏VR灯光，如图8-107所示。在 【修改】面板下设置【类型】为【平面】、【倍增器】为0.3、【颜色】为浅蓝色（红：190，绿：213，蓝：244）、【1/2 长】为89mm、【1/2 宽】为113mm，选中【不可见】复选框，设置【细分】为20，如图8-108所示。

　　（5）最终的渲染效果，如图8-109所示。

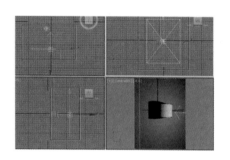

| 图 8-107 | 图 8-108 | 图 8-109 |

进阶案例（3）——VR 灯光制作夜晚

场景文件	07.max
案例文件	进阶案例——VR 灯光制作夜晚 .max
视频教学	DVD/ 多媒体教学 /Chapter 08/ 进阶案例——VR 灯光制作夜晚 .flv
难易指数	★★★☆☆
灯光方式	VR 灯光
技术掌握	掌握 VR 灯光的运用

　　在这个场景中，主要使用 VR 灯光制作夜晚的效果。

　　（1）打开本书配套光盘中的【场景文件 /Chapter08/07.max】文件，如图 8-110 所示。

　　（2）单击 ☀【创建】→ ⬚【灯光】按钮，设置【灯光类型】为【VRay】，单击 [VR灯光] 按钮，如图 8-111 所示。

　　（3）在顶视图中拖曳并创建一盏VR灯光，放置到吊灯内，如图 8-112 所示。在 【修改】

面板下设置【类型】为【球体】、【倍增器】为25、【颜色】为黄色（红：247，绿：173，蓝：124）、【半径】为100mm，选中【不可见】复选框，设置【细分】为20，如图8-113所示。

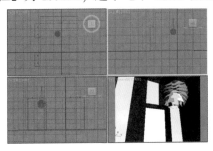

图 8-110

图 8-111

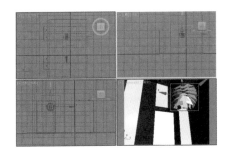

图 8-112

图 8-113

（4）继续在左视图中拖曳并创建两盏VR灯光，放置到窗口位置，如图8-114所示。在 【修改】面板下设置【类型】为【平面】、【倍增器】为60、【颜色】为蓝色（红：79，绿：125，蓝：194）、【1/2 长】为800mm、【1/2 宽】为1500mm，选中【不可见】复选框，设置【细分】为20，如图8-115所示。

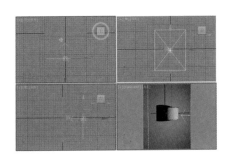

图 8-114

图 8-115

（5）最终的渲染效果，如图 8-116 所示。

图 8-116

重点▶▶进阶案例（4）——VR 灯光制作客厅柔和灯光

场景文件	10.max
案例文件	进阶案例——VR 灯光制作客厅柔和灯光 .max
视频教学	DVD/ 多媒体教学 /Chapter 08/ 进阶案例——VR 灯光制作客厅柔和灯光 .flv
难易指数	★★★☆☆
灯光方式	VR 灯光
技术掌握	掌握 VR 灯光制作柔和光照运用

在这个场景中，主要使用 VR 灯光制作客厅柔和灯光的效果。

（1）打开本书配套光盘中的【场景文件 /Chapter08/10.max】文件，如图 8-117 所示。

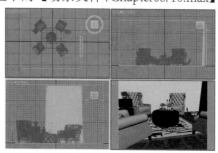

图 8-117

（2）单击 ❋【创建】→ ◎【灯光】按钮，设置【灯光类型】为【VRay】，单击 VR灯光 按钮，如图 8-118 所示。

（3）在左视图中拖曳并创建 1 盏 VR 灯光，放置到右侧窗口处，如图 8-119 所示。在 ◎【修改】面板下设置【类型】为【平面】、【倍增器】为 40、【颜色】为蓝色 (红: 89, 绿:

图 8-118

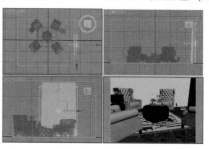

图 8-119

125，蓝：240）、【1/2 长】为 1200mm、【1/2 宽】为 980mm、【细分】为 15，如图 8-120 所示。

图 8-120

（4）在左视图中拖曳并创建 1 盏 VR 灯光，放置到场景左侧，如图 8-121 所示。在 【修改】面板下设置【类型】为【平面】、【倍增器】为 4、【颜色】为黄色（红：245，绿：198，蓝：117）、【1/2 长】为 1200mm、【1/2 宽】为 980mm，选中【不可见】复选框，设置【细分】为 15，如图 8-122 所示。

（5）最终的渲染效果，如图 8-123 所示。

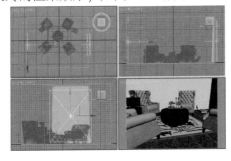

图 8-121

图 8-122

图 8-123

8.4.2 VR 太阳

【VR 太阳】是制作正午阳光最为方便、快捷的灯光，参数比较简单，并且可以快速地模拟出真实的阳光效果，以及真实的背景天空，如图 8-124 所示。

图 8-124

单击【VR 太阳】，如图 8-125 所示。此时会弹出【VR 太阳】对话框，单击【是】按钮即可，如图 8-126 所示。

【VR 太阳参数】如图 8-127 所示。

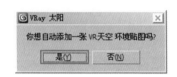

图 8-125   图 8-126   图 8-127

启用：控制灯光是否开启。

不可见：控制灯光是否可见。

影响漫反射：该选项用来控制是否影响漫反射。

影响高光：该选项用来控制是否影响高光。

投射大气阴影：该选项用来控制是否投射大气阴影效果。

浊度：控制空气中的清洁度，数值越大阳光就越暖，一般情况下白天正午的时候数值为3~5，下午的时候为数值6~9，傍晚的时候可以为15。阳光的冷暖也和自身与地面的角度有关，角度越垂直越冷，角度越小越暖。

臭氧：用来控制大气臭氧层的厚度，数值越大颜色越浅，数值越小颜色越深。

强度倍增：该数值用来控制灯光的强度，数值越大灯光越亮，数值越小灯光越暗。

大小倍增：该数值控制太阳的大小，数值越大太阳就越大，就会产生越虚的阴影效果。

过滤颜色：用来控制灯光的颜色，这也是 VRay 2.30 版本的一个新增功能。

阴影细分：该数值控制阴影的细腻程度，数值越大阴影噪点越少，数值越小阴影噪点越多。

阴影偏移：该数值用来控制阴影的偏移位置。

光子发射半径：用来控制光子发射的半径大小。

天空模型：该选项控制天空模型的方式，包括 Preetham et al.、CIE 清晰、CIE 阴天 3 种方式。

间接水平照明：该选项只有在天空模型方式选择为 CIE 清晰、CIE 阴天时才可以用。

？FAQ 常见问题解答：【VR 天空】贴图是怎么应用的？

在【VR 太阳】中一定会涉及【VR 天空】贴图。这是因为在创建【VR 太阳】时，会弹出【VRay 太阳】的窗口，提示是否选择为场景添加一张 VR 天空环境贴图，如图 8-128 所示。

此时单击【是】按钮，再改变【VR 太阳】中的参数，【VR 天空】的参数会自动发生变化。单击键盘上的数字键【8】可以打开【环境和效果】控制面板，然后单击【VR 天空】贴图拖曳到一个空白材质球上，并选中【实例】单选按钮，最后单击【确定】按钮，如图 8-129 所示。

图 8-128　　　　　　　　　　　　　图 8-129

此时选中【手动太阳节点】复选框，并设置相应的参数，可以单独控制【VR 天空】的效果，如图 8-130 所示。

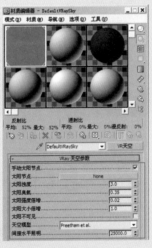

图 8-130

进阶案例（1）——VR 太阳制作阳光

场景文件	08.max
案例文件	进阶案例——VR 太阳制作阳光 .max
视频教学	DVD/ 多媒体教学 /Chapter 08/ 进阶案例——VR 太阳制作阳光 .flv
难易指数	★★★☆☆

灯光方式	VR 灯光
技术掌握	掌握 VR 太阳的运用

在这个场景中，主要使用 VR 太阳制作阳光的效果。

(1) 打开本书配套光盘中的【场景文件 /Chapter08/08.max】文件，如图 8-131 所示。

(2) 单击 【创建】→ 【灯光】按钮，设置【灯光类型】为【VRay】，单击 VR太阳 按钮，如图 8-132 所示。

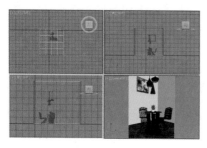

图 8-131

图 8-132

(3) 在前视图中拖曳并创建 1 盏 VR 太阳，使用【选择并移动】工具 调整位置，此时 VR 太阳的位置如图 8-133 所示。在弹出的【VR 太阳】对话框中单击【是】按钮，如图 8-134 所示。

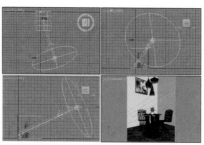

图 8-133

图 8-134

(4) 选择上一步创建的 VR 太阳灯光，然后在 【修改】面板下展开【VRay 太阳参数】卷展栏，设置【强度倍增】为 0.04、【大小倍增】为 10、【阴影细分】为 20，如图 8-135 所示。

(5) 最终的渲染效果，如图 8-136 所示。

图 8-135

图 8-136

重点▶进阶案例（2）——VR 太阳和 VR 灯光制作黄昏

场景文件	09.max
案例文件	进阶案例——VR 太阳和 VR 灯光制作黄昏 .max
视频教学	DVD/ 多媒体教学 /Chapter08/ 进阶案例——VR 太阳和 VR 灯光制作黄昏 .flv
难易指数	★★★☆☆
灯光方式	VR 太阳和 VR 灯光
技术掌握	掌握 VR 太阳和 VR 灯光的运用

在这个场景中，主要使用 VR 太阳和 VR 灯光制作黄昏的效果。

（1）打开本书配套光盘中的【场景文件 /Chapter08/09.max】文件，如图 8-137 所示。

（2）单击 ☀ 【创建】→ ◔ 【灯光】按钮，设置【灯光类型】为【VRay】，单击 VR太阳 按钮，如图 8-138 所示。

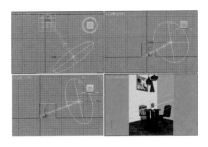

图 8-137　　　　　　　　　　　图 8-138

（3）在前视图中拖曳并创建 1 盏 VR 太阳，使用【选择并移动】工具 ✛ 调整位置，此时 VR 太阳的位置如图 8-139 所示。在弹出的【VR 太阳】对话框中单击【是】按钮，如图 8-140 所示。

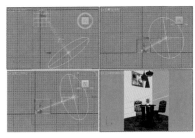

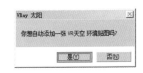

图 8-139　　　　　　　　　　　图 8-140

（4）选择上一步创建的 VR 太阳灯光，然后在 ◔ 【修改】面板下展开【VRay 太阳参数】卷展栏，设置【强度倍增】为 0.03、【大小倍增】为 10、【阴影细分】为 20，如图 8-141 所示。

（5）单击 ☀ 【创建】→ ◔ 【灯光】按钮，设置【灯光类型】为【VRay】，单击 VR灯光 按钮，如图 8-142 所示。

（6）在前视图中拖曳并创建 1 盏 VR 灯光，如图 8-143 所示。在 ◔ 【修改】面板下设置【类型】为【平面】、【倍增器】为5、【颜色】为黄色（红：226，绿：90，蓝：0）、【1/2 长】为383mm、【1/2 宽】为315mm，如图 8-144 所示。

（7）最终的渲染效果，如图 8-145 所示。

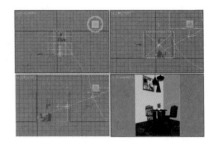

图 8-141   图 8-142   图 8-143

图 8-144   图 8-145

8.4.3 VRayIES

【VRayIES】是一个 V 型射线特定光源插件，可用来加载 IES 灯光，能使现实世界的光分布更加逼真（IES 文件）。VRayIES 和 MAX 中的光度学中的灯光类似，如图 8-146 所示。其参数面板，如图 8-147 所示。

图 8-146   图 8-147

启用：控制灯光是否开启。

启用视口着色：选中该选项后，可以启用视口的着色功能。

显示分布：选中该选项后，可以显示灯光的分布情况。

目标：该参数控制 VRayIES 灯光是否具有目标点。

　：指定的定义的光分布。

X/Y/Z 轴旋转：用来设置 X/Y/Z 三个轴向的旋转数值。

中止：该参数指定了一个光的强度，低于该值将无法计算。

阴影偏移：该参数控制阴影偏离投射对象的距离。

投影阴影：光投射阴影。关闭此选项禁用的光线阴影投射。

影响漫反射：该选项控制是否影响漫反射。

影响高光：该选项控制是否影响高光。

使用灯光图形：选中该选项，在 IES 光指定的光的形状将被考虑在计算阴影。

图形细分：这个值控制的 VRay 需要计算照明的样本数量。

颜色模式：该选项控制颜色模式，分为颜色和温度两种。

颜色：该选项控制光的颜色。

色温：当色彩模式设置为温度时，该参数决定了光的颜色温度（开尔文）。

功率：该选项控制灯光功率的强度。

区域高光：该参数默认开启。当该选项关闭时，光将呈现出一个点光源在镜面反射的效果。

排除... ：可以将任意一个或多个物体进行排除处理，使其不受到该灯光的照射影响。

8.4.4　VR 环境灯光

　　【VR 环境灯光】与【标准灯光】下的【天光】类似，主要用来控制整体环境的效果，如图 8-148 所示。其参数面板如图 8-149 所示。

图 8-148

图 8-149

启用：控制灯光是否开启。

模式：可以控制选择的模式。

GI 最小距离：该选项用来控制 GI 的最小距离数值。

颜色：指定哪些射线是由 VR 环境灯光影响的。

强度：控制 VR 环境灯光的强度。

灯光贴图：指定 VR 环境灯光的贴图。

打开灯光贴图：该选项用来控制是否开启灯光贴图功能。

灯光贴图倍增：该数值控制灯光贴图倍增的强度。

补偿曝光：VR 环境灯光和 VR 物理摄影机一起使用时，此选项生效。

Chapter 09
材质和贴图技术

本章学习要点：
- ᴧ 各类材质的参数详解。
- ᴧ 常用材质的设置方法。
- ᴧ 各类贴图的参数详解。
- ᴧ 常用贴图的设置方法。

9.1 认识材质

材质是指物体的质感、质地，是什么材料制成的。折射、反射都是指的材质的属性。例如，窗户是玻璃材质、叉子是金属材质、沙发是皮革材质等。不同的材质会出现不同的质感效果。图 9-1 所示为优秀的材质作品。

图 9-1

试一下： 设置一个材质

（1）例如，需要设置金属材质，首先考虑到的是使用【VRayMtl】材质，如图 9-2 所示。

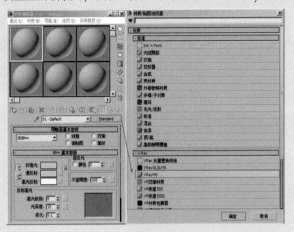

图 9-2

?FAQ常见问题解答：为什么我的材质类型中没有 VRayMtl 材质？

为什么别人都有 VRayMtl 材质，而我的 3ds Max 却没有？大部分初学者都会遇到这个问题。

（1）首先要确定是否成功安装了 VRay 渲染器，如本书使用的是 V-Ray Adv 2.40.03 版本。单击【渲染设置】按钮 ，打开渲染器设置。单击【产品级】后面的【选择渲染器】按钮 ···，此时可以看到右侧出现了列表，如果有 V-Ray Adv 2.40.03，则证明已经成功安装了 VRay 渲染器，如图 9-3 所示。

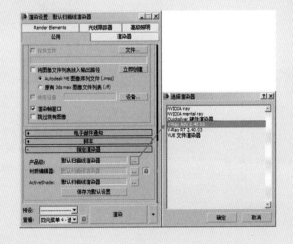

图 9-3

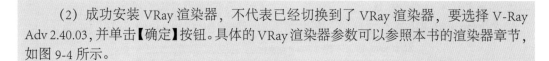

（2）成功安装 VRay 渲染器，不代表已经切换到了 VRay 渲染器，要选择 V-Ray Adv 2.40.03，并单击【确定】按钮。具体的 VRay 渲染器参数可以参照本书的渲染器章节，如图 9-4 所示。

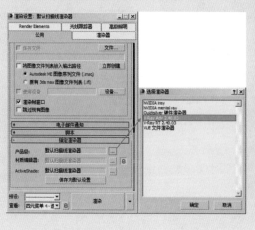

图 9-4

（2）根据金属的属性进行参数设置。例如，金属为灰色，有较强的反射，带有一点反射模糊效果，如图 9-5 所示。

（3）此时可以看到材质球的效果，如图 9-6 所示。

图 9-5

图 9-6

9.2 材质编辑器

3ds Max 中设置材质的过程都是在材质编辑器中进行的。【材质编辑器】是用于创建、改变和应用场景中的材质的对话框。

9.2.1 精简材质编辑器

精简材质编辑器是 3ds Max 最原始的材质编辑器，它在设计和编辑材质时使用层级的方式。

1. 菜单栏

菜单栏可以控制模式、材质、导航、选项、实用程序的相关参数，如图9-7所示。

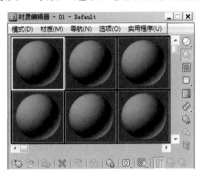

图 9-7

求生秘籍 —— 软件技能：打开材质编辑器的几种方法

1）按快捷键【M】，可以快速打开【材质编辑器】（这种方法有时候不可以使用）。

2）在界面右上方的主工具栏中单击【材质编辑器】按钮　　。

3）在菜单栏中单击【渲染】→【材质编辑器】→【精简材质编辑器】，如图9-8所示。

图 9-8

（1）【模式】菜单。

【模式】菜单主要用于切换材质编辑器的方式，包括【精简材质编辑器】和【Slate 材质编辑器】两种，可以来回切换，如图9-9和图9-10所示。

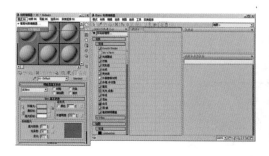

图 9-9   图 9-10

（2）【材质】菜单。

展开【材质】菜单，如图 9-11 所示。

（3）【导航】菜单。

展开【导航】菜单，如图 9-12 所示。

   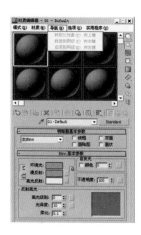

图 9-11   图 9-12

（4）【选项】菜单。

展开【选项】菜单，如图 9-13 所示。

（5）【实用程序】菜单。

展开【实用程序】菜单，如图 9-14 所示。

   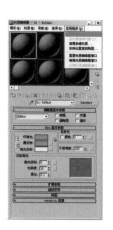

图 9-13   图 9-14

渲染贴图：对贴图进行渲染。

按材质选择对象：可以基于【材质编辑器】对话框中的活动材质来选择对象。

清理多维材质：对【多维 / 子对象】材质进行分析，然后在场景中显示所有包含未分配任何材质 ID 的材质。

实例化重复的贴图：在整个场景中查找具有重复【位图】贴图的材质，并提供将它们关联化的选项。

重置材质编辑器窗口：用默认的材质类型替换【材质编辑器】对话框中的所有材质。

精简材质编辑器窗口：将【材质编辑器】对话框中所有未使用的材质设置为默认类型。

还原材质编辑器窗口：利用缓冲区的内容还原编辑器的状态。

2. 材质球示例窗

材质球示例窗用来显示材质效果。它可以很直观地显示出材质的基本属性，如反光、纹理和凹凸等，如图 9-15 所示。

材质球示例窗中有 24 个材质球，可以设置 3 种显示方式。右键单击材质球，可以调节多种参数，如图 9-16 所示。

图 9-15

图 9-16

拖动 / 复制：将拖动示例窗设置为复制模式。选中该选项后，拖动示例窗时，材质会从一个示例窗复制到另一个，或者从示例窗复制到场景中的对象或材质按钮。

拖动 / 旋转：将拖动示例窗设置为旋转模式。

重置旋转：将采样对象重置为它的默认方向。

渲染贴图：渲染当前贴图，创建位图或 AVI 文件（如果位图有动画）。

选项：显示【材质编辑器选项】对话框。这相当于单击【选项】按钮。

放大：生成当前示例窗的放大视图。

按材质选择：根据示例窗中的材质选择对象。除非活动示例窗包含场景中使用的材质，否则此选项不可用。

在 ATS 对话框中高亮显示资源：如果活动材质使用的是已跟踪的资源（通常为位图纹理）的贴图，则打开【资源跟踪】对话框，同时资源高亮显示。

3×2 示例窗：以 3×2 阵列显示示例窗（默认值：6 个窗口）。

5×3 示例窗：以 5×3 阵列显示示例窗（15 个窗口）。

6×4 示例窗：以 6×4 阵列显示示例窗（24 个窗口）。

求生秘籍 —— 软件技能：材质球示例窗的四个角位置，代表的意义不同

（1）没有三角形：场景中没有使用的材质，如图 9-17 所示。

（2）轮廓为白色三角形：场景中该材质已经赋予给了某些模型，但是没有赋予给当前选择的模型，如图 9-18 所示。

（3）实心白色三角形：场景中该材质已经赋予给了某些模型，而且赋予给了当前选择的模型，如图 9-19 所示。

图 9-17　　　　　　图 9-18　　　　　　图 9-19

3. 工具栏按钮

【材质编辑器】对话框中的两排材质工具按钮，如图 9-20 所示。

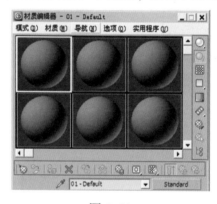

图 9-20

【获取材质】按钮 ：为选定的材质打开【材质 / 贴图浏览器】面板。

【将材质放入场景】按钮 ：在编辑好材质后，单击该按钮可更新已应用于对象的材质。

【将材质指定给选定对象】按钮 ：将材质赋予选定的对象。

? FAQ 常见问题解答：为什么制作完成材质后，看不到模型发生变化？

很多初学者时常会遇到一个问题，明明制作出了正确的材质，并且选择了模型，为什么该模型没有材质的变化？其实很简单，选择模型后还需要单击【将材质指定给选定对象】按钮 ，才能将当前的材质赋予给选择的模型。

【重置贴图 / 材质为默认设置】按钮 ：删除修改的所有属性，将材质属性恢复到默认值。

【生成材质副本】按钮：在选定的示例图中创建当前材质的副本。

【使唯一】按钮：将实例化的材质设置为独立的材质。

【放入库】按钮：重新命名材质并将其保存到当前打开的库中。

【材质 ID 通道】按钮：为应用后期制作效果设置唯一的通道 ID。

【在视口中显示标准贴图】按钮：在视口的对象上显示 2D 材质贴图。

【显示最终结果】按钮：在实例图中显示材质以及应用的所有层次。

【转到父对象】按钮：将当前材质上移一级。

【转到下一个同级项】按钮：选定同一层级的下一贴图或材质。

【采样类型】按钮：控制示例窗显示的对象类型，默认为球体类型，还有圆柱体和立方体类型。

【背光】按钮：打开或关闭选定示例窗中的背景灯光。

【背景】按钮：在材质后面显示方格背景图像，在观察透明材质时非常有用。

【采样 UV 平铺】按钮：为示例窗中的贴图设置 UV 平铺显示。

【视频颜色检查】按钮：检查当前材质中 NTSC 和 PAL 制式不支持的颜色。

【生成预览】按钮：用于产生、浏览和保存材质预览渲染。

【选项】按钮：打开【材质编辑器选项】对话框，该对话框中包含启用材质动画、加载自定义背景、定义灯光亮度或颜色以及设置示例窗数目的一些参数。

【按材质选择】按钮：选定使用当前材质的所有对象。

【材质 / 贴图导航器】按钮：单击该按钮可以打开【材质 / 贴图导航器】对话框，在该对话框中会显示当前材质的所有层级。

> **？FAQ 常见问题解答：之前制作的材质，赋予给物体后，在材质球找不到了，怎么办？**
>
> 例如，场景中有多个物体，需要找到红色茶壶的材质，如图 9-21 所示。
>
> 首先需要打开材质编辑器，然后单击一个材质球，如图 9-22 所示。
>
>
>
> 图 9-21

接着单击【从对象拾取材质】工具 ，在场景中对着红色茶壶模型单击鼠标，可以看到需要的材质球被找到了，如图 9-23 所示。

图 9-22　　　　　　　　　　　　　图 9-23

4. 参数控制区

（1）明暗器基本参数。

【明暗器基本参数】卷展栏有 8 种明暗器类型可以选择，还可以设置线框、双面、面贴图和面状等参数，如图 9-24 所示。

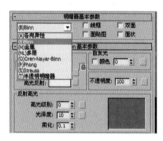

图 9-24

1）明暗器下拉列表：明暗器下拉列表包含以下 8 种类型。

（A）各向异性：各向异性明暗器使用椭圆，"各向异性"高光创建表面。如果为头发、玻璃或磨沙金属建模，这些高光很有用，如图 9-25 所示。

（B）Blinn：Blinn 明暗处理是 Phong 明暗处理的细微变化。最明显的区别是高光显示弧形，如图 9-26 所示。

（M）金属：金属明暗处理提供效果逼真的金属表面以及各种看上去像有机体的材质，如图 9-27 所示。

（ML）多层：【（ML）多层】明暗器与【（A）各向异性】明暗器很相似，但【（ML）多层】可以控制两个高亮区，因此【（ML）多层】明暗器拥有对材质更多的控制，第 1 高光反射层和第 2 高光反射层具有相同的参数控制，可以对这些参数使用不同的设置。

图 9-25　　　　　　　　图 9-26　　　　　　　　图 9-27

（O）Oren-Nayar-Blinn：与（B）Blinn 明暗器几乎相同，通过它附加的【漫反射级别】和【粗糙度】两个参数可以实现无光效果。此明暗器适合无光曲面，如布料、陶瓦等，如图 9-28 所示。

（P）Phong：Phong 明暗处理可以平滑面之间的边缘，也可以真实地渲染有光泽、规则曲面的高光，如图 9-29 所示。

（S）Strauss：这种明暗器适用于金属和非金属表面，与【（M）金属】明暗器十分相似，如图 9-30 所示。

图 9-28　　　　　　　　图 9-29　　　　　　　　图 9-30

（T）半透明明暗器：这种明暗器与（B）Blinn 明暗器类似，与（B）Blinn 明暗器相比较，最大的区别在于它能够设置半透明效果，使光线能够穿透这些半透明的物体，并且在穿过物体内部时离散，如图 9-31 所示。

图 9-31

2）线框：以线框模式渲染材质，用户可以在扩展参数上设置线框的大小。

3）双面：将材质应用到选定的面，使材质成为双面。

4）面贴图：将材质应用到几何体的各个面。如果材质是贴图材质，则不需要贴图坐标，因为贴图会自动应用到对象的每一个面。

5）面状：使对象产生不光滑的明暗效果，把对象的每个面作为平面来渲染，可以用于制作加工过的钻石、宝石或任何带有硬边的表面。

（2）Blinn 基本参数。

下面以（B）Blinn 明暗器来讲解明暗器的基本参数。展开【Blinn 基本参数】卷展栏，在这里可以设置【环境光】、【漫反射】、【高光反射】、【自发光】、【不透明度】、【高光级别】、【光泽度】和【柔化】等属性，如图 9-32 所示。

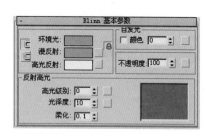

图 9-32

环境光：环境光用于模拟间接光，如室外场景的大气光线，也可以用来模拟光能传递。

漫反射：【漫反射】是在光照条件较好的情况下，物体反射出来的颜色，又被称为物体的【固有色】，也就是物体本身的颜色。

高光反射：物体发光表面高亮显示部分的颜色。

自发光：使用【漫反射】颜色替换曲面上的任何阴影，从而创建出白炽效果。

不透明度：控制材质的不透明度。

高光级别：控制反射高光的强度。数值越大，反射强度越高。

光泽度：控制镜面高亮区域的大小，即反光区域的尺寸。数值越大，反光区域越小。

柔化：影响反光区和不反光区衔接的柔和度。

（3）扩展参数。

【扩展参数】卷展栏对于【标准】材质的所有明暗处理类型都是相同的。它具有与透明度和反射相关的控件，还有【线框】模式的选项，如图 9-33 所示。

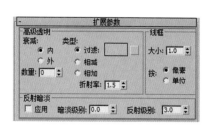

图 9-33

内：向着对象的内部增加不透明度，就像在玻璃瓶中一样。

外：向着对象的外部增加不透明度，就像在烟雾云中一样。

数量：指定最外或最内的不透明度的数量。

类型：这些控件选择如何应用不透明度。

折射率：设置折射贴图和光线跟踪所使用的折射率 (IOR)。

大小：设置线框模式中线框的大小。可以按像素或当前单位进行设置。

按：选择度量线框的方式。

（4）超级采样。

【超级采样】卷展栏可用于建筑、光线跟踪、标准和 Ink 'n Paint 材质。该卷展栏用于选择超级采样方法。超级采样在材质上执行一个附加的抗锯齿过滤，如图 9-34 所示。

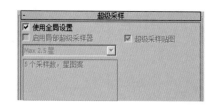

图 9-34

使用全局设置：启用此选项后，对材质使用【默认扫描线渲染器】卷展栏中设置的超级采样选项。

（5）贴图。

此卷展栏能够将贴图或明暗器指定给许多标准材

质参数。【数量】控制该贴图影响材质的数量，用完全强度的百分比表示。例如，处在 100% 的漫反射贴图是完全不透光的，会遮住基础材质；处在 50% 的漫反射贴图为半透明的，将显示基础材质（漫反射、环境光和其他无贴图的材质颜色）。其参数面板，如图 9-35 所示。

9.2.2　Slate 材质编辑器

　　Slate（板岩）材质编辑器是一个材质编辑器界面，它在设计和编辑材质时使用节点和关联以图形方式显示材质的结构。它是精简材质编辑器的替代项。Slate 材质编辑器最突出的特点是其包括【材质 / 贴图浏览器】，可以在其中浏览材质、贴图、基础材质和贴图类型；当前活动视图，可以在其中组合材质和贴图；以及参数编辑器，可以在其中更改材质和贴图设置。图 9-36 所示为其参数面板。

图 9-35

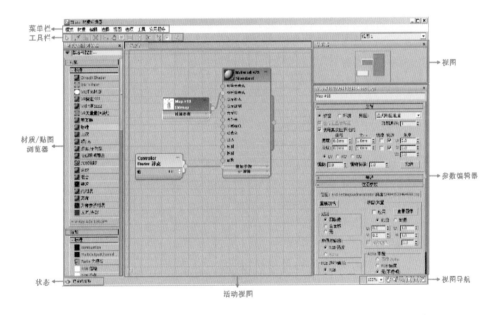

图 9-36

9.3　常用的材质类型

　　材质的类型非常多，不同的材质有不同的用途，如 Ink'n Paint 材质只适合制作卡通材质，而不能制作玻璃材质。安装 VRay 渲染器后，材质类型大致可分为 27 种。单击【材质类型】按钮 Arch & Design ，在弹出的【材质 / 贴图浏览器】对话框中可以观察到这 27 种材质类型，如图 9-37 所示。

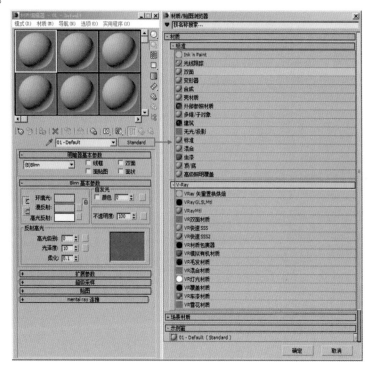

图 9-37

DirectX Shader：该材质可以保存为 fx 文件，并且在启用了 Directx3D 显示驱动程序后才可用。

Ink'n Paint：通常用于制作卡通效果。

VR 灯光材质：可以制作发光物体的材质效果。

VR 快速 SSS：可以制作半透明的 SSS 物体材质效果，如玉石。

VR 快速 SSS2：可以制作半透明的 SSS 物体材质效果，如皮肤。

VR 矢量置换烘焙：可以制作矢量的材质效果。

变形器：配合【变形器】修改器一起使用，能产生材质融合的变形动画效果。

标准：系统默认的材质，是最常用的材质。

虫漆：用来控制两种材质混合的数量比例。

顶 / 底：为一个物体指定不同的材质，一个在顶端，一个在底端，中间交互处可以产生过渡效果。

多维 / 子对象：将多个子材质应用到单个对象的子对象。

高级照明覆盖：配合光能传递使用的一种材质，能很好地控制光能传递和物体之间的反射比。

光线跟踪：可以创建真实的反射和折射效果，并且支持雾、颜色浓度、半透明和荧光等效果。

合成：将多个不同的材质叠加在一起，包括一个基本材质和 10 个附加材质，通过添加排除和混合能够创造出复杂多样的物体材质，常用来制作动物和人体皮肤、生锈的金属以及复杂的岩石等物体。

混合：将两个不同的材质融合在一起，根据融合度的不同来控制两种材质的显示程度。

建筑：主要用于表现建筑外观的材质。

壳材质：专门配合【渲染到贴图】命令一起使用，其作用是将【渲染到贴图】命令产生的贴图再贴回物体造型中。

双面：可以为物体内外或正反表面分别指定两种不同的材质，如纸牌和杯子等。

外部参照材质：参考外部对象或参考场景相关运用资料。

无光 / 投影：主要作用是隐藏场景中的物体，渲染时也观察不到，不会对背景进行遮挡，但可遮挡其他物体，并且能产生自身投影和接受投影的效果。

VR 模拟有机材质：该材质可以呈现出 V-Ray 程序的 DarkTree 着色器效果。

VR 材质包裹器：该材质可以有效地避免色溢现象。

VR 车漆材质：一种模拟金属汽车漆的材质。

VR 覆盖材质：可以让用户更广泛地去控制场景的色彩融合、反射、折射等。

VR 混合材质：常用来制作两种材质混合在一起的效果，如带有花纹的玻璃。

VR 双面材质：可以模拟带有双面属性的材质效果。

VRayMtl：该材质是使用范围最广泛的一种材质，常用于制作室内外效果图。该材质适合制作带有反射和折射的材质。

VRayGLSLMtl：该材质可以设置 OpenGL 着色语言材质。

VR 毛发材质：该材质可以设置出毛发效果。

VR 雪花材质：该材质可以设置出雪花效果。

9.3.1 标准材质

标准材质是 3ds Max 最基本的材质，可以完成一些基本的材质效果的制作。单击【材质类型】按钮 Standard ，然后选择【标准】，最后单击【确定】按钮即可，如图 9-38 所示。

图 9-39 所示为使用标准材质制作的乳胶漆材质和布纹材质。

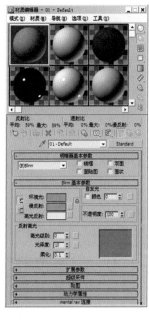

图 9-38

图 9-39

进阶案例 —— 标准材质制作条纹壁纸

场景文件	01.max
案例文件	进阶案例 —— 标准材质制作条纹壁纸 .max
视频教学	DVD/ 多媒体教学 /Chapter 09/ 进阶案例 —— 标准材质制作条纹壁纸 .flv
难易指数	★★☆☆☆
技术掌握	掌握标准材质、位图贴图、凹凸的应用

在这个场景中，主要讲解利用标准材质制作条纹壁纸材质，最终渲染效果如图 9-40 所示。

（1）打开本书配套光盘中的【场景文件 /Chapter09/01.max】文件，如图 9-41 所示。

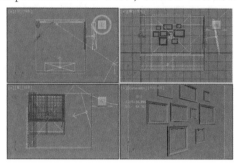

图 9-40   图 9-41

（2）单击一个材质球，将材质命名为【条纹壁纸】，展开【贴图】卷展栏，在【漫反射颜色】和【凹凸】后面的通道上分别加载【壁纸 .jpg】贴图文件，展开【坐标】卷展栏，设置【瓷砖 U】为 3，最后在【凹凸数量】后面的文本框中输入 30，如图 9-42 所示。

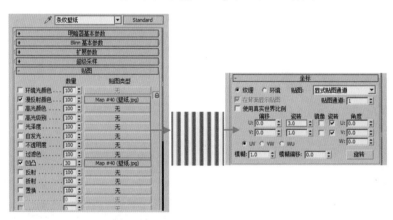

图 9-42

（3）制作后的材质球如图 9-43 所示。

（4）将制作完毕的条纹壁纸材质赋给场景中的模型，如图 9-44 所示。

（5）最终渲染效果，如图 9-45 所示。

图 9-43

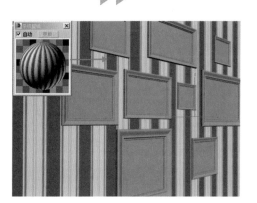

图 9-44　　　　　　　　　　　　　　图 9-45

9.3.2　VRayMtl

VRayMtl 是目前应用最为广泛的材质类型。该材质可以模拟超级真实的反射和折射等效果，如图 9-46 所示。

图 9-46

图 9-47 所示为使用标准材质制作的玻璃材质和木地板材质。

图 9-47

1. 基本参数

展开【基本参数】卷展栏，如图 9-48 所示。

（1）漫反射。

漫反射：物体的固有色。单击其右边的 █ 按钮可以选择不同的贴图类型。

粗糙度：数值越大，粗糙效果越明显，可以用该选项来模拟绒布的效果。

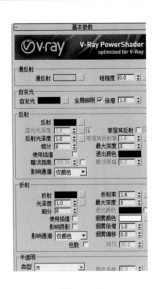

图 9-48

求生秘籍——技巧提示：【漫反射】通道的作用

漫反射被称为固有色，用来控制物体的基本颜色。当单击【漫反射】右边的 ▉ 按钮添加贴图时，漫反射颜色将不再起作用。

（2）自发光。

自发光：该选项控制自发光的颜色。

全局照明：该选项控制是否开启全局照明。

倍增：该选项控制自发光的强度。

（3）反射。

反射：反射颜色控制反射的强度，颜色越深反射越弱、颜色越浅反射越强。

高光光泽度：控制材质的高光大小，默认情况下和【反射光泽度】一起关联控制，可以通过单击旁边的【锁】按钮 ▙ 来解除锁定，从而可以单独调整高光的大小。

反射光泽度：该选项可以产生【反射模糊】效果，数值越小反射模糊效果越强烈。

细分：用来控制反射的品质，数值越大效果越好，但是渲染速度越慢。

使用插值：选中该参数，VRay 能够使用类似于【发光贴图】的缓存方式来加快反射模糊的计算。

暗淡距离：该选项用来控制暗淡距离的数值。

影响通道：该选项用来控制是否影响通道。

菲涅耳反射：选中该选项后，反射强度会与物体的入射角度有关系，入射角度越小，反射越强烈。当垂直入射的时候，反射强度最弱。

求生秘籍——技巧提示：【菲涅耳反射】

【菲涅耳反射】是模拟真实世界中的一种反射现象，反射的强度与摄影机的视点和具有反射功能的物体的角度有关。角度值接近 0 时，反射最强；当光线垂直于表面时，反射功能最弱，这也是物理世界中的现象。

菲涅耳折射率：在【菲涅耳反射】中，菲涅耳现象的强弱衰减率可以用该选项来调节。

最大深度：指反射的次数，数值越高效果越真实，但渲染时间也更长。

退出颜色：当物体的反射次数达到最大次数时就会停止计算反射，这时由于反射次数不够造成的反射区域的颜色就用退出色来代替。

暗淡衰减：该选项用来控制暗淡衰减的数值。

（4）折射。

折射：折射颜色控制折射的强度，颜色越深折射越弱、颜色越浅折射越强。

光泽度：用来控制物体的折射模糊程度，如制作磨砂玻璃。数值越小，模糊程度越明显。

细分：用来控制折射模糊的品质，数值越大效果越好，但是渲染速度越慢。

使用插值：选中该选项，VRay 能够使用类似于【发光贴图】的缓存方式来加快【光泽度】的计算。

影响阴影：该选项用来控制透明物体产生的阴影。若选中该选项，透明物体将产生真实的阴影。注意，该选项仅对【VRay 光源】和【VRay 阴影】有效。

影响通道：该选项控制是否影响通道效果。

色散：该选项控制是否使用色散。

折射率：设置物体的折射率。

求生秘籍 —— 技巧提示：常用材质的折射率

真空的折射率是 1，水的折射率是 1.33，玻璃的折射率是 1.5，水晶的折射率是 2，钻石的折射率是 2.4，这些都是制作效果图常用的折射率。

最大深度：该选项控制反射的最大深度数值。

退出颜色：该选项控制退出的颜色。

烟雾颜色：该选项控制折射物体的颜色，可以通过调节该选项的颜色产生出彩色的折射效果。

烟雾倍增：可以理解为烟雾的浓度。值越大，雾越浓，光线穿透物体的能力越差。

烟雾偏移：控制烟雾的偏移，较低的值会使烟雾向摄影机的方向偏移。

（5）半透明。

类型：半透明效果的类型有 3 种，一种是【硬（腊）模型】，如蜡烛；另一种是【软（水）模型】，如海水；还有一种是【混合模型】。

背面颜色：用来控制半透明效果的颜色。

厚度：用来控制光线在物体内部被追踪的深度，也可以理解为光线的最大穿透能力。较大的值，会让整个物体都被光线穿透；较小的值，可以让物体比较薄的地方产生半透明现象。

散布系数：物体内部的散射总量。0 表示光线在所有方向被物体内部散射；1 表示光线在一个方向被物体内部散射，而不考虑物体内部的曲面。

正 / 背面系数：控制光线在物体内部的散射方向。0 表示光线沿着灯光发射的方向向前散射，1 表示光线沿着灯光发射的方向向后散射，0.5 表示这两种情况各占一半。

灯光倍增：设置光线穿透能力的倍增值。值越大，散射效果越强。

2. 双向反射分布函数

展开【双向反射分布函数】卷展栏，如图 9-49 所示。

明暗器列表：包含 3 种明暗器类型，分别是多面、反射和沃德。多面适合硬度很高的物体，高光区很小；反射适合大多数物体，高光区适中；沃德适合表面柔软或粗糙的物体，高光区最大。

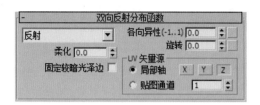

图 9-49

各向异性：控制高光区域的形状，可以用该参数来设置拉丝效果。

旋转：控制高光区的旋转方向。

UV 矢量源：控制高光形状的轴向，也可以通过贴图通道来设置。

?FAQ 常见问题解答：带有特殊的高光反射形状的材质怎么设置？

在现实中很多材质表面的高光反射并不是一样的，因此设置正确的高光反射形状对于材质质感的把握是非常重要的，如图 9-50 所示。

图 9-50

设置【双向反射分布函数】为【反射】，并设置【各向异性】为 0.6，如图 9-51 所示。此时的材质球效果，如图 9-52 所示。

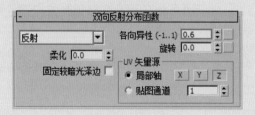

图 9-51

图 9-52

设置【双向反射分布函数】为【沃德】，并设置【各向异性】为 0.6、【旋转】为 45，如图 9-53 所示。此时的材质球效果，如图 9-54 所示。

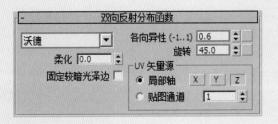

图 9-53　　　　　　　　　　　图 9-54

3. 选项

展开【选项】卷展栏，如图 9-55 所示。

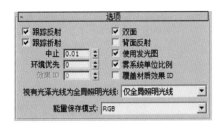

图 9-55

跟踪反射：控制光线是否追踪反射。如果不选中该选项，VRay 将不渲染反射效果。

跟踪折射：控制光线是否追踪折射。如果不选中该选项，VRay 将不渲染折射效果。

中止：中止选定材质的反射和折射的最小阈值。

环境优先：控制【环境优先】的数值。

效果 ID：该选项控制设置效果的 ID。

双面：控制 VRay 渲染的面是否为双面。

背面反射：选中该选项时，将强制 VRay 计算反射物体的背面产生反射效果。

使用发光图：控制选定的材质是否使用【发光图】。

雾系统单位比例：该选项控制是否启用雾系统的单位比例。

覆盖材质效果 ID：该选项控制是否启用覆盖材质效果的 ID。

视有光泽光线为全局照明光线：该选项在效果图制作中一般都默认设置为【仅全局光线】。

能量保存模式：该选项在效果图制作中一般都默认设置为 RGB 模型，因为这样可以得到彩色效果。

4. 贴图

展开【贴图】卷展栏中，如图 9-56 所示。

凹凸：主要用于制作物体的凹凸效果，在后面的通

图 9-56

道中可以加载凸凹贴图。

置换：主要用于制作物体的置换效果，在后面的通道中可以加载置换贴图。

透明：主要用于制作透明物体，如窗帘、灯罩等。

环境：主要是针对上面的一些贴图而设定的，如反射、折射等，只是在其贴图的效果上加入了环境贴图效果。

5. 反射插值和折射插值

展开【反射插值】和【折射插值】卷展栏，如图9-57所示。该卷展栏下的参数只有在【基本参数】卷展栏中的【反射】或【折射】选项区中选中【使用插值】选项时才起作用。

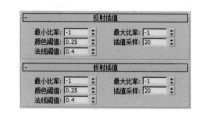

图9-57

最小比率：在反射对象不丰富的区域使用该参数所设置的数值进行插补。数值越高，精度就越高，反之精度就越低。

最大比率：在反射对象比较丰富的区域使用该参数所设置的数值进行插补。数值越高，精度就越高，反之精度就越低。

颜色阈值：指插值算法的颜色敏感度。值越大，敏感度就越低。

法线阈值：指物体的交接面或细小的表面的敏感度。值越大，敏感度就越低。

插补采样：用于设置反射插值时所用的样本数量。值越大，效果越平滑模糊。

求生秘籍——技巧提示：【反射差值】和【折射差值】

由于【折射插值】卷展栏中的参数与【反射插值】卷展栏中的参数相似，因此这里不再进行讲解。【折射插值】卷展栏中的参数只有在【基本参数】卷展栏中的【折射】选项区中选中【使用插值】选项时才起作用。

重点▶进阶案例（1）——VRayMtl 材质制作大理石

场景文件	02.max
案例文件	进阶案例——VRayMtl 材质制作大理石 .max
视频教学	DVD/ 多媒体教学 /Chapter 09/ 进阶案例——VRayMtl 材质制作大理石 .flv
难易指数	★★★☆☆
技术掌握	掌握 VRayMtl 材质、位图贴图、平铺程序贴图的应用

在这个场景中，主要讲解利用 VRayMtl 材质制作大理石材质，最终渲染效果如图9-58所示。

（1）打开本书配套光盘中的【场景文件 /Chapter09/02.max】文件，如图9-59所示。

（2）按【M】键，打开【材质编辑器】对话框，选择第一个材质球，单击 Standard （标准）按钮，在弹出的【材质 / 贴图浏览器】对话框中选择【VRayMtl】材质，如图9-60所示。

（3）将材质命名为【大理石】，在【漫反射】后面的通道上加载【平铺】程序贴图，展开【高级控制】卷展栏，在【纹理】后面的通道上加载【z2.jpg】贴图文件，设置【水平数】为12、【垂直数】为17、【水平间距】为0.01、【垂直间距】为0.01、【随机种子】为14390、【反射】颜色为灰色（红：67，绿：67，蓝：67）、【反射光泽度】为0.95、【细分】为20，如图9-61所示。

图 9-58

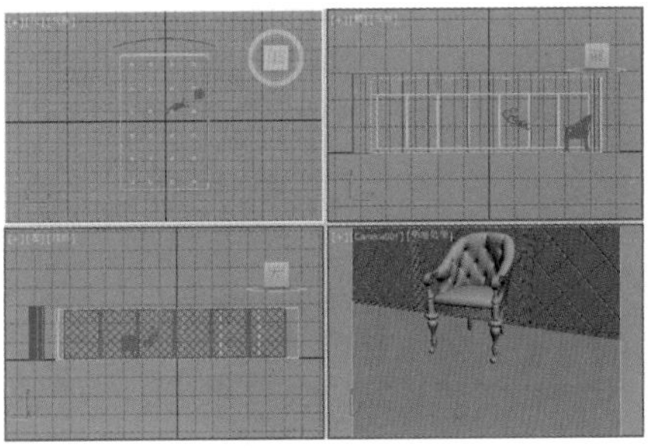

图 9-59

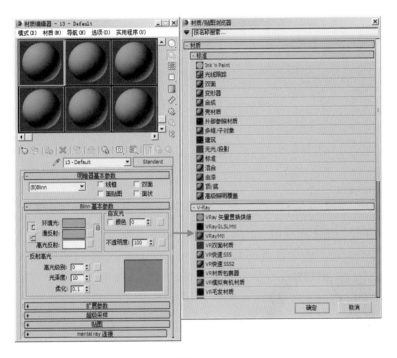

图 9-60

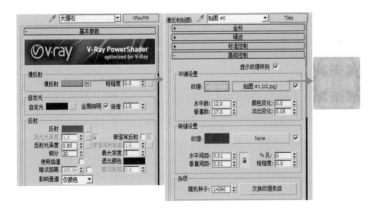

图 9-61

（4）制作后的材质球如图 9-62 所示。

（5）将制作完毕的磨砂金属材质赋给场景中的模型，如图 9-63 所示。

图 9-62

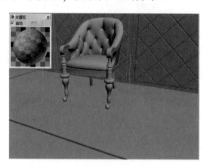

图 9-63

（6）最终渲染效果，如图 9-58 所示。

重点▶▶进阶案例（2）——VRayMtl 材质制作镜子

场景文件	03.max
案例文件	进阶案例——VRayMtl 材质制作镜子 .max
视频教学	DVD/ 多媒体教学 /Chapter 09/ 进阶案例 ——VRayMtl 材质制作镜子 .flv
难易指数	★★★☆☆
技术掌握	掌握 VRayMtl 材质的应用

在这个场景中，主要讲解利用 VRayMtl 材质制作镜子材质，最终渲染效果如图 9-64 所示。

（1）打开本书配套光盘中的【场景文件 /Chapter09/03.max】文件，如图 9-65 所示。

图 9-64

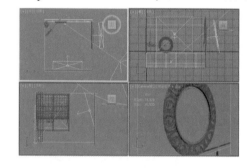

图 9-65

（2）按【M】键，打开【材质编辑器】对话框，选择第一个材质球，单击 Standard （标准）按钮，在弹出的【材质 / 贴图浏览器】对话框中选择【VRayMtl】材质，如图 9-66 所示。

（3）将材质命名为【镜子】，设置【漫反射】颜色为白色（红：255，绿：255，蓝：255）、【反射】颜色为白色（红：255，绿：255，蓝：255）、【高光光泽度】为 0.95，如图 9-67 所示。

（4）制作后的材质球如图 9-68 所示。

（5）将制作完毕的镜子材质赋给场景中的模型，如图 9-69 所示。

（6）最终渲染效果，如图 9-64 所示。

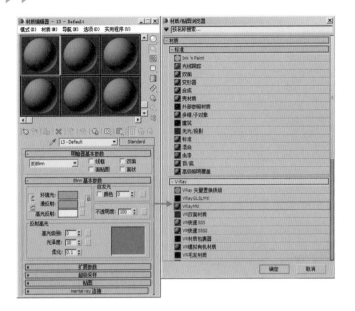

图 9-66

图 9-67

图 9-68

图 9-69

重点▶进阶案例（3）——VRayMt1 材质制作木地板

场景文件	04.max
案例文件	进阶案例——VRayMtl 材质制作木地板 .max
视频教学	DVD/ 多媒体教学 /**Chapter 09**/ 进阶案例——VRayMtl 材质制作木地板 .flv
难易指数	★★★☆☆
技术掌握	掌握 VRayMtl 材质、位图贴图、凹凸的应用

在这个场景中，主要讲解利用 VRayMtl 材质制作木地板材质，最终渲染效果如图 9-70 所示。

（1）打开本书配套光盘中的【场景文件 /Chapter09/04.max】文件，如图 9-71 所示。

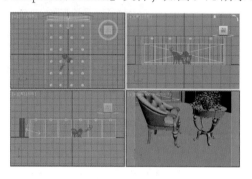

图 9-70　　　　　　　　　　　　　　　图 9-71

（2）按【M】键，打开【材质编辑器】对话框，选择第一个材质球，单击 Standard （标准）按钮，在弹出的【材质 / 贴图浏览器】对话框中选择【VRayMtl】材质，如图 9-72 所示。

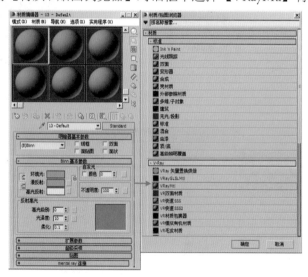

图 9-72

（3）将材质命名为【木地板】，展开【贴图】卷展栏，在【漫反射】和【凹凸】后面的通道上分别加载【木地板 .jpg】贴图文件，展开【坐标】卷展栏，设置【瓷砖 U】为 5、【瓷砖 V】为 10。在【凹凸】后面的文本框中输入 50，如图 9-73 所示。

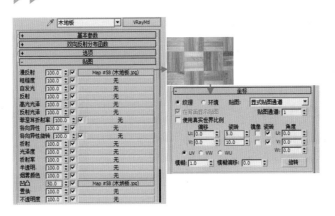

图 9-73

求生秘籍——软件技能：凹凸贴图的快速添加

本案例中需要制作与地板贴图一致的凹凸纹理，因此需要在【凹凸】通道上加载与【漫反射】通道上一样的贴图以及相应的参数。如果重新设置，比较麻烦，可以使用快捷方法。

鼠标左键单击并拖曳【漫反射】后面的通道，到【凹凸】后面的通道上松开鼠标左键，并在弹出的【复制（实例）贴图】对话框中选中【实例】复选框，如图 9-74 所示。

此时可以看到【凹凸】通道上也有了相应的贴图，如图 9-75 所示。

图 9-74

图 9-75

（4）展开【基本参数】卷展栏，设置【反射】颜色为灰色（红：56，绿：56，蓝：56）、【高光光泽度】为 0.8、【反射光泽度】为 0.82、【细分】为 20，如图 9-76 所示。

（5）制作后的材质球如图 9-77 所示。

（6）将制作完毕的木地板材质赋给场景中的模型，如图 9-78 所示。

（7）最终渲染效果，如图 9-70 所示。

图 9-76

图 9-77

图 9-78

重点▶▶进阶案例（4）——VRayMtl 材质制作陶瓷

场景文件	05.max
案例文件	进阶案例——VRayMtl 材质制作陶瓷 .max
视频教学	DVD/ 多媒体教学 /Chapter 09/ 进阶案例——VRayMtl 材质制作陶瓷 .flv
难易指数	★★★☆☆
技术掌握	掌握 VRayMtl 材质、位图贴图的应用

在这个场景中，主要讲解利用 VRayMtl 材质制作陶瓷材质，最终渲染效果如图 9-79 所示。

（1）打开本书配套光盘中的【场景文件 /Chapter09/05.max】文件，如图 9-80 所示。

图 9-79

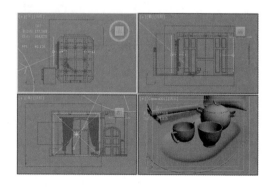

图 9-80

（2）按【M】键，打开【材质编辑器】对话框，选择第一个材质球，单击 Standard （标准）按钮，在弹出的【材质/贴图浏览器】对话框中选择【VRayMtl】材质，如图 9-81 所示。

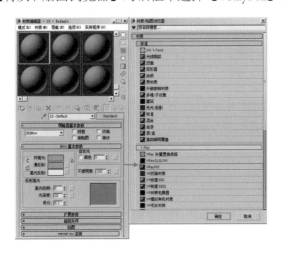

图 9-81

（3）将材质命名为【陶瓷】，在【漫反射】后面的通道上加载【Archmodels57_063.jpg】贴图文件，设置【反射】颜色为白色（红：255，绿：255，蓝：255），选中【菲涅耳反射】复选框，设置【反射光泽度】为 0.9、【细分】为 20，如图 9-82 所示。

（4）制作后的材质球如图 9-83 所示。

图 9-82　　　　　　　　　　　图 9-83

（5）将制作完毕的陶瓷材质赋给场景中的模型，如图 9-84 所示。

图 9-84

（6）最终渲染效果，如图 9-79 所示。

9.3.3 VR 灯光材质

【VR 灯光材质】可以模拟真实的材质发光的效果，常用来制作霓虹灯、火焰等材质。如图 9-85 所示为使用 VR 灯光材质制作的天空材质和火焰材质。

图 9-85

若设置渲染器为 VRay 渲染器，则在【材质 / 贴图浏览器】对话框中可以找到【VR 发光材质】，其参数设置面板如图 9-86 所示。

图 9-86

颜色：设置对象自发光的颜色，后面的文本框用设置设置自发光的【强度】。

不透明度：可以在后面的通道中加载贴图。

背面发光：开启该选项后，物体会双面发光。

补偿摄影机曝光：控制相机曝光补偿的数值。

倍增颜色的不透明度：选中该复选框后，将按照控制不透明度与颜色相乘。

重点▶▶进阶案例 ——VR 灯光材质制作背景

场景文件	06.max
案例文件	进阶案例 ——VR 灯光材质制作背景 .max
视频教学	DVD/ 多媒体教学 /Chapter 09/ 进阶案例 ——VR 灯光材质制作背景 .flv
难易指数	★★★☆☆
技术掌握	掌握 VR 灯光材质、位图贴图的应用

在这个场景中，主要讲解利用 VR 灯光材质制作背景材质，最终渲染效果如图 9-87 所示。

（1）打开本书配套光盘中的【场景文件 /Chapter09/06.max】文件，如图 9-88 所示。

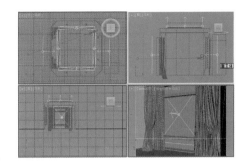

图 9-87   图 9-88

（2）按【M】键，打开【材质编辑器】对话框，选择第一个材质球，单击 Standard （标准）按钮，在弹出的【材质 / 贴图浏览器】对话框中选择【VR 灯光材质】材质，如图 9-89 所示。

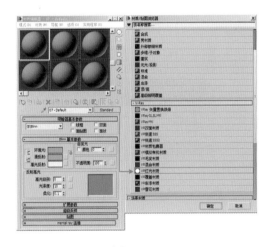

图 9-89

（3）将材质命名为【背景】，在【颜色】后面的通道上加载【背景 (2).jpg】贴图文件，设置【颜色强度】为 2，如图 9-90 所示。

（4）制作后的材质球如图 9-91 所示。

图 9-90   图 9-91

（5）将制作完毕的背景材质赋给场景中的模型，如图 9-92 所示。

（6）最终渲染效果，如图 9-87 所示。

图 9-92

9.3.4 VR 覆盖材质

【VR 覆盖材质】可以控制场景的色彩融合、反射、折射等。【VR 覆盖材质】主要包括 5 种材质通道，分别是【基本材质】、【全局照明材质】、【反射材质】、【折射材质】和【阴影材质】。其参数面板如图 9-93 所示。

图 9-93

基本材质：物体的基础材质。

全局照明材质：物体的全局光材质，当使用该参数时，灯光的反弹将依照这个材质的灰度来进行控制，而不是基础材质。

反射材质：物体的反射材质，即在反射里看到的物体的材质。

折射材质：物体的折射材质，即在折射里看到的物体的材质。

阴影材质：基本材质的阴影将用该参数中的材质来进行控制。

进阶案例 ——VR 覆盖材质制作木纹

场景文件	07.max
案例文件	进阶案例 ——VR 覆盖材质制作木纹 .max
视频教学	DVD/ 多媒体教学 /Chapter 09/ 进阶案例 ——VR 覆盖材质制作木纹 .flv
难易指数	★★★☆☆
技术掌握	掌握 VR 覆盖材质、VRayMtl 材质、衰减程序贴图、位图贴图的应用

在这个场景中，主要讲解利用 VR 覆盖材质制作木纹材质，最终渲染效果如图 9-94 所示。

（1）打开本书配套光盘中的【场景文件 /Chapter09/07.max】文件，如图 9-95 所示。

（2）按【M】键，打开【材质编辑器】对话框，选择第一个材质球，单击 Standard （标准）按钮，在弹出的【材质 / 贴图浏览器】对话框中选择【VR 覆盖材质】材质，如图 9-96 所示。

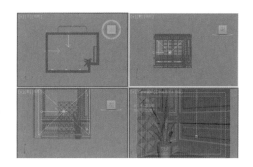

图 9-94　　　　　　　　　　　　　　　　　图 9-95

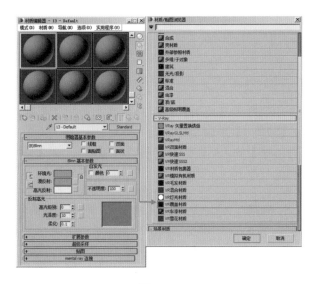

图 9-96

（3）将材质命名为【木纹】，展开【参数】卷展栏，在【基本材质】后面的通道上加载【VRayMtl】材质，在【全局照明材质】后面的通道上加载【VRayMtl】材质，如图 9-97 所示。

图 9-97

（4）单击进入【基本材质】后面的通道中，在【漫反射】后面的通道上加载【衰减】程序贴图，展开【衰减参数】卷展栏，在【颜色 1】后面的通道上加载【5.jpg】贴图文件，展开【坐标】卷展栏，设置【瓷砖 U】为 0.6、【偏移 V】为 0.2、【瓷砖 V】为 0.6。在【颜色 2】后面的通道上加载【6.jpg】贴图文件，展开【坐标】卷展栏，设置【瓷砖 U】为 0.6、【偏移 V】为 0.2、【瓷砖 V】为 0.6，如图 9-98 所示。

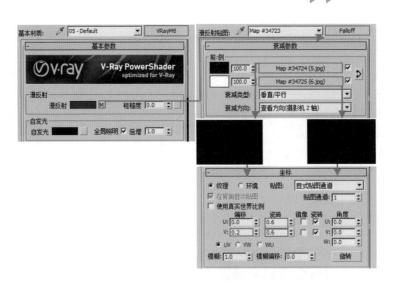

图 9-98

(5) 在【反射】选项区中的【反射】后面的通道上加载【衰减】程序贴图,展开【衰减参数】卷展栏,设置【颜色 2】的颜色为蓝色(红:121,绿:187,蓝:255),设置【衰减类型】为 Fresnel、【折射率】为 2。设置【高光光泽度】为 0.7、【反射光泽度】为 0.8、【细分】为 30,如图 9-99 所示。

图 9-99

(6) 单击进入【全局照明材质】后面的通道中,在【漫反射】后面的通道上加载【7.jpg】贴图文件,如图 9-100 所示。

(7) 制作后的材质球如图 9-101 所示。

图 9-100

图 9-101

（8）选择右侧模型，并为其添加【UVW 贴图】修改器，设置【贴图】为【长方体】、【长度】为 800mm、【宽度】为 800mm、【高度】为 800mm、【对齐】为 Z，如图 9-102 所示。

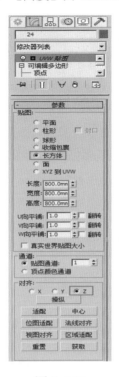

图 9-102

重点▶▶求生秘籍——软件技能：UVW 贴图修改器校正错误的贴图效果

在为模型添加材质后，有时候位图在模型上显示的贴图效果不正确，如有拉伸或无纹理等，这时就需要考虑是否为模型添加【UVW 贴图】修改器。图 9-103 所示为没有添加【UVW 贴图】修改器的效果以及正确添加【UVW 贴图】修改器的效果。

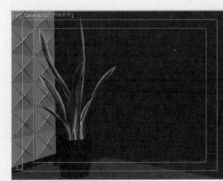

没有添加【UVW贴图】的效果　　　　　　　添加【UVW贴图】的效果

图 9-103

(9) 将制作完毕的木纹材质赋给场景中的模型，如图 9-104 所示。

(10) 最终渲染效果，如图 9-94 所示。

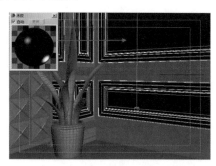

图 9-104

9.3.5 混合材质

【混合材质】可以在模型的单个面上将两种材质通过一定的百分比进行混合。【混合材质】的材质参数设置面板如图 9-105 所示。

图 9-106 所示为使用标准材质制作的地毯材质。

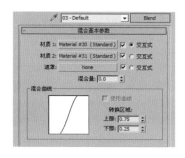

图 9-105

图 9-106

材质 1/ 材质 2：可以在其后面的材质通道中对两种材质分别进行设置。

遮罩：可以选择一张贴图作为遮罩。利用贴图的灰度值可以决定【材质 1】和【材质 2】的混合情况。

混合量：控制两种材质的混合百分比。如果使用遮罩，则【混合量】选项将不起作用。

交互式：用来选择哪种材质在视图中以实体着色方式显示在物体的表面。

混合曲线：对遮罩贴图中的黑白色过渡区进行调节。

使用曲线：控制是否使用【混合曲线】来调节混合效果。

上部 / 下部：用于调节【混合曲线】的上部 / 下部。

9.3.6 顶 / 底材质

【顶 / 底材质】可以模拟物体顶部和底部分别是不同效果的材质，如模拟雪山效果。【顶 / 底材质】的参数设置面板，如图 9-107 所示。

顶材质 / 底材质：设置顶部与底部材质。

交换：交换【顶材质】与【底材质】的位置。

图 9-107

世界 / 局部：按照场景的世界 / 局部坐标让各个面朝上

或朝下。

　　混合：混合顶部子材质和底部子材质之间的边缘。

　　位置：设置两种材质在对象上划分的位置。

9.3.7　VR 材质包裹器

　　【VR 材质包裹器】主要用来控制材质的全局光照、焦散和物体的不可见等特殊属性。通过材质包裹器的设定，可以控制所有赋有该材质物体的全局光照、焦散和不可见等属性。【VR 材质包裹器】参数面板，如图 9-108 所示。

　　图 9-109 所示为使用 VR 材质包裹器材质制作的木纹材质和地毯板材质。

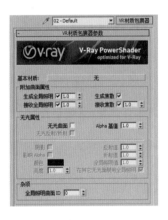

图 9-108　　　　　　　　　　　　　　　图 9-109

　　基本材质：用来设置【VR 材质包裹器】中使用的基础材质参数，该材质必须是 VRay 渲染器支持的材质类型。

　　附加曲面属性：该选项区中的参数主要用来控制赋有材质包裹器物体的接受、产生 GI 属性以及接受、产生焦散属性。

　　无光属性：目前 VRay 还没有独立的【不可见 / 阴影】材质，但【VR 材质包裹器】里的这个不可见选项可以模拟【不可见 / 阴影】材质效果。

　　杂项：用来设置全局照明曲面 ID 的参数。

9.3.8　多维 / 子对象材质

　　【多维子 / 对象】材质可以采用几何体的子对象级别分配不同的材质。【多维 / 子对象】材质的参数面板，如图 9-110 所示。

图 9-110

图 9-111 所示为使用标准材质制作的植物材质和沙发材质。

图 9-111

重点》进阶案例 —— 多维／子对象材质制作食物

场景文件	08.max
案例文件	进阶案例 —— 多维／子对象材质制作食物 .max
视频教学	DVD/ 多媒体教学 /Chapter 09/ 进阶案例 —— 多维／子对象材质制作食物 .flv
难易指数	★★★★☆
技术掌握	掌握多维／子对象材质、VRayMtl 材质、位图贴图的应用

在这个场景中，主要讲解利用多维／子对象材质制作食物材质，最终渲染效果如图 9-112 所示。

（1）打开本书配套光盘中的【场景文件 /Chapter09/08.max】文件，如图 9-113 所示。

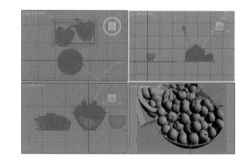

图 9-112   图 9-113

（2）按【M】键，打开【材质编辑器】对话框，选择第一个材质球，单击 **Standard**（标准）按钮，在弹出的【材质／贴图浏览器】对话框中选择【多维／子对象】材质，如图 9-114 所示。

（3）将材质命名为【水果】，【设置数量】为 2，如图 9-115 所示。

（4）在【ID1】后面的通道上加载【VRayMtl】材质，在【漫反射】后面的通道上加载【archmodels76_036_cherry-diff.jpg】贴图文件，设置【反射】颜色为白色（红：255，绿：255，蓝：255），选中【菲涅耳反射】复选框，设置【菲涅耳折射率】为 1.8。在【反射光泽度】后面的通道上加载【.jpgarchmodels76_036_cherry-gloss】贴图文件，设置【细分】为 12、【折射】颜色为黑色（红：14，绿：14，蓝：14）、【光泽度】为 0.8、【烟雾颜色】为红色（红：170，绿：0，蓝：0）、【烟雾倍增】为 0.001，选中【影响阴影】复选框。在【半透明】选

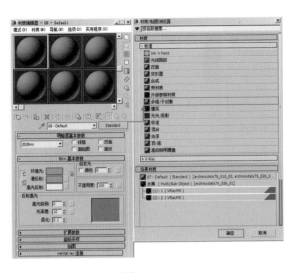
图 9-114

图 9-115

项区中设置【类型】为硬（蜡）模型、【背面颜色】为红色（红：188，绿：9，蓝：9）、【厚度】为 25400，如图 9-116 所示。

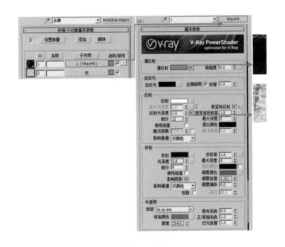
图 9-116

（5）在【ID2】后面的通道上加载【VRayMtl】材质，在【漫反射】后面的通道上加载【archmodels76_036_cherry-diff.jpg】贴图文件，设置【反射】颜色为白色（红：255，绿：255，蓝：255），选中【菲涅耳反射】，设置【菲涅耳折射率】为 1.8。在【反射光泽度】后面的通道上加载【.jpgarchmodels76_036_cherry-gloss】贴图文件，设置【细分】为 12、【折射】颜色为黑色（红：14，绿：14，蓝：14）、【光泽度】为 0.6、【烟雾颜色】为红色（红：170，绿：0，蓝：0）、【烟雾倍增】为 0.001。选中【影响阴影】复选框，在【半透明】选项区中设置【类型】为硬（蜡）模型、设置【背面颜色】为红色（红：77，绿：4，蓝：4）、【厚度】为 25400，如图 9-117 所示。

（6）制作后的材质球如图 9-118 所示。

（7）将制作完毕的水果材质赋给场景中的模型，如图 9-119 所示。

（8）最终渲染效果，如图 9-112 所示。

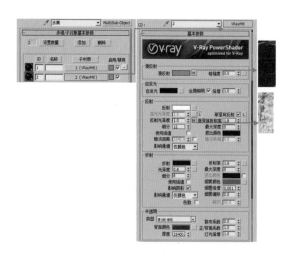

图 9-117

图 9-118

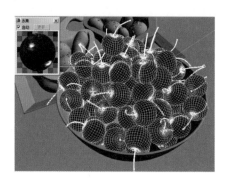

图 9-119

9.3.9 Ink'n Paint 材质

Ink'n Paint（墨水油漆）材质可以模拟卡通的材质效果，其参数面板如图 9-120 所示。

图 9-121 所示为使用 Ink'n Paint（墨水油漆）材质制作的卡通效果。

亮区 / 暗区 / 高光：用来调节材质的亮区 / 暗区 / 高光区域的颜色，可以在后面的贴图通道中加载贴图。

绘制级别：用来调整颜色的色阶。

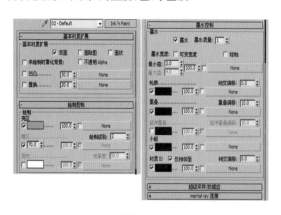

图 9-120

图 9-121

墨水：控制是否开启描边效果。

墨水质量：控制边缘形状和采样值。

墨水宽度：设置描边的宽度。

最小／大值：设置墨水宽度的最小／大像素值。

可变宽度：选中该选项后可以使描边的宽度在最大值和最小值之间变化。

钳制：选中该选项后可以使描边宽度的变化范围限制在最大值与最小值之间。

轮廓：选中该选项后可以使物体外侧产生轮廓线。

重叠：当物体与自身的一部分相交叠时使用。

延伸重叠：与【重叠】类似，但多用在较远的表面上。

小组：用于勾画物体表面光滑组部分的边缘。

材质 ID：用于勾画不同材质 ID 之间的边界。

9.4　认识贴图

贴图和材质是不同的概念。在 3ds Max 中只有先确定并设置好材质类型，然后再去设置贴图类型。简单来说，在级别上贴图＜材质。贴图是指物体表面的纹理，如被罩的花纹纹理、凹凸纹理，桌子的木纹纹理、木地板的木纹纹理，如图 9-122 所示。

图 9-122

试一下： 添加一张贴图

（1）添加贴图之前首先需要确定材质的类型，比如需要使用 VRayMtl 材质。如图 9-123 所示。

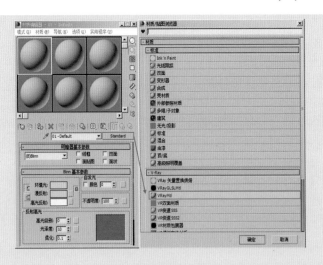

图 9-123

(2) 比如我们需要为【漫反射】添加贴图,那么就单击【漫反射】后面的通道按钮,然后添加【位图】,如图 9-124 所示。

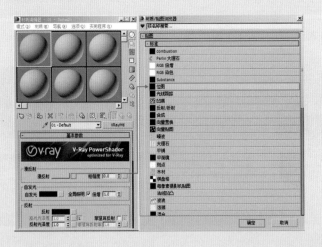

图 9-124

(3) 此时可以添加需要的贴图,如图 9-125 所示。

(4) 使用这个方法,可以在需要的通道上添加合适的位图、程序贴图等。

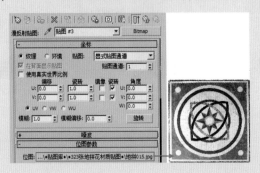

图 9-125

9.5 常用贴图类型

　　展开【贴图】卷展栏，这里有很多贴图通道，在这些通道中可以添加贴图来表现物体的属性，如图9-126 所示。

　　随便单击一个通道，在弹出的【材质 / 贴图浏览器】面板中可以观察到很多贴图类型，主要包括【2D 贴图】、【3D 贴图】、【合成器贴图、】【颜色修改器贴图】、【反射和折射贴图】以及【VRay 贴图】，【材质 / 贴图浏览器】面板如图 9-127 所示。

图 9-126

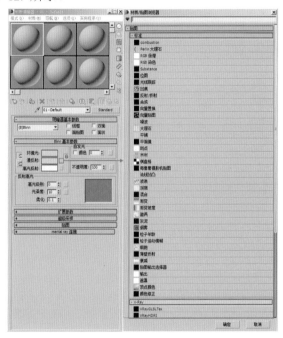

图 9-127

1. 2D 贴图

位图：通常在这里加载位图贴图，这是最为重要的贴图。

每像素摄影机贴图：将渲染后的图像作为物体的纹理贴图，以当前摄影机的方向贴在物体上，可以进行快速渲染。

棋盘格：产生黑白交错的棋盘格图案。

渐变：使用 3 种颜色创建渐变图像。

渐变坡度：可以产生多色渐变效果。

法线凹凸：可以改变曲面上的细节和外观。

Substance 贴图

漩涡：可以创建两种颜色的漩涡形图形。

平铺

向量置换

向量贴图

2. 3D 贴图

细胞：可以模拟细胞形状的图案。

凹痕：可以作为凹凸贴图，产生一种风化和腐蚀的效果。

衰减：产生两色过渡效果，这是最为重要的贴图。

大理石：产生岩石断层效果。

噪波：通过两种颜色或贴图的随机混合，产生一种无序的杂点效果。

粒子年龄：专用于粒子系统，通常用来制作彩色粒子流动的效果。

粒子运动模糊：根据粒子速度产生模糊效果。

Prelim 大理石：通过两种颜色混合，产生类似于珍珠岩纹理的效果。

烟雾：产生丝状、雾状或絮状等无序的纹理效果。

斑点：产生两色杂斑纹理效果。

泼溅：产生类似于油彩飞溅的效果。

灰泥：用于制作腐蚀生锈的金属和物体破败的效果。

波浪：可创建波状的，类似于水纹的贴图效果。

木材：用于制作木头效果。

3. 合成器贴图

合成：可以将两个或两个以上的子材质叠加在一起。

遮罩：使用一张贴图作为遮罩。

混合：将两种贴图混合在一起，通常用来制作一些多个材质渐变融合或覆盖的效果。

RGB 倍增：主要配合【凹凸】贴图一起使用，允许将两种颜色或贴图的颜色进行相乘处理，从而增加图像的对比度。

4. 颜色修改器贴图

颜色修正：可以调节材质的色调、饱和度、亮度和对比度。

输出：专门用来弥补某些无输出设置的贴图类型。

RGB 染色：通过 3 个颜色通道来调整贴图的色调。

顶点颜色：根据材质或原始顶点颜色来调整 RGB 或 RGBA 纹理。

5. 反射和折射贴图

平面镜：使共平面的表面产生类似于镜面反射的效果。

光线跟踪：可模拟真实的完全反射与折射效果。

反射 / 折射：可产生反射与折射效果。

薄壁折射：配合折射贴图一起使用，能产生透镜变形的折射效果。

6. VRay 贴图

VRayHDRI：VRayHDRI 可以翻译为高动态范围贴图，主要用来设置场景的环境贴图，即把 HDRI 当作光源来使用。

VR 边纹理：是一个非常简单的材质，效果和 3ds Max 里的线框材质类似。

VR 合成纹理：可以通过两个通道里贴图色度、灰度的不同来进行减、乘、除等操作。

VR 天空：可以调节出场景背景环境天空的贴图效果。

VR 位图过滤器：是一个非常简单的程序贴图，它可以编辑贴图纹理的 x、y 轴向。

VR 污垢：贴图可以用来模拟真实物理世界中的物体上的污垢效果。

VR 颜色：可以用来设定任何颜色。

VR 贴图：因为 VRay 不支持 3ds Max 里的光线追踪贴图类型，所以在使用 3ds Max 标准材质时的反射和折射就用【VR 贴图】贴图来代替。

9.5.1　【位图】贴图

【位图】是由彩色像素的固定矩阵生成的图像，如马赛克。可以使用一张位图图像来作为贴图，位图贴图支持很多种格式，包括 FLC、AVI、BMP、GIF、JPEG、PNG、PSD 和 TIFF 等主流图像格式。图 9-128 所示是效果图制作中经常使用到几种位图贴图。

【位图】的参数面板，如图 9-129 所示。

图 9-128

图 9-129

偏移：用来控制贴图的偏移效果。

大小：用来控制贴图平铺重复的程度。

角度：用来控制贴图的角度旋转效果。

模糊：用来控制贴图的模糊程度，数值越大贴图越模糊，渲染速度越快。

剪裁 / 放置：在【位图参数】卷展栏下选中【应用】复选框，单击后面的 查看图像 按钮，在弹出的对话框中可以框选出一个区域，该区域表示贴图只应用框选的这部分区域。

【位图】的输出参数面板，如图 9-130 所示。

反转：反转贴图的色调，使之类似彩色照片的底片。

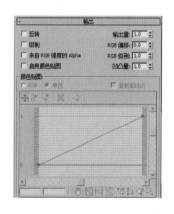

图 9-130

输出量：数值越大，渲染时该贴图越亮。

钳制：启用该选项之后，此参数限制比 1.0 小的颜色值。

RGB 偏移：根据微调器所设置的量增加贴图颜色的 RGB 值，此项对色调的值产生影响。

来自 RGB 强度的 Alpha：启用此选项后，会根据在贴图中 RGB 通道的强度生成一个 Alpha 通道。

RGB 级别：根据微调器所设置的量使贴图颜色的 RGB 值加倍，此项对颜色的饱和度产生影响。

启用颜色贴图：启用此选项来使用颜色贴图。

凹凸量：调整凹凸的量。这个值仅在贴图用于凹凸贴图时产生效果。

RGB/ 单色：将贴图曲线分别指定给每个 RGB 过滤通道（RGB）或合成通道（单色）。

复制曲线点：启用此选项后，当切换到 RGB 图时，将复制添加到单色图的点。

9.5.2 【不透明度】贴图

【不透明度】贴图通道主要用于控制材质的透明属性，并根据黑白贴图（黑透白不透原理）来计算具体的透明、半透明、不透明效果。图 9-131 所示为使用不透明度贴图制作的效果。

图 9-131

重点▶▶ 试一下：使用【不透明度】贴图制作树叶

（1）创建一个平面模型，如图 9-132 所示。

（2）设置一个标准材质，并在【漫反射颜色】通道上添加一张树叶贴图，在【不透明度】通道上添加黑白树叶贴图，如图 9-133 所示。

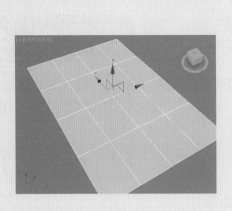

图 9-132

图 9-133

（3）选择平面模型，并单击【将材质指定给选定对象】按钮 ，此时材质赋予完成。单击【视口中显示明暗处理材质】按钮 ，此时贴图的效果被显示出来了，如图 9-134 所示。

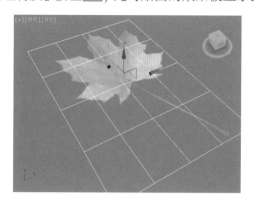

图 9-134

9.5.3　【凹凸】通道贴图

在 3ds Max 中制作凹凸效果，最为常用的方法就是在凹凸通道上添加贴图，使其产生凹凸效果，如图 9-135 所示。

图 9-135

试一下：使用【凹凸】通道贴图制作凹凸效果

（1）首先需要在【凹凸】通道上添加贴图，这里添加【噪波】程序贴图，如图 9-136 所示。

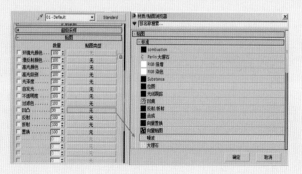

图 9-136

(2) 设置【凹凸】的强度，并且设置【噪波】的参数，如图 9-137 所示。

(3) 最后可以看到材质球已经出现了噪波凹凸的效果，如图 9-138 所示。

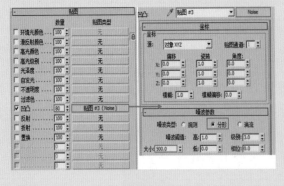

图 9-137

图 9-138

9.5.4 【VRayHDRI】贴图

【VRayHDRI】可以翻译为高动态范围贴图，主要用来设置场景的环境贴图，即把 HDRI 当做光源来使用。其参数面板如图 9-139 所示。

图 9-140 所示为使用 VRayHDRI 贴图模拟的真实反射、折射的环境效果。

图 9-139

图 9-140

(1) 位图：单击后面的 浏览 按钮可以指定一张 HDR 贴图。

(2) 贴图类型：控制 HDRI 的贴图方式，主要有以下 5 类。

　　◢ 角度：主要用于使用对角拉伸坐标方式的 HDRI。

　　◢ 立方环境贴图：主要用于使用立方体坐标方式的 HDRI。

　　◢ 球状环境贴图：主要用于使用球形坐标方式的 HDRI。

　　◢ 球体反射：主要用于使用镜像球形坐标方式的 HDRI。

　　◢ 直接贴图通道：主要用于对单个物体指定环境贴图。

(3) 水平旋转：控制 HDRI 在水平方向的旋转角度。

(4) 水平翻转：让 HDRI 在水平方向上反转。

（5）垂直旋转：控制 HDRI 在垂直方向的旋转角度。

（6）垂直翻转：让 HDRI 在垂直方向上反转。

（7）全局倍增：用来控制 HDRI 的亮度。

（8）渲染倍增：设置渲染时的光强度倍增。

（9）伽玛值：设置贴图的伽玛值。

（10）插值：可以选择插值的方式，包括双线性、双立体、四次幂、默认。

9.5.5　【VR 边纹理】贴图

【VR 边纹理】贴图是一个非常简单的材质，效果和 3ds Max 里的线框材质类似。其参数面板如图 9-141 所示。

颜色：设置边线的颜色。

隐藏边：若选中该选项，则物体背面的边线也将被渲染出来。

厚度：决定边线的厚度。

世界单位：厚度单位为场景尺寸单位。

像素：厚度单位为像素。

图 9-141

9.5.6　【VR 天空】贴图

【VR 天空】贴图用来控制场景背景的天空贴图效果，用来模拟真实的天空效果。其参数面板如图 9-142 所示。

指定太阳节点：若不选中该选项，【VR 天空】的参数将从场景中的【VR 太阳】的参数里自动匹配；若选中该选项，用户就可以从场景中选择不同的光源，在这种情况下，【VR 太阳】将不再控制【VR 天空】的效果，【VR 天空】将用它自身的参数来改变天光的效果。

太阳光：单击后面的按钮可以选择太阳光源，除了可以选择【VR 太阳】之外，还可以选择其他的光源。

图 9-142

9.5.7　【衰减】贴图

【衰减】贴图基于几何体曲面上面法线的角度衰减来生成从白到黑的值。其参数设置面板如图 9-143 所示。

图 9-144 所示为使用【衰减】贴图制作的窗帘和沙发材质效果。

（1）前：侧：用来设置【衰减】贴图的【前】和【侧】通道参数。

（2）衰减类型：设置衰减的方式，共有以下 5 种类型。

垂直 / 平行：在与衰减方向相垂直的面法线和与衰减方向相平行的法线之间设置角度衰减的范围。

朝向 / 背离：在面向衰减方向的面法线和背离衰减方向的法线之间设置角度衰减的范围。

图 9-143

图 9-144

Fresnel：基于【折射率】在面向视图的曲面上产生暗淡反射，而在有角的面上产生较明亮的反射。

阴影 / 灯光：基于落在对象上的灯光，在两个子纹理之间进行调节。

距离混合：基于【近端距离】值和【远端距离】值，在两个子纹理之间进行调节。

（3）衰减方向：设置衰减的方向，包括查看方向 (摄影机 Z 轴)、摄影机 X/Y 轴、对象、局部 X/Y/Z 轴、世界 X/Y/Z 轴。

（4）对象：从场景中拾取对象并将其名称放到按钮上。

（5）覆盖材质 IOR：允许更改为材质所设置的"折射率"。

（6）折射率：设置一个新的"折射率"。只有在启用【覆盖材质 IOR】后该选项才可用。

（7）近端距离：设置混合效果开始的距离。

（8）远端距离：设置混合效果结束的距离。

（9）外推：启用该选项之后，效果继续超出"近端"和"远端"距离。

重点▶▶进阶案例 —— 衰减贴图制作布纹

场景文件	09.max
案例文件	进阶案例 —— 衰减贴图制作布纹 .max
视频教学	DVD/ 多媒体教学 /Chapter 09/ 进阶案例 —— 衰减贴图制作布纹 .flv
难易指数	★★★☆☆
技术掌握	掌握 VRayMtl 材质、衰减程序贴图、位图贴图、凹凸的应用

在这个场景中，主要讲解利用衰减贴图制作布纹材质，最终渲染效果如图 9-145 所示。

（1）打开本书配套光盘中的【场景文件 /Chapter 09/09.max】文件，如图 9-146 所示。

（2）按【M】键，打开【材质编辑器】对话框，选择第一个材质球，单击 Standard （标准）按钮，在弹出的【材质 / 贴图浏览器】对话框中选择【VRayMtl】材质，如图 9-147 所示。

（3）将材质命名为【布纹】，在【漫反射】后面的通道上加载【衰减】程序贴图，展开【衰减参数】卷展栏，在【颜色 1】后面的通道上加载【073.jpg】贴图文件。展开【坐标】卷展栏，设置【瓷砖 U】为 2、【瓷砖 V】为 4、【颜色 2】的颜色为浅紫色 (红：126，绿：97，蓝：140)、【衰减类型】为 Fresnel，如图 9-148 所示。

（4）设置【凹凸】强度为 30，在其通道上加载【073.jpg】贴图文件，并设置【瓷砖】的【U】为 2、【V】为 4，如图 9-149 所示。

图 9-145

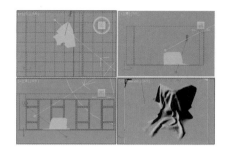

图 9-146

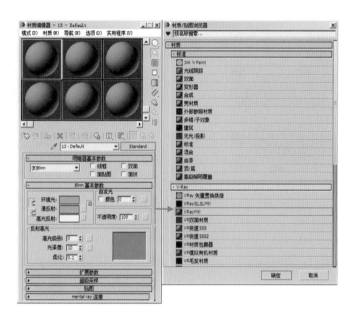

图 9-147

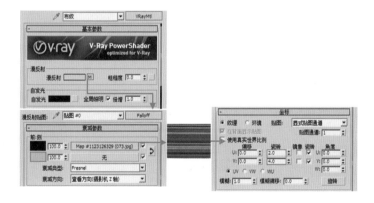

图 9-148

(5) 制作后的材质球如图 9-150 所示。

(6) 将制作完毕的布纹材质赋给场景中的模型，如图 9-151 所示。

(7) 最终渲染效果，如图 9-145 所示。

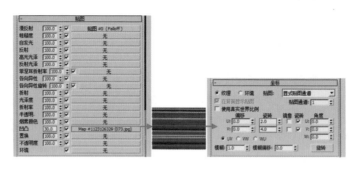

图 9-149

图 9-150

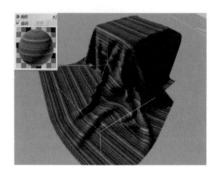

图 9-151

9.5.8 【混合】贴图

【混合】贴图可以用来制作材质之间的混合效果。其参数设置面板如图 9-152 所示。

交换：交换两个颜色或贴图的位置。

颜色 #1/ 颜色 #2：设置混合的两种颜色。

混合量：设置混合的比例。

混合曲线：调整曲线可以控制混合的效果。

转换区域：调整【上部】和【下部】的级别。

图 9-152

9.5.9 【渐变】贴图

使用【渐变】贴图可以设置 3 种颜色的渐变效果。其参数设置面板如图 9-153 所示。

渐变颜色可以任意修改，修改后的物体的材质颜色也会随之发生改变，如图 9-154 所示。

颜色 #1/ 颜色 #2/ 颜色 #3：设置渐变在中间进行插值的 3 个颜色，显示颜色选择器，可以将颜色从一个色样中拖放到另一个色样中。

图 9-153

图 9-154

贴图：显示贴图而不是颜色。贴图采用混合渐变颜色相同的方式来混合到渐变中。可以在每个窗口中添加嵌套程序渐变以生成 5 色、7 色、9 色渐变，或更多色的渐变。

颜色 2 位置：控制中间颜色的中心点。位置介于 0~1 之间。该值为 0 时，颜色 2 会替换颜色 3；该值为 1 时，颜色 2 会替换颜色 1。

渐变类型：线性基于垂直位置（V 坐标）插补颜色。

9.5.10 【渐变坡度】贴图

【渐变坡度】是与【渐变】贴图相似的 2D 贴图。它从一种颜色到另一种进行着色。在这个贴图中，可以为渐变指定任何数量的颜色或贴图。其参数面板设置，如图 9-155 所示。

图 9-156 所示为渐变坡度贴图的材质球效果。

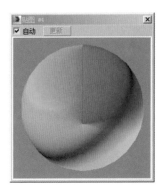

图 9-155   图 9-156

渐变栏：展示正被创建的渐变的可编辑表示。渐变的效果从左（始点）移到右（终点）。

渐变类型：选择渐变的类型。图 9-157 所示为 Pong、法线、格子类型的效果。

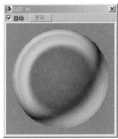
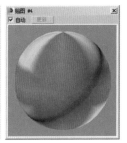

图 9-157

插值：选择插值的类型。

数量：该值为非零时，将基于渐变坡度颜色的交互，将随机噪波效果应用于渐变。该数值越大，效果越明显。

规则：生成普通噪波。基本上与禁用级别的分形噪波相同。

分形：使用分形算法生成噪波。【层级】选项设置分形噪波的迭代数。

湍流：生成应用绝对值函数来制作故障线条的分形噪波。注意，要查看湍流效果，噪波量必须要大于 0。

大小：设置噪波功能的比例。此值越小，噪波碎片也就越小。

相位：控制噪波函数的动画速度。对噪波使用 3D 噪波函数；第一个和第二个参数是 U

和 V，第三个参数是相位。

级别：设置湍流的分形迭代次数。

高：设置高阈值。

低：设置低阈值。

平滑：用以生成从阈值到噪波值较为平滑的变换。当【平滑】为 0 时，没有应用平滑；当【平滑】为 1 时，应用了最大数量的平滑。

进阶案例 —— 渐变坡度贴图制作灯罩

场景文件	10.max
案例文件	进阶案例 —— 渐变坡度贴图制作灯罩 .max
视频教学	DVD/ 多媒体教学 /Chapter 09/ 进阶案例 —— 渐变坡度贴图制作灯罩 .flv
难易指数	★★★☆☆
技术掌握	掌握 VRayMtl 材质、渐变坡度程序贴图、衰减程序贴图的应用

在这个场景中,主要讲解利用渐变坡度贴图制作灯罩材质,最终渲染效果如图 9-158 所示。

（1）打开本书配套光盘中的【场景文件 /Chapter 09/10.max】文件，如图 9-159 所示。

图 9-158

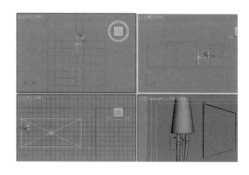

图 9-159

（2）按【M】键，打开【材质编辑器】对话框，选择第一个材质球，单击 Standard （标准）按钮，在弹出的【材质 / 贴图浏览器】对话框中选择【VRayMtl】材质，如图 9-160 所示。

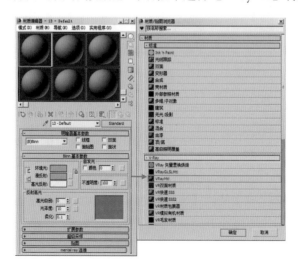

图 9-160

（3）将材质命名为【灯罩】，在【漫反射】后面的通道上加载【渐变坡度】程序贴图，展开【坐标】卷展栏，设置【角度 W】为 90，展开【渐变坡度参数】卷展栏，从左至右【颜色】依次为黄色（红：255，绿：227，蓝：166）、白色（红：255，绿：246，蓝：228）、浅黄色（红：255，绿：234，蓝：189）。在【折射】后面的通道上加载【衰减】程序贴图，设置【颜色 1】的颜色为灰色（红：90，绿：90，蓝：90）、【颜色 2】的颜色为黑色（红：0，绿：0，蓝：0），设置【衰减类型】为 Fresnel、【光泽度】为 0.75、【细分】为 15，选中【影响阴影】复选框，如图 9-161 所示。

（4）制作后的材质球如图 9-162 所示。

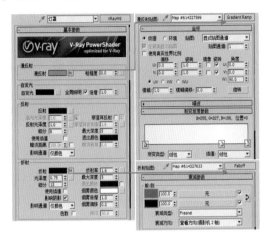

图 9-161　　　　　　　　　　　　　　　图 9-162

（5）将制作完毕的灯罩材质赋给场景中的模型，如图 9-163 所示。

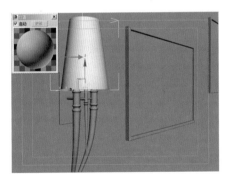

图 9-163

（6）最终渲染效果，如图 9-158 所示。

9.5.11　【平铺】贴图

使用【平铺】程序贴图，可以创建砖、彩色瓷砖或材质贴图。通常，有很多定义的建筑砖块图案可以使用，也可以设计一些自定义的图案。其参数面板设置，如图 9-164 所示。

图 9-165 所示为使用平铺贴图制作的瓷砖效果。

图 9-164   图 9-165

1.【标准控制】卷展栏

预设类型：列出定义的建筑瓷砖堆栈砌合、图案、自定义图案，这样可以通过选择【高级控制】和【堆垛布局】卷展栏中的选项来设计自定义的图案。图 9-166 列出了几种不同的砌合。

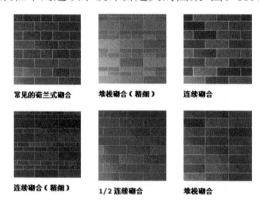

图 9-166

2.【高级控制】卷展栏

（1）显示纹理样例：更新并显示贴图指定给【瓷砖】或【砖缝】的纹理。

（2）平铺设置：该选项区控制平铺的参数设置。

纹理：控制用于瓷砖的当前纹理贴图的显示。

水平 / 垂直数：控制行 / 列的瓷砖数。

颜色变化：控制瓷砖的颜色变化。图 9-167 所示为设置颜色变化为 0 和 1 的对比效果。

淡出变化：控制瓷砖的淡出变化。图 9-168 所示为设置淡出变化为 0.05 和 1 的对比效果。

（3）砖缝设置：该选项区控制砖缝的参数设置。

纹理：控制砖缝的当前纹理贴图的显示。

None：充当一个目标，可以为砖缝拖放贴图。

水平 / 垂直间距：控制瓷砖间的水平 / 垂直砖缝的大小。

粗糙度：控制砖缝边缘的粗糙度。

图 9-167

图 9-168

9.5.12 【棋盘格】贴图

　　【棋盘格】贴图将两色的棋盘图案应用于材质。默认的棋盘格贴图是黑白方块图案。棋盘格贴图是 2D 程序贴图。组件棋盘格既可以是颜色，也可以是贴图。其参数设置面板如图 9-169 所示。

　　图 9-170 所示为使用棋盘格材质制作的马赛克墙面效果。

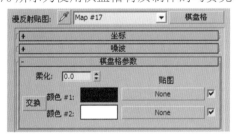

图 9-169

图 9-170

柔化：模糊棋盘格之间的边缘。很小的柔化值就能生成很明显的模糊效果。

交换：切换两个棋盘格的位置。

颜色 #1：设置一个棋盘格的颜色。单击可显示颜色选择器。

颜色 #2：设置一个棋盘格的颜色。单击可显示颜色选择器。

贴图：选择要在棋盘格颜色区域内使用的贴图。例如，可以在一个棋盘格颜色内放置其他的棋盘。

9.5.13 【噪波】贴图

【噪波】贴图基于两种颜色或材质的交互创建曲面的随机扰动，常用来制作海面凹凸、沙发凹凸等。其参数设置面板如图 9-171 所示。

图 9-172 所示为噪波贴图的材质球效果。

图 9-171   图 9-172

噪波类型：有【规则】、【分形】和【湍流】3 种类型。

大小：以 3ds Max 为单位设置噪波函数的比例。

噪波阈值：控制噪波的效果，取值范围为 0~1。

级别：决定有多少分形能量用于【分形】和【湍流】噪波函数。

相位：控制噪波函数的动画速度。

交换：交换两个颜色或贴图的位置。

颜色 #1/ 颜色 #2：可以从这两个主要噪波颜色中进行选择，并通过所选的两种颜色来生成中间颜色值。

9.5.14 【细胞】贴图

【细胞】贴图是一种程序贴图，主要用于生成各种视觉效果的细胞图案，包括马赛克、瓷砖、鹅卵石和海洋表面等。其参数设置面板如图 9-173 所示。

图 9-174 所示为细胞贴图的材质球效果。

图 9-173   图 9-174

（1）细胞颜色：该选项区中的参数主要用来设置细胞的颜色。

颜色：为细胞选择一种颜色。

变化：通过随机改变红、绿、蓝颜色值来更改细胞的颜色。【变化】的值越大，随机效果越明显。

（2）分界颜色：显示【颜色选择器】对话框，选择一种细胞分界颜色，也可以利用贴图来设置分界的颜色。

（3）细胞特征：该选项区中的参数主要用来设置细胞的一些特征属性。

圆形 / 碎片：用于选择细胞边缘的外观。

大小：更改贴图的总体尺寸。

扩散：更改单个细胞的大小。

凹凸平滑：将细胞贴图用做凹凸贴图时，在细胞边界处可能会出现锯齿效果。如果发生这种情况，可以适当增大该值。

分形：将细胞图案定义为不规则的碎片图案。

迭代次数：设置应用分形函数的次数。

自适应：启用该选项后，分形【迭代次数】将自适应地进行设置。

粗糙度：将【细胞】贴图用做凹凸贴图时，该参数用来控制凹凸的粗糙程度。

（4）阈值：该选项区中的参数用来限制细胞和分解颜色的大小。

低：调整细胞最低大小。

中：相对于第 2 分界颜色，调整最初分界颜色的大小。

高：调整分界的总体大小。

9.5.15 【凹痕】贴图

【凹痕】贴图是 3D 程序贴图。在扫描线渲染过程中，【凹痕】根据分形噪波产生随机图案，图案的效果取决于贴图类型。其参数设置面板如图 9-175 所示。

图 9-176 所示为使用凹痕贴图制作的破旧木头效果。

图 9-175

图 9-176

大小：设置凹痕的相对大小。随着【大小】值的增大，其他设置不变时凹痕的数量将减少。

强度：决定两种颜色的相对覆盖范围。该值越大，颜色 #2 的覆盖范围越大；该值越小，颜色 #1 的覆盖范围越大。

迭代次数：设置用来创建凹痕的计算次数。默认设置为 2。

交换：反转颜色或贴图的位置。

颜色：在相应的颜色组件中允许选择两种颜色。

贴图：在凹痕图案中用贴图替换颜色。

重点▶进阶案例（1）——VRayMtl 材质制作玻璃、洋酒、冰块

场景文件	11.max
案例文件	综合案例——VRayMtl 材质制作玻璃、洋酒、冰块 .max
视频教学	DVD/ 多媒体教学 /Chapter 09/ 综合案例——VRayMtl 材质制作玻璃、洋酒、冰块 .flv
难易指数	★★★★☆
技术掌握	掌握 VRayMtl 材质、衰减程序贴图、噪波程序贴图、凹凸的应用

在这个场景中，主要讲解利用 VRayMtl 材质制作玻璃、洋酒、冰块材质，最终渲染效果如图 9-177 所示。

1. 玻璃材质的制作

（1）打开本书配套光盘中的【场景文件 /Chapter09/11.max】文件，如图 9-178 所示。

图 9-177

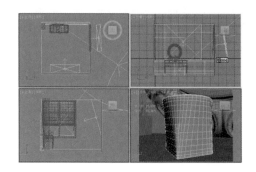

图 9-178

（2）按【M】键，打开【材质编辑器】对话框，选择第一个材质球，单击 Standard （标准）按钮，在弹出的【材质 / 贴图浏览器】对话框中选择【VRayMtl】材质，如图 9-179 所示。

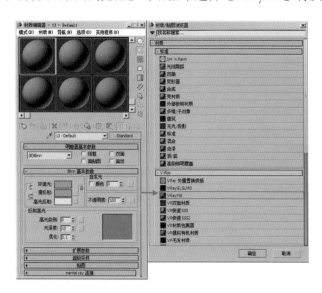

图 9-179

（3）将材质命名为【玻璃】，设置【漫反射】颜色为灰色（红：28，绿：128，蓝：128）。在【反射】后面的通道上加载【衰减】程序贴图，展开【衰减参数】卷展栏，设置【颜色1】为黑色（红：8，绿：8，蓝：8）、【颜色2】为灰色（红：96，绿：96，蓝：96），设置【折射】颜色为白色（红：255，绿：255，蓝：255）、【折射率】为1.5、【烟雾颜色】为灰色（红：128，绿：128，蓝：128）、【烟雾倍增】为0，选中【影响阴影】复选框，如图9-180所示。

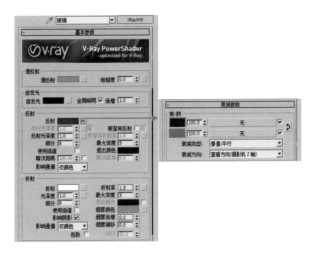

图 9-180

求生秘籍——技巧提示：玻璃材质需要把折射颜色设置的比反射颜色更浅

　　制作玻璃材质时需要把折射颜色设置的比反射颜色更浅一些。如果把反射颜色设置的较浅，那么就会渲染出类似镜子的效果，而非玻璃效果。因此默认情况下制作玻璃材质需要设置【反射】颜色为深灰色，设置【折射】颜色为白色。

（4）制作后的材质球如图9-181所示。

（5）将制作完毕的玻璃材质赋给场景中的模型，如图9-182所示。

图 9-181

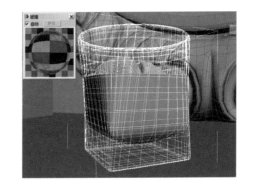

图 9-182

2. 洋酒材质的制作

（1）将材质命名为【洋酒】，设置【漫反射】颜色为棕色（红：67，绿：35，蓝：9），在【反射】后面的通道上加载【衰减】程序贴图。展开【衰减参数】卷展栏，设置【颜色 1】为黑色 (红: 8，绿: 8，蓝: 8)、【颜色 2】为灰色 (红: 206，绿: 206，蓝: 206)，设置【折射】颜色为白色 (红: 244，绿: 244，蓝: 244)，设置【折射率】为 1.5、【烟雾颜色】为黄色 (红: 234，绿: 181，蓝: 29)，设置【烟雾倍增】为 0.1、【细分】为 24，选中【影响阴影】复选框，如图 9-183 所示。

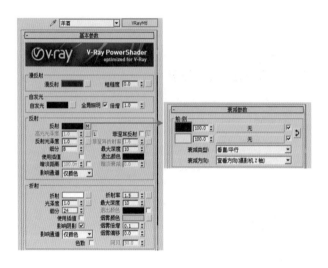

图 9-183

求生秘籍 —— 技巧提示：调节带有颜色的液体或透明体

制作不带有颜色的液体或透明体非常简单，只需要调节【漫反射】、【反射】、【折射】的相关参数就行了，带有颜色的就相对复杂一些，需要在这个基础上设置【烟雾颜色】、【烟雾倍增】参数，【烟雾颜色】控制材质的折射颜色、【烟雾倍增】控制折射颜色的深浅 (数值越小，颜色越浅)。

(2) 制作后的材质球如图 9-184 所示。

(3) 将制作完毕的洋酒材质赋给场景中的模型，如图 9-185 所示。

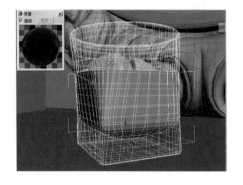

图 9-184 　　　　　　　　　　　　　图 9-185

3. 冰块材质的制作

（1）将材质命名为【冰块】，设置【漫反射】颜色为灰色（红：128，绿：128，蓝：128），设置【反射】颜色为深灰色（红：39，绿：39，蓝：39），设置【折射】颜色为白色（红：255，绿：255，蓝：255），设置【折射率】为1.25，选中【影响阴影】复选框，如图9-186所示。

（2）展开【贴图】卷展栏，在【凹凸】后面的通道上加载【噪波】程序贴图，展开【坐标】卷展栏，设置【瓷砖X、Y、Z】均为0.039，展开【噪波参数】卷展栏，设置【噪波类型】为湍流，设置【大小】为0.5，在【凹凸】后面的文本框中输入15，如图9-187所示。

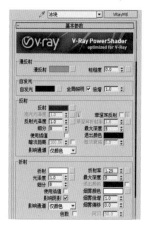

图 9-186

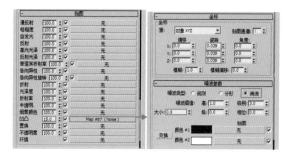

图 9-187

（3）制作后的材质球如图9-188所示。

（4）将制作完毕的冰块材质赋给场景中的模型，如图9-189所示。

图 9-188

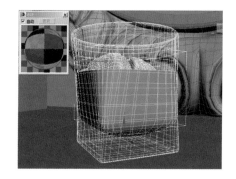

图 9-189

（5）最终渲染效果，如图9-177所示。

重点》进阶案例（2）——VRayMtl 材质制作不锈钢金属、磨砂金属

场景文件	12.max
案例文件	综合案例——VRayMtl 材质制作不锈钢金属、磨砂金属 .max
视频教学	DVD/ 多媒体教学 /Chapter 09/ 综合案例——VRayMtl 材质制作不锈钢金属、磨砂金属 .flv
难易指数	★★★★☆
技术掌握	掌握 VRayMtl 材质的应用

在这个场景中，主要讲解利用 VRayMtl 材质制作不锈钢金属、磨砂金属材质，最终渲染效果如图 9-190 所示。

图 9-190

1. 不锈钢金属材质的制作

（1）打开本书配套光盘中的【场景文件 /Chapter09/12.max】文件，如图 9-191 所示。

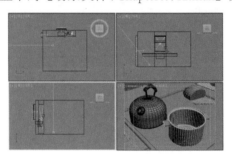

图 9-191

（2）按【M】键，打开【材质编辑器】对话框，选择第一个材质球，单击 **Standard**（标准）按钮，在弹出的【材质 / 贴图浏览器】对话框中选择【VRayMtl】材质，如图 9-192 所示。

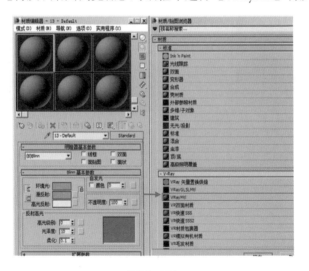

图 9-192

（3）将材质命名为【不锈钢金属】，设置【漫反射】颜色为黑色（红：33，绿：33，蓝：33），设置【反射】颜色为灰色（红：152，绿：152，蓝：152），设置【细分】为 20，设置【折射率】为 2.97、【细分】为 50，如图 9-193 所示。

（4）制作后的材质球如图 9-194 所示。

图 9-193　　　　　　　　　　　　图 9-194

（5）将制作完毕的不锈钢金属材质赋给场景中的模型，如图 9-195 所示。

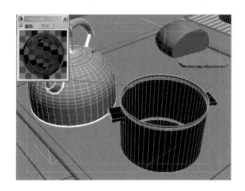

图 9-195

2. 磨砂金属材质的制作

图 9-196

（1）将材质命名为【磨砂金属】，设置【漫反射】颜色为黑色（红：47，绿：47，蓝：47），设置【反射】颜色为浅灰色（红：213，绿：213，蓝；213），设置【反射光泽度】为 0.85、【细分】为 20，如图 9-196 所示。

（2）展开【双向反射分布函数】卷展栏，设置【各向异性（-1..1）】为 0.75，如图 9-197 所示。

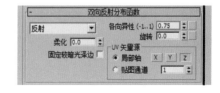

图 9-197

求生秘籍——技巧提示：调节特殊的反射高光形状

不同的物体材质会有不同的反射高光形状，如陶瓷的高光比较圆润、金属的高光比较尖锐，正是因为这些细节决定了材质的视觉效果更逼真。在【双向反射分布函数】卷展栏中可以通过设置【类型】、【各向异性】、【旋转】等参数进行调整。图 9-198 所示为陶瓷和金属的反射高光形状对比效果。

图 9-198

（3）制作后的材质球如图 9-199 所示。

（4）将制作完毕的磨砂金属材质赋给场景中的模型，如图 9-200 所示。

图 9-199　　　　　　　　　　图 9-200

（5）最终渲染效果，如图 9-190 所示。

Chapter 10
摄影机技术

本章学习要点：

- 目标摄影机的应用。
- 自由摄影机的应用。
- VR 穹顶摄影机的应用。
- VR 物理摄影机的应用。

10.1 初识摄影机

摄影机的概念

摄影机是日常生活中常用的一种数码产品，其操作方便、功能强大，可以将画面定格一瞬间也可以拍摄连续的视频。在 3ds Max 中也有摄影机，它的作用有很多，最基本的作用是固定画面角度；其次是可以控制很多种特殊效果，如强烈的透视感、景深感、运动模糊、校正倾斜的镜头、将画面四角调暗等。很多功能与生活中的摄影机是一样的，如焦距、白平衡、快门速度等。图 10-1 所示为 4 种摄影机类型。

图 10-2 所示为使用摄影机制作的优秀作品。

图 10-1

图 10-2

试一下： 创建一台目标摄影机

(1) 在创建面板下单击【摄影机】按钮 ，然后单击 **目标** 按钮，如图 10-3 所示。最后在视图中拖曳进行创建，如图 10-4 所示。

(2) 在【摄影机视图】的状态下，可以使用 3ds Max 界面右下方的 6 个按钮进行【推拉摄影机】、【透视】、【侧滚摄影机】、【视野】、【平移摄影机】、【环游摄影机】等调节，如图 10-5 所示。

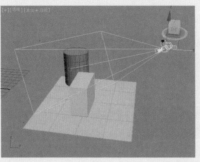

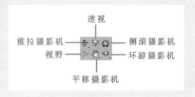

| 图 10-3 | 图 10-4 | 图 10-5 |

②FAQ 常见问题解答：创建目标摄影机还有没有其他更便捷的方法？

在透视图中，调整好角度，如图 10-6 所示。然后按【CTRL+C】键，可以快速在该角度创建一台摄影机，该方法只能创建【目标摄影机】，如图 10-7 所示。

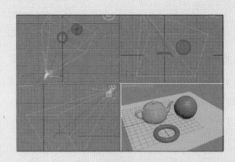

| 图 10-6 | 图 10-7 |

10.2 目标摄影机

目标摄影机是 3ds Max 中使用频率最高的摄影机类型。单击 ☀ （创建）→ （摄影机）→ 标准 ▼ → **目标** 按钮，如图 10-8 所示。在场景中拖曳光标可以创建一台目标摄影机，可以观察到目标摄影机包含【目标点】和【摄影机】两个部件，如图 10-9 所示。

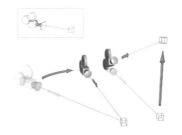

图 10-8   图 10-9

10.2.1 参数

展开【参数】卷展栏，如图 10-10 所示。

镜头：以 mm 为单位来设置摄影机的焦距。

视野：设置摄影机查看区域的宽度视野，有【水平】↔、【垂直】↕ 和【对角线】
↗ 3 种方式。

正交投影：启用该选项后，摄影机视图为用户视图；关闭该选项后，摄影机视图为标准的透视图。

备用镜头：系统预置的摄影机镜头有 15mm、20mm、24mm、28mm、35mm、50mm、85mm、135mm 和 200mm9 种。

类型：切换摄影机的类型，包含【目标摄影机】和【自由摄影机】两种。

显示圆锥体：显示摄影机视野定义的锥形光线（实际上是一个四棱锥）。锥形光线出现在其他视口，但是显示在摄影机视口中。

显示地平线：在摄影机视图中的地平线上显示一条深灰色的线条，如图 10-11 所示。

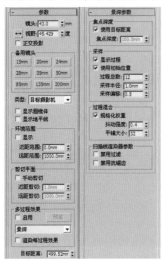

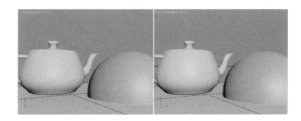

图 10-10   图 10-11

显示：显示出在摄影机锥形光线内的矩形。

近距 / 远距范围：设置大气效果的近距范围和远距范围。

手动剪切：启用该选项可以定义剪切的平面。

近距 / 远距剪切：设置近距和远距平面。

多过程效果：该选项区中的参数主要用来设置摄影机的景深和运动模糊效果。

启用：启用该选项后，可以预览渲染效果。

多过程效果类型：共有【景深（mental ray）】、【景深】和【运动模糊】3 个选项，系统默认为【景深】。

渲染每过程效果：启用该选项后，系统会将渲染效果应用于多重过滤效果的每个过程（景深或运动模糊）。

目标距离：当使用【目标摄影机】时，该选项用来设置摄影机与其目标之间的距离。

10.2.2　景深参数

景深可以增加画面的空间感和纵深感，并且可以突出画面的重点。当设置【多过程效果】类型为【景深】方式时，系统会自动显示出【景深参数】卷展栏，如图 10-12 所示。

图 10-13 所示为景深的效果。

图 10-12

图 10-13

使用目标距离：启用该选项后，系统会将摄影机的目标距离用做每个过程偏移摄影机的点。

焦点深度：当关闭【使用目标距离】选项时，该选项可以用来设置摄影机的偏移深度，其取值范围为 0~100。

显示过程：启用该选项后，【渲染帧窗口】对话框中将显示多个渲染通道。

使用初始位置：启用该选项后，第 1 个渲染过程将位于摄影机的初始位置。

过程总数：设置生成景深效果的过程数。增大该值可以提高效果的真实度，但是会增加渲染时间。

采样半径：设置场景生成的模糊半径。数值越大，模糊效果越明显。

采样偏移：设置模糊靠近或远离【采样半径】的权重。增加该值将增加景深模糊的数量级，从而得到更均匀的景深效果。

规格化权重：启用该选项后可以将权重规格化，以获得平滑的结果；关闭该选项后，效果会变得更加清晰，颗粒效果也更明显。

抖动强度：设置应用于渲染通道的抖动程度。增大该值会增加抖动量，并且会生成颗粒状效果，尤其在对象的边缘上最为明显。

平铺大小：设置图案的大小。0 表示以最小的方式进行平铺，100 表示以最大的方式进行平铺。

禁用过滤：启用该选项后，系统将禁用过滤的整个过程。

禁用抗锯齿：启用该选项后，可以禁用抗锯齿功能。

10.2.3 运动模糊参数

运动模糊一般运用在动画中，常用于表现运动对象高速运动时产生的模糊效果。当设置【多过程效果】类型为【运动模糊】方式时，系统会自动弹出【运动模糊参数】卷展栏，如图 10-14 所示。

图 10-15 所示为运动模糊效果。

图 10-14   图 10-15

显示过程：启用该选项后，【渲染帧窗口】对话框中将显示多个渲染通道。

过程总数：设置生成效果的过程数。增大该值可以提高效果的真实度，但是会增加渲染时间。

持续时间（帧）：在制作动画时，该选项用来设置应用运动模糊的帧数。

偏移：设置模糊的偏移距离。

规格化权重：启用该选项后，可以将权重规格化，以获得平滑的结果；关闭该选项后，效果会变得更加清晰，颗粒效果也更明显。

抖动强度：设置应用于渲染通道的抖动程度。增大该值会增加抖动量，并且会生成颗粒状的效果，尤其在对象的边缘上最为明显。

平铺大小：设置图案的大小。0 表示以最小的方式进行平铺，100 表示以最大的方式进行平铺。

禁用过滤：启用该选项后，系统将禁用过滤的整个过程。

10.2.4 剪切平面参数

使用剪切平面可以控制渲染的一定距离内的部分。如果场景中拥有许多复杂几何体，那么剪切平面对于渲染其中所选的部分场景非常有用。剪切平面设置是摄影机创建参数的一部分。每个剪切平面的位置是以场景的当前单位，沿着摄影机的视线测量的。剪切平面是摄影机常规参数的一部分，如图 10-16 所示。

很多时候由于场景设置的空间比较小，摄影机可能会放置在空间以外，正常渲染时是不会渲染出室内物体的，因此可以使用【剪切平面】进行设置，设置合理的【近距剪切】和【远距剪切】数值，这样就可以控制摄影机看到的最近距离和最远距离了，效果如图 10-17 所示。

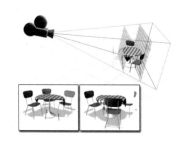

图 10-16

图 10-17

10.2.5 摄影机校正

选择目标摄影机，单击鼠标右键，并在弹出的快捷菜单中选择【应用摄影机校正修改器】命令，如图 10-18 和图 10-19 所示。

图 10-20 所示为使用【摄影机校正】的对比效果。

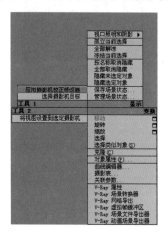

图 10-18

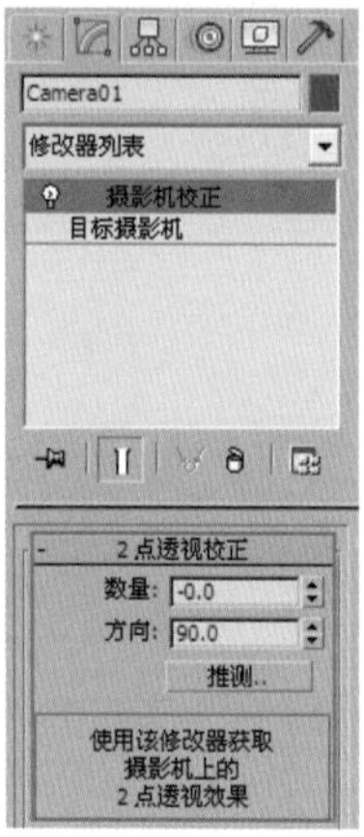

图 10-19

图 10-20

数量：设置两点透视的校正数量。

方向：偏移方向。默认值为 90，大于 90 设置方向向左偏移校正，小于 90 设置方向向右偏移校正。

推测：单击以使【摄影机校正】修改器设置第一次推测数量值。

?FAQ 常见问题解答：怎么快速隐藏摄影机？安全框是什么？

1. 快速隐藏摄影机

很多时候由于场景太复杂，容易误选摄影机，误操作，所以可以暂时把摄影机快速隐藏起来。图 10-21 所示为场景的一个摄影机。

按【Shift+C】键，即可对所有的摄影机进行快速隐藏和显示，如图 10-22 所示。

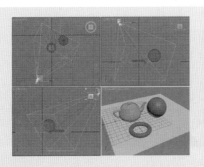 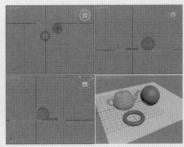

图 10-21　　　　　　　　　　　图 10-22

2. 安全框

在摄影机视图中按【Shift+F】键，可以打开安全框。安全框以内的部分是最终渲染的部分，安全框以外的部分在渲染时不会被渲染出来，如图 10-23 所示。

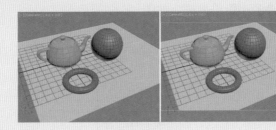

图 10-23

重点》进阶案例 —— 调整目标摄影机角度

场景文件	01.max
案例文件	进阶案例 —— 调整目标摄影机角度 .max
视频教学	DVD/ 多媒体教学 /Chapter 10/ 进阶案例 —— 调整目标摄影机角度 .flv
难易指数	★★☆☆☆
技术掌握	掌握目标摄影机的应用

在这个场景中，主要掌握调整目标摄影机角度，最终渲染效果如图 10-24 所示。

图 10-24

（1）打开本书配套光盘中的【场景文件 /Chapter10/01.max】文件，如图 10-25 所示。

（2）在创建面板下单击【摄影机】按钮，并设置【摄影机类型】为【标准】，最后

Chapter 10

单击 目标 按钮，如图 10-26 所示。

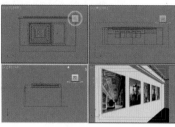 

图 10-25　　　　　　　　　　　　图 10-26

（3）使用【目标摄像机】在顶视图中拖曳创建，具体放置位置如图 10-27 所示。

（4）进入【修改面板】，在【参数】卷展栏下设置【镜头】为 22mm、【视野】为 80 度、【目标距离】为 2958，如图 10-28 所示。

（5）按【C】键切换到摄影机视图，如图 10-29 所示。

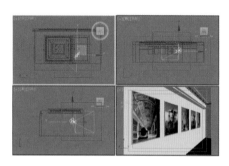  

图 10-27　　　　　　　　　图 10-28　　　　　　　　　图 10-29

（6）进入【修改面板】，在【参数】卷展栏下设置【镜头】为 14mm、【视野】为 105 度、【目标距离】为 1657，如图 10-30 所示。

（7）按【C】键切换到摄影机视图，如图 10-31 所示。

（8）此时配合使用【推拉摄影机】 工具、【视野】 工具、【环游摄影机】 工具，将摄影机视图进行调整，如图 10-32 所示。

图 10-30　　　　　　　　图 10-31　　　　　　　　图 10-32

求生秘籍——软件技能: 手动调整摄影机的视图

在摄影机视图被激活的情况下, 在 3ds Max 右下角可以看到如图 10-33 所示的 6 个工具。

图 10-33

(1) ⬇ (推拉摄影机): 可以将摄影机视野进行推拉, 如图 10-34 所示。

图 10-34

(2) （视野）：可以调整视口中可见的场景数量和透视张角量，如图10-35所示。

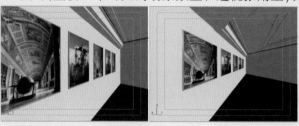

图 10-35

(3) （透视）：【透视】增加了透视张角量，同时保持场景的构图，如图10-36所示。

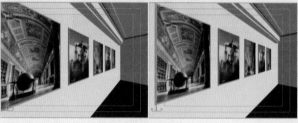

图 10-36

(4) （平移摄影机）：可以沿着平行于视图平面的方向移动摄影机，如图10-37所示。

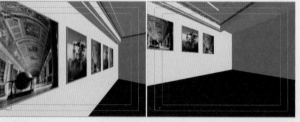

图 10-37

(5) （侧滚摄影机）：围绕其视线旋转目标摄影机，围绕其局部 Z 轴旋转自由摄影机，如图10-38所示。

图 10-38

(6) ☄ (环游摄影机)：使目标摄影机围绕其目标旋转，如图 10-39 所示。

图 10-39

(9) 最终渲染效果，如图 10-40 所示。

图 10-40

10.3 自由摄影机

自由摄影机在摄影机指向的方向查看区域。创建自由摄影机时，看到一个图标，该图标表示摄影机和其视野。摄影机图标与目标摄影机图标看起来相同，不存在要设置动画的单独的目标图标。当摄影机的位置沿一个路径被设置动画时，可以使用自由摄影机。

单击 ✳ (创建) → 📷 (摄影机) → 标准 ▾ → 自由 ，如图 10-41 所示。在场景中拖曳光标可以创建一台自由摄影机，可以观察到自由摄影机只包含【摄影机】一个部件，如图 10-42 所示。

其具体的参数与目标摄影机基本一致，如图 10-43 所示。

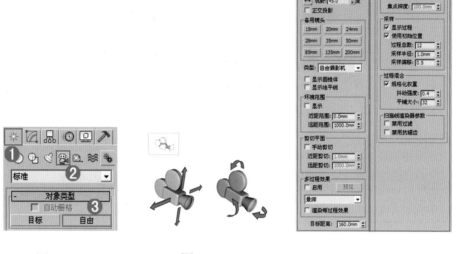

图 10-41　　　　　图 10-42　　　　　图 10-43

求生秘籍 —— 软件技能：目标摄影机和自由摄影机可以切换

在目标摄影机和自由摄影机参数中的【类型】选项区中选择需要的摄影机类型，如图 10-44 所示。

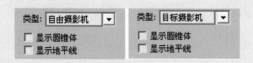

图 10-44

10.4 VR 穹顶摄影机

VR 穹顶摄影机不仅可以为场景固定视角，而且可以制作出类似鱼眼的特殊镜头效果。【VR 穹顶摄影机】常用于渲染半球圆顶效果，其参数面板如图 10-45 所示。

翻转 X：让渲染的图像在 X 轴上反转。

翻转 Y：让渲染的图像在 Y 轴上反转。

fov：设置视角的大小。

图 10-45

10.5 VR 物理摄影机

VR 物理摄影机是较为常用的摄影机类型之一，与目标摄影机相比，VR 物理摄影机更为灵活，参数更多、更全，可以控制光圈、快门、曝光、ISO 等。单击 （创建）→ （摄影机）→ VRay ▼ → VR物理摄影机 按钮，如图 10-46 所示。用户通过【VR 物理摄影机】能制作出更真实的效果图。其面板包括基本参数、散景特效、采样、失真和其他参数，如图 10-47 所示。

图 10-46   图 10-47

10.5.1 基本参数

类型：VR 物理摄影机内置了以下 3 种类型的摄影机。

照相机：用来模拟一台常规快门的静态画面照相机。

摄影机（电影）：用来模拟一台圆形快门的电影摄影机。

摄像机（DV）：用来模拟带 CCD 矩阵的快门摄像机。

目标：若选中该选项，则摄影机的目标点将放在焦平面上；若关闭该选项，则可以通过下面的【目标距离】选项来控制摄影机到目标点的位置。

胶片规格（mm）：控制摄影机所看到的景色范围。该值越大，看到的景越多。图 10-48 所示为胶片规格大数值和小数值的对比效果。

图 10-48

焦距（mm）：控制摄影机的焦长。图 10-49 所示为焦距大数值和小数值的对比效果。

图 10-49

视野：该参数控制视野的数值。

缩放因子：控制摄影机视图的缩放。值越大，摄影机视图拉得越近。图 10-50 所示为缩放因子大数值和小数值的对比效果。

横向 / 纵向偏移：该选项控制摄影机产生横向 / 纵向的偏移效果。

光圈数：设置摄影机的光圈大小，主要用来控制最终渲染的亮度。数值越小，图像越亮；数值越大，图像越暗。图 10-51 所示为光圈数大数值和小数值的对比效果。

图 10-50

图 10-51

目标距离：摄影机到目标点的距离，默认情况下是关闭的。当关闭摄影机的【目标】选项时，就可以用【目标距离】来控制摄影机的目标点的距离。

纵向 / 横向移动：控制摄影机的扭曲变形系数。

指定焦点：开启这个选项后，可以手动控制焦点。

焦点距离：控制焦距的大小。

曝光：选中选项，【利用 VR 物理摄影机】中的【光圈】、【快门速度】和【胶片感光度】设置才会起作用。

光晕：模拟真实摄影机里的光晕效果，选中【光晕】可以模拟图像四周黑色光晕效果。

白平衡：和真实摄影机的功能一样，控制图像的色偏。图 10-52 所示为【中性】类型和【日光】类型的对比效果。

图 10-52

自定义平衡：该选项控制自定义摄影机的白平衡颜色。

温度：该选项只有在设置白平衡为温度方式时才可以使用，控制温度的数值。

快门速度（s^-1）：控制光的进光时间，值越小，进光时间越长，图像就越亮；值越大，进光时间就越小。图 10-53 所示为快门速度设置小数值和大数值的对比效果。

图 10-53

快门角度（度）：当摄影机选择【摄影机（电影）】类型时，该选项才被激活，其作用和上面的【快门速度】的作用一样，主要用来控制图像的亮暗。

快门偏移（度）：当摄影机选择【摄影机（电影）】类型时，该选项才被激活，主要用来控制快门角度的偏移。

延迟(秒)：当摄影机选择【摄像机(DV)】类型时，该选项才被激活，其作用和上面的【快门速度】的作用一样，主要用来控制图像的亮暗，值越大，表示光越充足，图像也越亮。

底片感光度（ISO）：控制图像的亮暗，值越大，表示 ISO 的感光系数越强，图像也越亮。一般白天效果比较适合用较小的 ISO，而晚上效果比较适合用较大的 ISO。

胶片速度（ISO）：该选项控制摄影机 ISO 的数值。

10.5.2 散景特效

【散景特效】卷展栏下的参数主要用于控制散景效果，当渲染景深时，或多或少都会产生一些散景效果，这主要和散景到摄影机的距离有关。图 10-54 所示是使用真实摄影机拍摄的散景效果。

图 10-54

叶片数：控制散景产生的小圆圈的边，默认值为 5 表示散景的小圆圈为正 5 边形。

旋转（度）：散景小圆圈的旋转角度。

中心偏移：散景偏移源物体的距离。

各向异性：控制散景的各向异性，值越大，散景的小圆圈拉得越长，即变成椭圆。

10.5.3　采样

【采样】卷展栏中有以下几个参数。

景深：控制是否产生景深。如果想要得到景深，就需要开启该选项。

运动模糊：控制是否产生动态模糊效果。

细分：控制景深和动态模糊的采样细分，值越高，杂点越大，图的品质就越高，但是会减慢渲染时间。

10.5.4　失真

【失真】卷展栏中有以下几个参数。

失真类型：该选项控制失真的类型，包括二次方、三次方、镜头文件、纹理4种方式。

失真数量：该选项可以控制摄影机产生失真的强度。

镜头文件：当失真类型切换为镜头文件时，该选项可用。可以在此处添加镜头的文件。

距离贴图：当失真类型切换为纹理时，该选项可用。

10.5.5　其他

【其他】卷展栏中有以下几个参数。

地平线：选中选项后，可以使用地平线功能。

剪切：选中该选项后，可以使用摄影机剪切功能，可以解决摄影机由于位置原因而无法正常显示的问题。

近端/远端剪切平面：可以设置近端/远端剪切平面的数值，控制近端/远端的数值。图10-55所示为不设置和正确设置【近端/远端剪切平面】数值的对比渲染效果。

图 10-55

近端/远端环境范围：可以设置近端/远端环境范围的数值，控制近端/远端的数值，多用来模拟雾效。

显示圆锥体：该选项控制显示圆锥体的方式，包括选定、始终、从不。

重点▶进阶案例（1）—— 使用 VR 物理摄影机的光圈调整亮度

场景文件	02.max
案例文件	进阶案例 —— 使用 VR 物理摄影机的光圈调整亮度 .max
视频教学	DVD/ 多媒体教学 /Chapter 10/ 进阶案例 —— 使用 VR 物理摄影机的光圈调整亮度 .flv
难易指数	★★☆☆☆
技术掌握	掌握 VR 物理摄影机的应用

Chapter 10

在这个场景中，主要掌握 VR 物理摄影机应用，最终渲染效果如图 10-56 所示。

（1）打开本书配套光盘中的【场景文件 /Chapter10/02.max】文件，如图 10-57 所示。

图 10-56

图 10-57

（2）单击 ✳ （创建）→ 🎥 （摄影机）→ |VRay ▾| → |VR**物理摄影机**| 按钮，如图 10-58 所示。

（3）在场景中进行拖曳创建一盏【VR 物理摄影机】，位置如图 10-59 所示。

图 10-58   图 10-59

（4）单击进入修改面板，设置【光圈数】为 1、【目标距离】为 4010.4，如图 10-60 所示。

（5）按【F9】键进行渲染，此时的效果如图 10-61 所示。

（6）单击进入修改面板，设置【光圈数】为 2、【目标距离】为 4010.4，如图 10-62 所示。

（7）按【F9】键进行渲染，此时的效果如图 10-63 所示。由此可见，【光圈数】越大，渲染效果越暗。

图 10-60

图 10-61

图 10-62

图 10-63

重点▶进阶案例（2）—— 使用 VR 物理摄影的光晕调整黑边效果

场景文件	03.max
案例文件	进阶案例 —— 使用 VR 物理摄影的光晕调整黑边效果 .max
视频教学	DVD/ 多媒体教学 /Chapter 10/ 进阶案例 —— 使用 VR 物理摄影的光晕调整黑边效果 .flv
难易指数	★★☆☆☆
技术掌握	掌握 VR 物理摄影机的应用

在这个场景中，主要掌握 VR 物理摄影机调整光晕参数，最终渲染效果如图 10-64 所示。

（1）打开本书配套光盘中的【场景文件 /Chapter10/03.max】文件，如图 10-65 所示。

（2）单击 ❋ （创建）→ 📷 （摄影机）→ VRay ▼ → VR物理摄影机 按钮，如图 10-66 所示。

（3）在场景中进行拖曳创建一盏【VR 物理摄影机】，位置如图 10-67 所示。

（4）单击进入修改面板，设置【目标距离】为 4010.4，取消选中【光晕】复选框，如图 10-68 所示。

图 10-64

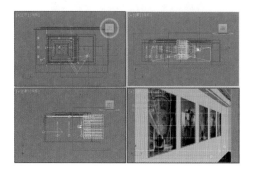

图 10-65

图 10-66

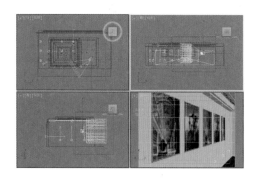

图 10-67

图 10-68

(5) 按【F9】键进行渲染，此时的效果如图 10-69 所示。

(6) 单击进入修改面板，设置【目标距离】为 4010.4，选中【光晕】复选框，设置【光晕数】为 3，如图 10-70 所示。

(7) 按【F9】键进行渲染，此时的效果如图 10-71 所示。

图 10-69　　　　　　　　　　　　　　图 10-70

图 10-71

Chapter 11
VRay 渲染综合

本章学习要点：

◢ 书房一角的效果图完整制作流程。

◢ 休闲室一角的效果图完整制作流程。

本章以书房一角、休闲室一角两个案例为例进行讲解。

重点》 11.1 综合案例 —— 书房一角

场景文件	01.max
案例文件	综合案例 —— 书房一角 .max
视频教学	多媒体教学 /Chapter 11/ 综合案例 —— 书房一角 .flv
难易指数	★★★★☆
灯光类型	VR 太阳、VR 灯光、目标灯光
材质贴图类型	VRayMtl 材质、VR 灯光材质、位图贴图
技术掌握	掌握书房材质和日景灯光的制作方法

案例介绍

本案例是一个书房场景。书房是供人用来读书、休息的空间，要求比较安静，所以不要有过多的颜色冲突搭配，避免产生过于刺激的效果。图 11-1 所示为本案例的渲染效果。

图 11-1

11.1.1 设置 VRay 渲染器

（1）打开本书配套光盘中的【场景文件 /Chapter 11/01.max】文件，此时场景效果如图 11-2 所示。

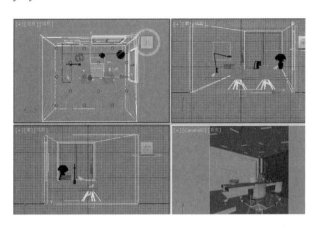

图 11-2

（2）按【F10】键，打开【渲染设置】对话框，单击【公用】选项卡，在【指定渲染器】卷展栏下单击 [...] 按钮，在弹出的【选择渲染器】对话框中选择【V-Ray Adv 2.40.03】，如图 11-3 所示。

（3）此时在【指定渲染器】卷展栏中的，【产品级】后面显示了【V-Ray Adv 2.40.03】，【渲染设置】对话框中出现了【V-Ray】、【间接照明】、【设置】、【Render Elements】选项卡，如图 11-4 所示。

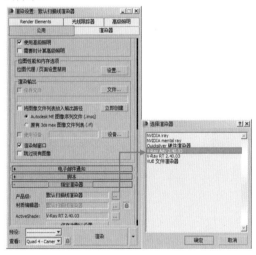

图 11-3

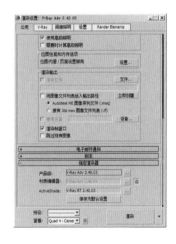

图 11-4

11.1.2　材质的制作

下面讲述场景中的主要材质的调节方法，包括木地板、椅子、玻璃桌子、玻璃窗户、环境材质等。效果如图 11-5 所示。

（1）木地板材质的制作。

1）按【M】键，打开【材质编辑器】对话框，选择第一个材质球，单击 Standard （标准）按钮，在弹出的【材质 / 贴图浏览器】对话框中选择【VRayMtl】，如图 11-6 所示。

2）将其命名为【木地板】，展开【贴图】卷展栏，在【漫反射】和【凹凸】后面的通道上分别加载【owen.jpg】贴图文件，展开【坐标】卷展栏，设置【瓷砖 U】为 3、【瓷砖 V】

为 2、【角度 W】为 90，在【凹凸】文本框中输入为 100，如图 11-7 所示。

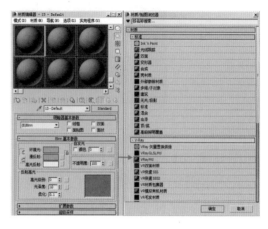

图 11-5   图 11-6

图 11-7

3）展开【基本参数】卷展栏，设置【反射】颜色为灰色（红：74，绿：74，蓝 =74），设置【高光光泽度】为 0.9、【反射光泽度】为 0.8、【细分】为 25，如图 11-8 所示。

4）制作后的材质球如图 11-9 所示。

5）将制作完毕的木地板材质赋给场景中的模型，如图 11-10 所示。

（2）椅子材质的制作。

1）按【M】键，打开【材质编辑器】对话框，选择一个材质球，单击 Standard （标准）按钮，在弹出的【材质 / 贴图浏览器】对话框中选择【VRayMtl】，如图 11-11 所示。

2）将材质命名为【椅子】，设置【漫反射】颜色为白色（红：25，绿：250，蓝：250），设置【反射】颜色为白色（红：250，绿：250，蓝：250），选中【菲涅耳反射】复选框，设置【高光光泽度】为 0.9、【细分】为 16，如图 11-12 所示。

图 11-8

图 11-9

图 11-10

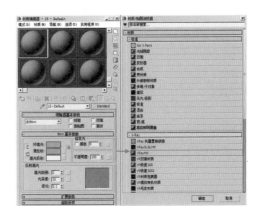

图 11-11

图 11-12

3）制作后的材质球如图 11-13 所示。

4）将制作完毕的椅子材质赋给场景中的模型，如图 11-14 所示。

（3）玻璃桌子材质的制作。

1）选择一个空白材质球，然后将【材质类型】设置为【VRayMtl】，并命名为【玻璃桌子】，设置【漫反射】颜色为浅绿色（红：161，绿：227，蓝：201），设置【反射】颜色为黑色（红：

15, 绿: 15, 蓝: 15), 设置【细分】为 15, 设置【折射】颜色为绿色 (红: 119, 绿: 217, 蓝: 186), 设置【光泽度】为 0.87、【细分】为 16, 如图 11-15 所示。

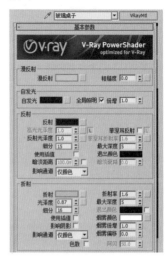

图 11-13　　　　　　　　图 11-14　　　　　　　　图 11-15

2) 制作后的材质球如图 11-16 所示。

3) 将制作完毕的玻璃桌子材质赋给场景中的模型, 如图 11-17 所示。

图 11-16　　　　　　　　图 11-17

(4) 玻璃窗户材质的制作。

1) 选择一个空白材质球, 将【材质类型】设置为【VRayMtl】, 并命名为【玻璃窗户】, 设置【漫反射】颜色为白色 (红: 255, 绿: 255, 蓝: 255), 设置【反射】颜色为黑色 (红: 9, 绿: 9, 蓝: 9), 设置【折射】颜色为白色 (红: 255, 绿: 255, 蓝: 255), 如图 11-18 所示。

2) 制作后的材质球如图 11-19 所示。

3) 将制作完毕的玻璃窗户材质赋给场景中的模型, 如图 11-20 所示。

(5) 环境材质的制作。

1) 按【M】键, 打开【材质编辑器】对话框, 选择第一个材质球, 单击 Standard (标准) 按钮, 在弹出的【材质 / 贴图浏览器】对话框中选择【VR 灯光材质】, 如图 11-21 所示。

2) 将其命名为【环境】, 在【颜色】后面的通道上加载【00000.jpg】贴图文件, 设置【颜

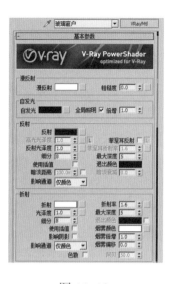

图 11-18　　　　　　　图 11-19　　　　　　　　图 11-20

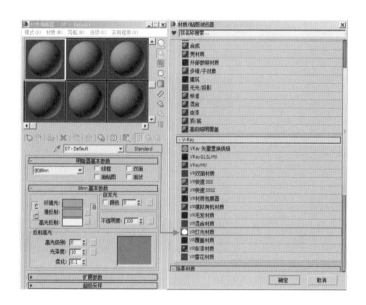

图 11-21

色强度】为 2.5，选中【补偿摄影机曝光】复选框，如图 11-22 所示。

　　3）制作后的材质球如图 11-23 所示。

图 11-22　　　　　　　　　　　　图 11-23

Chapter 11

4）将制作完毕的环境材质赋给场景中的模型，如图 11-24 所示。

图 11-24

11.1.3 设置摄影机

（1）单击 ✷（创建）→ 📷（摄影机）→ 目标 按钮，如图 11-25 所示。单击在视图中拖曳创建摄影机，如图 11-26 所示。

图 11-25

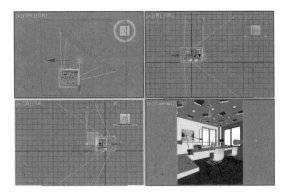

图 11-26

（2）选择刚创建的摄影机，单击进入修改面板，并设置【镜头】为 27、【视野】为 68，最后设置【目标距离】为 6399mm。选中【手动剪切】，并设置【近距剪切】为 573mm、【远距剪切】为 8996mm，如图 11-27 所示。

（3）此时的摄影机视图效果，如图 11-28 所示。

11.1.4 设置灯光并进行草图渲染

在书房一角场景中，使用两部分灯光照明来表现，一部分使用了环境光效果，另一部分使用了室内灯光的照明。也就是说想得到好的效果，必须配合室内的一些照明，最后设置一下辅助光源就可以了。

（1）设置 VR 太阳灯光。

1）在【创建面板】下单击 💡【灯光】，并设置【灯光类型】为【VRay】，最后单击 VR太阳 按钮，如图 11-29 所示。

图 11-27　　　　　　　　　　　　　图 11-28　　　　　　　　　　　　图 11-29

2）在前视图中进行拖曳创建 1 盏 VR 太阳，并使用【选择并移动】工具 ✛ 调整位置，此时 VR 太阳灯光的位置如图 11-30 所示。在弹出的【VR 太阳】对话框中单击【是】按钮，如图 11-31 所示。

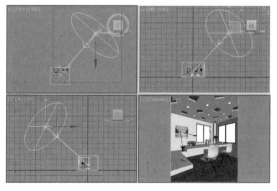

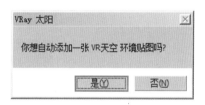

图 11-30　　　　　　　　　　　　　　　　图 11-31

3）选择上一步创建的 VR 太阳灯光，然后在 ⦿ 【修改】面板下展开【VRay 太阳参数】卷展栏，设置【强度倍增】为 0.045、【大小倍增】为 8.606、【阴影细分】为 12，如图 11-32 所示。

4）按【F10】键，打开【渲染设置】对话框。首先设置【VRay】和【间接照明】选项卡下的参数，刚开始设置的是一个草图设置，目的是进行快速渲染，以观看整体的效果，参数设置如图 11-33 所示。

5）按【Shift+Q】键，快速渲染摄影机视图，其渲染的效果如图 11-34 所示。

图 11-32

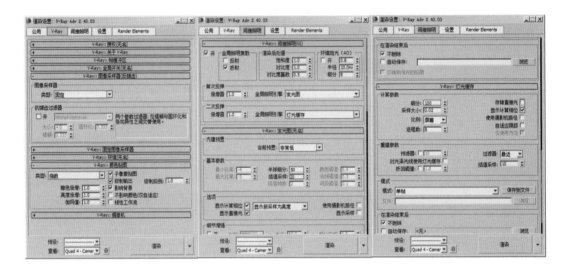

图 11-33

图 11-34

（2）设置 VR 灯光。

1）在【创建面板】下单击【灯光】，并设置【灯光类型】为【VRay】，最后单击 VR灯光 按钮，如图 11-35 所示。

2）在前视图中拖曳创建 1 盏 VR 灯光，并使用【选择并移动】工具 复制 1 盏 VR 灯光并调整位置，此时 VR 灯光的位置如图 11-36 所示。

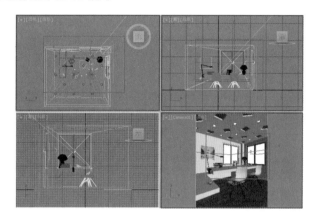

图 11-35　　　　　　　　　　　　图 11-36

3）选择上一步创建的 VR 灯光，然后在【修改面板】下展开【参数】卷展栏，在【常规】选项区中设置类型为【平面】，在【强度】选项区中设置【倍增器】为 3，调节【颜色】为白色（红：241，绿：252，蓝：249）。在【大小】选项区中设置【1/2 长】为 750mm、【1/2 宽】为 750mm，在【选项】区中选中【不可见】复选框，在【采样】选项区中设置【细分】为 20，如图 11-37 所示。

4）按【Shift+Q】键，快速渲染摄影机视图，其渲染的效果如图 11-38 所示。

图 11-37　　　　　　　　　　　　图 11-38

（3）设置目标灯光。

1）在【创建面板】下单击 【灯光】，并设置【灯光类型】为【光度学】，最后单击 目标灯光 按钮，如图 11-39 所示。

2）在前视图中拖曳并创建 1 盏目标灯光，如图 11-40 所示。在 【修改】面板下选中【启用】复选框，设置【阴影类型】为【VRay 阴影】，在【灯光分布（类型）】选项区中设置类型为【光度学 Web】，展开【分布（光度学 Web）】卷展栏，在后面的通道上加载【SD018.ies】光域网文件，设置【强度】为 500，如图 11-41 所示。

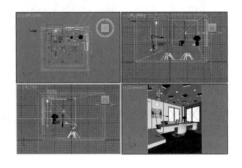

图 11-39   图 11-40   图 11-41

11.1.5 设置成图渲染参数

（1）重新设置一下渲染参数，按【F10】键，在打开的【渲染设置】对话框中单击【V-Ray】选项卡，展开【图形采样器（反锯齿）】卷展栏，设置【类型】为【自适应细分】。在【抗锯齿过滤器】选项区中选中【开】复选框，并选择【Mitchell-Netravali】，展开【V-Ray：：自适应细分图像采样器】卷展栏，设置【最小比率】为 − 1、【最大比率】为 2。展开【颜色贴图】卷展栏，设置【类型】为【指数】，选中【子像素贴图】和【钳制输出】复选框，如图 11-42 所示。

图 11-42

（2）单击【间接照明】选项卡，展开【发光图】卷展栏，设置【当前预置】为【低】，设置【半球细分】为 50、【插值采样】为 30，选中【显示计算机相位】复选框，展开【灯光缓存】卷展栏，设置【细分】为 1200，选中【存储直接光】和【显示计算机相位】复选框，如图 11-43 所示。

（3）单击【设置】选项卡，展开【系统】卷展栏，设置【区域排序】为【三角剖分】，取消选中【显示窗口】复选框，如图 11-44 所示。

图 11-43

（4）单击【公用】选项卡，展开【公用参数】卷展栏，设置输出的尺寸为 800×1000，如图 11-45 所示。

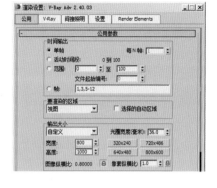

图 11-44　　　　　　　　　　　　　　图 11-45

（5）最终的渲染效果如图 11-46 所示。

图 11-46

重点▶ 11.2 综合案例 —— 休闲室一角

场景文件	02.max
案例文件	综合案例 —— 休闲室一角 .max
视频教学	多媒体教学 /Chapter 11/ 综合案例 —— 休闲室一角 .flv
难易指数	★★★★☆
灯光类型	VR 太阳、VR 灯光
材质贴图类型	VRayMtl 材质、衰减程序贴图、位图贴图
技术掌握	掌握休闲室内材质和灯光的效果

案例介绍

本案例是一个休闲室场景。休闲室是供人休息、放松、聊天的空间，设计较为随性、无过多拘束。图 11-47 所示为本案例的渲染效果。

图 11-47

11.2.1 设置 VRay 渲染器

（1）打开本书配套光盘中的【场景文件 /Chapter 11/02.max】文件，此时场景效果如图 11-48 所示。

（2）按【F10】键，打开【渲染设置】对话框，单击【公用】选项卡，在【指定渲染器】卷展栏下单击 按钮，在弹出的【选择渲染器】对话框中选择【V-Ray Adv 2.40.03】，如图 11-49 所示。

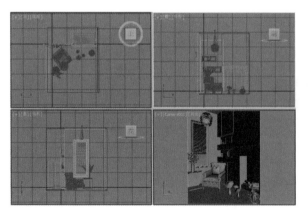

图 11-48　　　　　　　　　　　图 11-49

（3）此时在【指定渲染器】卷展栏中的【产品级】后面显示了【V-Ray Adv 2.40.03】，【渲染设置】对话框中出现了【V-Ray】、【间接照明】、【设置】、【Render Elements】选项卡，如图 11-50 所示。

图 11-50

11.2.2 材质的制作

下面讲述场景中的主要材质的调节方法，包括地板、木纹、沙发、大理石、白色柜子、灯罩材质等，效果如图 11-51 所示。

（1）地板材质的制作。

1）按【M】键，打开【材质编辑器】对话框，选择第一个材质球，单击 Standard （标准）按钮，在弹出的【材质 / 贴图浏览器】对话框中选择【VRayMtl】，如图 11-52 所示。

图 11-51

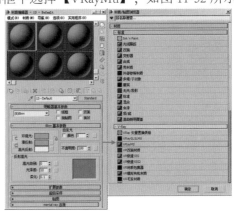

图 11-52

2）将其命名为【地板】，展开【贴图】卷展栏，在【漫反射】和【凹凸】后面的通道上分别加载【565656.jpg】贴图文件，展开【坐标】卷展栏，设置【瓷砖 U/V】分别为 2，在【凹凸】文本框中输入 30，如图 11-53 所示。

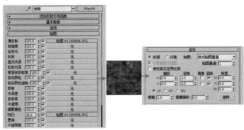

图 11-53

3）制作后的材质球如图 11-54 所示。

4）将制作完毕的地板材质赋给场景中的模型，如图 11-55 所示。

图 11-54　　　　　　　　图 11-55

（2）木纹材质的制作。

1）按【M】键，打开【材质编辑器】对话框，选择一个材质球，单击 Standard （标准）按钮，在弹出的【材质 / 贴图浏览器】对话框中选择【VRayMtl】，如图 11-56 所示。

2）将材质命名为【木纹】，在【漫反射】后面的通道上加载【黑檀木 1.jpg】贴图文件，设置【反射】颜色为灰色（红：49，绿：49，蓝：449），设置【反射光泽度】为 0.82、【细分】为 15，如图 11-57 所示。

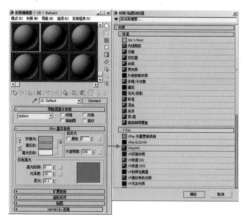
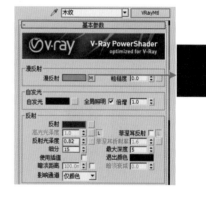

图 11-56　　　　　　　　　　　　　　图 11-57

3）制作后的材质球如图 11-58 所示。

4）将制作完毕的木纹材质赋给场景中的模型，如图 11-59 所示。

图 11-58　　　　　　　　图 11-59

（3）沙发材质的制作。

1）选择一个空白材质球，将【材质类型】设置为【VRayMtl】，并命名为【沙发】，在【漫反射】后面的通道上加载【衰减】程序贴图，展开【衰减参数】卷展栏，在【颜色1和颜色2】后面的通道上分别加载【bvsdb1.jpg】贴图文件，设置【反射】颜色为黑色（红：20，绿：20，蓝：20），设置【高光光泽度】为0.23，如图11-60所示。

图 11-60

2）展开【贴图】卷展栏，在【凹凸】后面的通道上加载【Arch30_towelbump5.jpg】贴图文件，展开【坐标】卷展栏，设置【瓷砖 U/V】分别为1.3，【角度 W】为45，设置【凹凸数量】为44，如图11-61所示。

图 11-61

3）制作后的材质球如图11-62所示。

4）将制作完毕的沙发材质赋给场景中的模型，如图11-63所示。

图 11-62　　　　图 11-63

（4）大理石材质的制作。

1）选择一个空白材质球，将【材质类型】设置为【VRayMtl】，并命名为【大理石】，在【漫反射】后面的通道上加载【雅士白地面1.jpg】贴图文件，设置【反射】颜色为灰色（红：158，绿：158，蓝：158），选中【菲涅耳反射】复选框，设置【反射光泽度】为0.9、【细分】为16，如图11-64所示。

2）制作后的材质球如图11-65所示。

图 11-64　　　　　　　　图 11-65

3）将制作完毕的大理石材质赋给场景中的模型，如图11-66所示。

图 11-66

（5）白色柜子材质的制作。

1）选择一个空白材质球，将【材质类型】设置为【VRayMtl】，并命名为【白色柜子】，设置【漫反射】颜色为白色（红：255，绿：255，蓝：255），设置【反射】颜色为白色（红：255，绿：255，蓝：255），选中【菲涅耳反射】复选框，设置【细分】为15，如图11-67所示。

2）制作后的材质球如图11-68所示。

3）将制作完毕的白色柜子材质赋给场景中的模型，如图11-69所示。

图 11-67　　　　　　图 11-68　　　　　　图 11-69

（6）灯罩材质的制作。

1）选择一个空白材质球，将【材质类型】设置为【VRayMtl】，并命名为【灯罩】，设置【漫反射】颜色为黄色（红：220，绿：174，蓝：101），在【折射】后面的通道上加载【衰减】程序贴图，展开【衰减参数】卷展栏，设置【颜色1】颜色为灰色（红：140，绿：140，蓝：140）、【颜色2】颜色为黑色（红：0，绿：0，蓝：0），设置【折射率】为1.5、【烟雾倍增】为0.01、【光泽度】为0.75，选中【影响阴影】复选框，设置【影响通道】为颜色+Alpha，如图11-70所示。

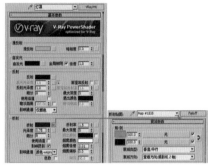

图 11-70

2）制作后的材质球如图11-71所示。

3）将制作完毕的灯罩材质赋给场景中的模型，如图11-72所示。

图 11-71　　　　　　　图 11-72

11.2.3　设置摄影机

（1）单击 （创建）→ （摄影机）→ 按钮，如图11-73所示。单击在视图中拖曳创建摄影机，如图11-74所示。

（2）选择刚创建的摄影机，单击进入修改面板，并设置【镜头】为43、【视野】为45，设置【目标距离】为454mm。选中【手动剪切】复选框，并设置【近距剪切】为270mm、【远距剪切】为700mm，如图11-75所示。

图 11-73

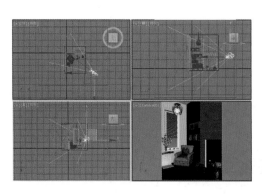

图 11-74 　　　　　　　　　　　　　图 11-75

求生秘籍——软件技能：【手动剪切】可以穿透墙面

　　有时候由于室内的空间很小，需要表现出较大的场景效果，摄影机的位置肯定要尽量往后移动，但是移动到一定位置后，摄影机再移动可能到室外了，因此是渲染不出室内的效果的。在 3ds Max 中可以使用【手动剪切】解决该问题。图 11-76 所示为将摄影机移动到室外。

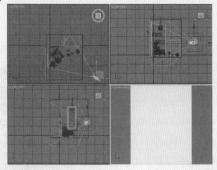

图 11-76

　　图 11-77 所示为正确设置了【手动剪切】参数后的效果，可以看到有两个红色的区域，分别代表了最近和最远摄影机可以看到的效果。

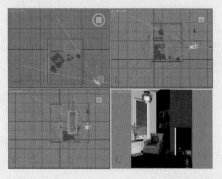

图 11-77

（3）选择刚创建的摄影机，并单击鼠标右键，在弹出的快捷菜单中选择【应用摄影机校正修改器】，如图 11-78 所示。

（4）此时可以看到【摄影机校正】修改器被加载到了摄影机上，最后设置【数量】为 1.042、【角度】为 90，如图 11-79 所示。

（5）此时的摄影机视图效果，如图 11-80 所示。

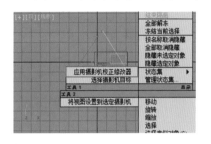  

图 11-78　　　　　　图 11-79　　　　　　图 11-80

11.2.4　设置灯光并进行草图渲染

在休闲室一角场景中，使用两部分灯光照明来表现，一部分使用了环境光效果，另一部分使用了室内灯光的照明。也就是说想得到好的效果，必须配合室内的一些照明，最后设置一下辅助光源就可以了。

（1）设置 VR 太阳灯光。

1）在【创建面板】下单击 ⚡【灯光】，并设置【灯光类型】为【VRay】，最后单击 VR太阳 按钮，如图 11-81 所示。

2）在前视图中拖曳创建 1 盏 VR 太阳，并使用【选择并移动】工具 ✥ 调整位置，此时 VR 太阳灯光的位置如图 11-82 所示。在弹出的【VR 太阳】对话框中单击【是】按钮，如图 11-83 所示。

 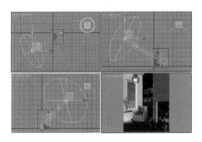 

图 11-81　　　　　　图 11-82　　　　　　图 11-83

3）选择上一步创建的 VR 太阳，在 【修改】面板下设置【强度倍增】为 0.07、【大小倍增】为 10、【阴影细分】为 20，如图 11-84 所示。

4）按【F10】键，打开【渲染设置】对话框。首先设置【VRay】和【间接照明】选项卡下的参数，刚开始设置的是一个草图设置，目的是进行快速渲染，以观看整体的效果，参数设置如图 11-85 所示。

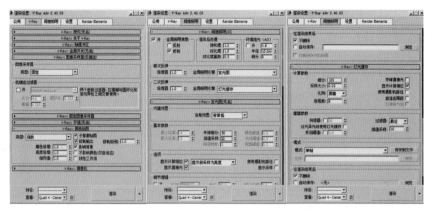

图 11-84   图 11-85

（5）按【Shift+Q】键，快速渲染摄影机视图，其渲染的效果如图 11-86 所示。

图 11-86

（2）设置 VR 灯光。

1）在【创建面板】下单击 【灯光】，并设置【灯光类型】为【VRay】，最后单击 VR灯光 按钮，如图 11-87 所示。

2）在前视图中拖曳并创建 1 盏 VR 灯光，如图 11-88 所示。

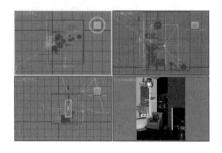

图 11-87   图 11-88

3）选择上一步创建的 VR 灯光，在【修改面板】下设置【类型】为【平面】，设置【倍增器】为 0.5、【1/2 长】为 100mm、【1/2 宽】为 150mm，选中【不可见】复选框，设置【细分】为 15，如图 11-89 所示。

4）继续在左视图中拖曳并创建 1 盏 VR 灯光，如图 11-90 所示。

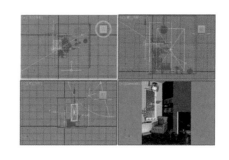

图 11-89　　　　　　　　　　图 11-90

5）选择上一步创建的 VR 灯光，在【修改面板】下设置类型为【平面】，设置【倍增器】为 3，设置【颜色】为浅蓝色（红：181，绿：219，蓝：254），设置【1/2 长】为 40mm、【1/2 宽】为 115mm，选中【不可见】复选框，设置【细分】为 15，如图 11-91 所示。

6）继续在顶视图中拖曳并创建 1 盏 VR 灯光，如图 11-92 所示。

7）选择上一步创建的 VR 灯光，在【修改面板】下设置类型为【球体】，设置【倍增器】为 40，设置【颜色】为黄色（红：254，绿：214，蓝：181），设置【半径】为 5mm，选中【不可见】复选框，设置【细分】为 15，如图 11-93 所示。

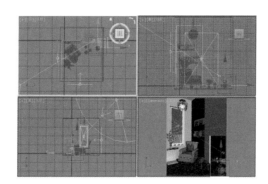

图 11-91　　　　　　　　　　图 11-92　　　　　　　　　　图 11-93

11.2.5　设置成图渲染参数

下面把渲染的参数设置高一些，再进行渲染输出。

（1）重新设置渲染参数，按【F10】键，在打开的【渲染设置】对话框中单击【V-Ray】选项卡，展开【图形采样器（反锯齿）】卷展栏，设置【类型】为【自适应确定性蒙特卡洛】。在【抗锯齿过滤器】选项区中选中【开】复选框，并选择【Catmull-Rom】，展开【V-Ray：

自适应细分图像采样器】卷展栏，设置【最小比率】为1、【最大比率】为4，展开【颜色贴图】卷展栏，设置【类型】为【指数】，选中【子像素贴图】和【钳制输出】复选框，如图 11-94 所示。

（2）单击【间接照明】选项卡，展开【发光图】卷展栏，设置【当前预置】为【低】，设置【半球细分】为50、【插值采样】为20，选中【显示计算机相位】和【显示直接光】复选框。展开【灯光缓存】卷展栏，设置【细分】为1000，选中【存储直接光】和【显示计算机相位】复选框，如图 11-95 所示。

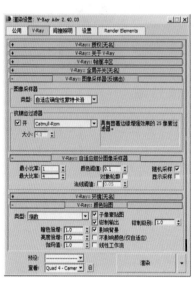

图 11-94

图 11-95

（3）单击【设置】选项卡，展开【系统】卷展栏，设置【区域排序】为【三角剖分】，取消选中【显示窗口】复选框，如图 11-96 所示。

（4）单击【公用】选项卡，展开【公用参数】卷展栏，设置输出的尺寸为 800×1000，如图 11-97 所示。

图 11-96

图 11-97

（5）最终的渲染效果如图 11-98 所示。

图 11-98

Chapter 12
Photoshop 后期处理

本章学习要点：

- 使用 Photoshop 修缮问题画面。
- 使用 Photoshop 调节整体或细节颜色。
- 使用 Photoshop 合成或添加元素。

本章是制作效果图的最后一个环节，熟练应用好本章的知识，可以提高工作效率。使用 Photoshop 可以快速地修缮问题画面、调节整体或细节颜色、合成或添加元素。这也是本章要重点讲解的三大部分。

进阶案例（1）—— 打造黑白餐厅

📟 案例文件 /Chapter12/ 进阶案例 —— 打造黑白餐厅 .psd

📺 视频教学 /Chapter12/ 进阶案例 —— 打造黑白餐厅 .flv

案例效果

本案例主要通过色彩范围命令来选中选区，调整选区的色相 / 饱和度来打造黑白餐厅。

操作步骤

（1）单击【文件】→【打开】命令，打开原餐厅的图片，可以看到图片中的餐厅以蓝色调为主色调，如图 12-1 所示。

图 12-1

（2）下面选中蓝色的部分，为餐厅更换颜色。单击【选择】→【色彩范围】命令，设置合适的颜色容差。颜色容差越大，选中的同一色系的颜色越多。使用🖌工具添加选区，如图 12-2 所示。单击【确定】按钮，画面选区如图 12-3 所示。

图 12-2　　　　　　　　　　　　　　　　图 12-3

（3）基于选区执行【图层】→【新建调整图层】→【色相／饱和度】命令，设置【饱和度】数值为－ 86，如图 12-4 所示。可以看到餐厅变成了黑白色，画面最终效果如图 12-5 所示。

图 12-4　　　　　　　　　　　　　　　　图 12-5

进阶案例（2）—— 打造清爽色调餐厅效果图

PSD 案例文件 /Chapter12/ 进阶案例 —— 打造清爽色调餐厅效果图 .psd

📺 视频教学 /Chapter12/ 进阶案例 —— 打造清爽色调餐厅效果图 .flv

案例效果

本案例主要通过为图片添加照片滤镜来改变图片的主题色调，打造清爽色调的餐厅效果图。

操作步骤

（1）单击【文件】→【打开】命令，打开素材文件【1.jpg】，可以看到画面中的餐厅以暖色调为主色调，如图 12-6 所示。

（2）执行【图层】→【新建调整图层】→【照片滤镜】命令，设置【滤镜】为冷却滤镜（82）、【浓度】数值为 42%，如图 12-7 所示。画面的最终效果如图 12-8 所示。

图 12-6　　　　　　　图 12-7　　　　　　　图 12-8

进阶案例（3）—— 更改会议室背景墙颜色

PSD 案例文件 /Chapter12/ 进阶案例 —— 更改会议室背景墙颜色 .psd

视频教学 /Chapter12/ 进阶案例 —— 更改会议室背景墙颜色 .flv

案例效果

本案例主要通过利用调整画面的色相 / 饱和度来更改会议室背景墙颜色。

操作步骤

（1）单击【文件】→【打开】命令，打开原图会议室的图片，如图 12-9 所示。

图 12-9

（2）执行【选择】→【色彩范围】命令，调整合适的颜色容差，基于橘色创建选区，如图 12-10 所示。此时画面如图 12-11 所示。

（3）基于选区执行【图层】→【新建调整图层】→【色相 / 饱和度】命令，设置【色相】数值为 － 27，如图 12-12 所示。画面的最终效果如图 12-13 所示。

图 12-10

图 12-11

图 12-12

图 12-13

进阶案例（4）—— 更换墙壁颜色

PSD 案例文件 /Chapter12/ 进阶案例 —— 更换墙壁颜色 .psd

视频教学 /Chapter12/ 进阶案例 —— 更换墙壁颜色 .flv

案例效果

本案例主要利用调整画面的自然饱和度来改变墙壁的颜色。

操作步骤

（1）单击【文件】→【打开】命令，打开原卧室图片，可以发现原图中卧室的墙面与吊顶的颜色比较接近，整个空间显得缺乏层次感，颜色单调，如图 12-14 所示。

图 12-14

（2）为墙面换一种颜色，使卧室看起来更加温馨。执行【图层】→【新建调整图层】→【自然饱和度】命令，设置【自然饱和度】数值为－100，【饱和度】数值为0，如图12-15所示。此时画面颜色的明度降低了，如图12-16所示。

图 12-15

图 12-16

（3）单击工具箱中的【画笔】工具，在选项栏中选择圆形柔角的画笔，设置合适的画笔大小。设置前景色为黑色，选中【自然饱和度1】的图层蒙版，在吊顶及地板的部分涂抹，画面效果如图12-17所示。图层蒙版效果如图12-18所示。

图 12-17

图 12-18

（4）使用工具箱中的【钢笔】工具绘制选区，单击【钢笔】工具，在选项栏中设置工具模式为【路径】，沿着墙壁绘制路径，如图12-19所示。单击鼠标右键，在弹出的快捷菜单中选择【建立选区】，画面如图12-20所示。

图 12-19

图 12-20

（5）新建图层，设置前景色为淡绿色，使用填充前景色快捷键【Ctrl+Delete】进行填充，画面如图 12-21 所示。选中该图层，在图层面板中设置图层的【混合模式】为正片叠底，画面效果如图 12-22 所示。

图 12-21　　　　　　　　　图 12-22

（6）继续执行【图层】→【新建调整图层】→【自然饱和度】命令，设置【自然饱和度】数值为 87、【饱和度】数值为 0，如图 12-23 所示。画面最终效果如图 12-24 所示。

图 12-23　　　　　　　　　图 12-24

进阶案例（5）——更换墙面装饰

PSD 案例文件 /Chapter12/ 进阶案例 —— 更换墙面装饰 .psd

视频教学 /Chapter12/ 进阶案例 —— 更换墙面装饰 .flv

案例效果

本案例主要通仿制图章去掉多余的元素，再置入新的元素，更换墙面的装饰。

操作步骤

（1）执行【文件】→【打开】命令，打开原图可以看到原图中壁炉上方显得凌乱，破坏了客厅的整体感，如图 12-25 所示。

（2）首先去掉壁炉上方多余的装饰元素。单击工具箱中的【仿制图章】按钮，在墙壁其他区域按住【Alt】键单击鼠标右键选取颜色，在选项栏中设置合适的笔尖大小，在壁炉上方想要去除的部分涂抹。可以看到壁炉上方多余的装饰元素被擦除，变成了墙壁的颜色，如图 12-26 所示。

图 12-25　　　　　　　　　　　　图 12-26

（3）单击【文件】→【置入】命令，导入油画素材。使用【Ctrl+T】键调制出定界框，缩放至合适的大小，放在壁炉的上方。画面最终效果如图 12-27 所示。

图 12-27

进阶案例（6）—— 还原暗部细节

📄 案例文件 /Chapter12/ 进阶案例 —— 还原暗部细节 .psd

📺 视频教学 /Chapter12/ 进阶案例 —— 还原暗部细节 .flv

案例效果

本案例主要通过阴影 / 高光命令，使画面细节突出。

操作步骤

（1）单击【文件】→【打开】命令，打开原图可以看到画面显得比较暗，许多细节被遮盖，如图 12-28 所示。

图 12-28

（2）在图层面板选中该图层，单击鼠标右键，在弹出的快捷菜单中选择【转换为智能对象】。

（3）单击【图像】→【调整】→【阴影/高光】命令，选中【显示更多选项】复选框，设置【阴影数量】数值为 37%、【阴影色调宽度】数值为 50%、【阴影半径】数值为 30%，如图 12-29 所示。单击【确定】按钮，可以看到画面中阴影的部分变得清晰了，如图 12-30 所示。

图 12-29

图 12-30

（4）接下来使画面变得更加明亮。单击【图层】→【新建调整图层】→【曲线】命令，在曲线下方建立两个控制点，向上拖动鼠标，使画面的中暗部的色调变明亮，如图 12-31 所示。画面最后的效果如图 12-32 所示。

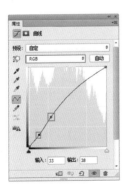

图 12-31

图 12-32

进阶案例（7）—— 还原吊顶细节

📄 案例文件 /Chapter12/ 进阶案例 —— 还原吊顶细节 .psd

📺 视频教学 /Chapter12/ 进阶案例 —— 还原吊顶细节 .flv

案例效果

本案例主要通过调整曲线，还原曝光过度的吊顶的细节。

操作步骤

（1）单击【文件】→【打开】命令，打开原图，可以看到吊顶部分曝光度较大，导致吊顶许多细节处显露不出来，如图 12-33 所示。

图 12-33

（2）首先来降低吊顶的亮度。单击【图层】→【新建调整图层】→【曲线】命令，在曲线中下方建立一个控制点，向下拖动，降低画面的亮度，如图 12-34 所示。调整完成后的画面效果如图 12-35 所示。

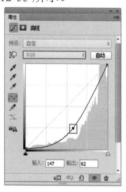 

图 12-34 图 12-35

（3）单击工具箱中的【渐变工具】按钮，在选项栏中单击颜色条，在弹出的窗口中设置一个从黑色到透明的渐变，如图 12-36 所示。单击【确定】按钮，在选项栏中选择"线性渐变"，选中"曲线 1"图层蒙版，自下向上拖动鼠标建立渐变。图层蒙版如图 12-37 所示。画面效果如图 12-38 所示。

（4）这时吊顶的细节已经显示出来了，再次单击【图层】→【新建调整图层】→【曲线】命令，提高画面的整体亮度。在曲线的上部和下部建立 3 个控制点，向上拖动曲线，如图 12-39 所示。同样选择曲线调整图层蒙版，自上而下填充黑色到白色的渐变，如图 12-40 所示。画面最终效果如图 12-41 所示。

图 12-36　　　　　　　　图 12-37　　　　　　　　图 12-38

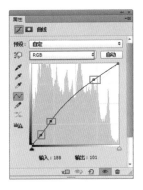

图 12-39　　　　　　　　图 12-40　　　　　　　　图 12-41

进阶案例（8）—— 还原画面色彩

案例文件 /Chapter12/ 进阶案例 —— 还原画面色彩 .psd

视频教学 /Chapter12/ 进阶案例 —— 还原画面色彩 .flv

案例效果

本案例主要通过调整自然饱和度，使画面色彩鲜艳饱满，还原画面本来的颜色。

操作步骤

(1) 单击【文件】→【打开】命令，打开原图，可以看到画面颜色明度较低，色彩不够鲜艳，如图 12-42 所示。

图 12-42

（2）单击【图层】→【新建调整图层】→【自然饱和度】命令，设置【自然饱和度】数值为 79、【饱和度】数值为 59，如图 12-43 所示。设置完成后，画面的颜色发生了明显的变化，最终效果如图 12-44 所示。

图 12-43   图 12-44

进阶案例（9）—— 合成窗外风景

📄 案例文件 /Chapter12/ 进阶案例 —— 合成窗外风景 .psd

📺 视频教学 /Chapter12/ 进阶案例 —— 合成窗外风景 .flv

案例效果

本案例主要为原本黑色的玻璃窗部分添加外景元素，并通过调整画面的明暗关系，使两者融为一体。

操作步骤

（1）打开房间素材，如图 12-45 所示。单击【文件】→【置入】命令，导入风景素材，放在画面合适的位置，如图 12-46 所示。

图 12-45   图 12-46

（2）可以看到窗口有一种透视的感觉，首先来调整一下风景素材图片，使之有一种拉伸感。单击【编辑】→【变换】→【斜切】命令，按住鼠标左键向上拖动鼠标，如图 12-47 所示。

图 12-47

(3) 单击风景素材图层前面的"指示图层可见性"按钮 👁 , 将风景隐藏。单击工具箱中的【钢笔】按钮, 在选项栏中设置绘制模式为【路径】, 沿着窗口黑色部分绘制路径, 如图 12-48 所示。路径绘制完成后, 单击鼠标右键, 在弹出的快捷菜单里选择【建立选区】, 得到选区, 画面效果如图 12-49 所示。

图 12-48　　　　　　　　　图 12-49

(4) 选中风景图层, 单击图层面板下方的【新建图层蒙版】按钮, 此时选区以外的部分被隐藏, 画面效果如图 12-50 所示。

图 12-50

（5）可以看到窗外的风景比较暗。选中风景图层，单击【图层】→【新建调整图层】→【曲线】命令，在曲线的上方和下方建立两个控制点，向上拖动曲线，如图 12-51 所示。在调整图层上单击鼠标右键，在弹出的快捷菜单中选择【建立剪贴蒙版】命令，使之只对风景图层起作用，使风景画面变得明亮，如图 12-52 所示。

图 12-51　　　　　　　　　　　　图 12-52

（6）为避免窗外风景喧宾夺主，接下来单击【图层】→【新建调整图层】→【自然饱和度】命令，使窗外的风景颜色饱和度降低。设置【自然饱和度】数值为 − 74、【饱和度】数值为 0。同样在调整图层上单击鼠标右键，在弹出的快捷菜单中选择【建立剪贴蒙版】命令，使之只对风景图层起作用，如图 12-53 所示。设置完成后，画面最终效果如图 12-54 所示。

图 12-53　　　　　　　　　　　　图 12-54

进阶案例（10）—— 矫正对比度偏低的外景效果图

PSD 案例文件 /Chapter12/ 进阶案例 —— 矫正对比度偏低的外景效果图 .psd

📺 视频教学 /Chapter12/ 进阶案例 —— 矫正对比度偏低的外景效果图 .flv

案例效果

本案例主要通过调整曲线改变画面的明暗关系，矫正对比度偏低的外景效果图。

操作步骤

（1）单击【文件】→【打开】命令，打开原图，可以看到由于画面明暗对比不明显，使画面显得有些灰暗，如图 12-55 所示。

图 12-55

（2）单击【图层】→【新建调整图层】→【曲线】命令，在曲线上建立 4 个控制点，拖动曲线上的图层控制点，使曲线形成如图 12-56 所示的形态。可以看到画面的高光部分与中色调变得更加明亮了，最终效果如图 12-57 所示。

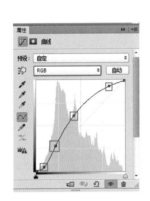

图 12-56

图 12-57

进阶案例（11）—— 去除多余的筒灯

PSD 案例文件 /Chapter12/ 进阶案例 —— 去除多余的筒灯 .psd

视频教学 /Chapter12/ 进阶案例 —— 去除多余的筒灯 .flv

案例效果

本案例主要通过填充命令的内容识别来简单快速地去除多余的筒灯。

操作步骤

（1）单击【文件】→【打开】命令，打开原图。可以看到吊顶上的筒灯显得吊顶有些凌乱，如图 12-58 所示。

（2）单击工具箱中的【套索】工具，绘制筒灯所在的区域选区，如图 12-59 所示。单击【编辑】→【填充】命令，设置使用为"内容识别"，如图 12-60 所示。

图 12-58

图 12-59   图 12-60

    （3）单击【确定】按钮，区域内的筒灯被自动删除，并填充为附近相似的颜色，画面效果如图 12-61 所示。重复执行以上操作，使吊顶中的筒灯完全去除，如图 12-62 所示。

图 12-61   图 12-62

进阶案例（12）—— 为画面添加植物

 案例文件 /Chapter12/ 进阶案例 —— 为画面添加植物 .psd

视频教学 /Chapter12/ 进阶案例 —— 为画面添加植物 .flv

案例效果

本案例主要通过置入素材，为画面添加植物，使画面多了一种自然生机。

操作步骤

（1）单击【文件】→【打开】命令，打开原图，可以看到画面客厅非常整洁干净，但是有一种冷清感，如图 12-63 所示。

图 12-63

（2）接下来为客厅添加一些植物，使画面富有生机。单击【文件】→【置入】命令，导入植物素材，按【Ctrl+T】键调制出定界框，调整合适的大小，放在画面的左下角位置。选中该图层，在图层面板设置图层【混合模式】为正片叠底，如图 12-64 所示。画面效果如图 12-65 所示。

图 12-64　　　　　　　　图 12-65

（3）选中植物图层，单击鼠标右键，在弹出的快捷菜单中选择【复制图层】，成为"背景副本"图层。按【Ctrl+T】键调制出定界框，调整合适的大小，放在画面的左下角位置。

按【Ctrl+T】键调制出定界框，调整合适的大小，单击【编辑】→【旋转】→【水平旋转】命令，使植物变换方向，放在画面的右侧，如图 12-66 所示。在图层面板中设置图层【混合模式】为正片叠底，画面最终效果如图 12-67 所示。

图 12-66　　　　　　　　　图 12-67

进阶案例（13）—— 校正偏暗的室内效果图

📀 案例文件 /Chapter12/ 进阶案例 —— 校正偏暗的室内效果图 .psd

📺 视频教学 /Chapter12/ 进阶案例 —— 校正偏暗的室内效果图 .flv

案例效果

本案例主要通过调整画面的亮度和对比度来矫正偏暗的室内效果图。

操作步骤

（1）单击【文件】→【打开】命令，打开原图可以看到是由于室内比较昏暗，给人一种压抑的感觉，如图 12-68 所示。

（2）单击【图层】→【新建调整图层】→【亮度 / 对比度】命令，设置【亮度】数值为 136、【对比度】数值为 43，如图 12-69 所示。设置完成后，可以看到室内明显变亮了，如图 12-70 所示。

图 12-68　　　　　　　　图 12-69　　　　　　　　图 12-70

进阶案例（14）—— 增强画面细节

案例文件 /Chapter12/ 进阶案例 —— 增强画面细节 .psd

视频教学 /Chapter12/ 进阶案例 —— 增强画面细节 .flv

案例效果

　　本案例主要通过为画面添加智能滤镜，使用智能锐化来使画面的细节更为突出。

操作步骤

　　（1）单击【文件】→【打开】命令，打开原图可以看到由于画面的细节不突出，画面显得有些模糊，如图 12-71 所示。

图 12-71

　　（2）单击【滤镜】→【锐化】→【智能锐化】命令，选中【高级】单选按钮，单击【锐化】，设置【数量】数值为 300%、【半径】为 1.0 像素，如图 12-72 所示。单击【确定】按钮，画面最终效果如图 12-73 所示。

图 12-72

图 12-73

　　（3）调整完成后两者的细节表现，如图 12-74 和图 12-75 所示。

图 12-74

图 12-75

进阶案例（15）—— 制作吊顶灯带

[PSD] 案例文件 /Chapter12/ 进阶案例 —— 制作吊顶灯带 .psd

[📺] 视频教学 /Chapter12/ 进阶案例 —— 制作吊顶灯带 .flv

案例效果

本案例主要通过钢笔工具绘制选区，制作吊顶灯带。

操作步骤

（1）单击【文件】→【打开】命令，打开原图可以看到画面显得有些昏暗，天花板的灯带部分显得不是很明显，如图 12-76 所示。

图 12-76

（2）首先来提高画面整体的亮度。单击【图层】→【新建调整图层】→【曲线】命令，在曲线上建立两个控制点，向上拖动曲线，如图 12-77 所示。调整完成后的画面效果如图 12-78 所示。

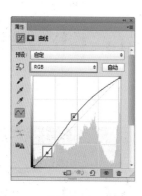

图 12-77

图 12-78

（3）单击工具箱中的【多边形套索】工具按钮 ，在选项栏中设置工作方式为【形状】，沿着吊顶灯饰下方绘制不规则的矩形，如图 12-79 所示。单击工具箱中的【渐变】工具，在选项栏中单击颜色条，设置一个白色到透明的渐变，选择径向渐变。自选区下方向上拖动鼠标，使填充效果如图 12-80 所示。

图 12-79

图 12-80

（4）用同样的方法制作另一条灯带，画面最终效果如图 12-81 所示。

图 12-81

Chapter 13

小资情调 —— 混搭风格休息室日景

场景文件	13.max
案例文件	小资情调 —— 混搭风格休息室日景 .max
视频教学	多媒体教学 /Chapter13/ 小资情调 —— 混搭风格休息室日景 .flv
难易指数	★★★★★
灯光类型	VR 太阳、VR 灯光
材质类型	VRayMtl 材质、VR 灯光材质、多维 / 子对象材质
程序贴图	位图贴图、衰减程序贴图
技术掌握	带窗户场景的日景灯光制作

实例介绍

　　本例是一个混搭风格休息室日景场景，室内明亮的灯光表现主要使用了 VR 太阳和 VR 灯光来制作，使用 VRayMtl 制作本案例的主要材质，制作完毕之后渲染的效果如图 13-1 所示。

图 13-1

操作步骤

1. 设置 VRay 渲染器

　　（1）打开本书配套光盘中的【场景文件 /Chapter 13/13.max】文件，此时场景效果如图 13-2 所示。

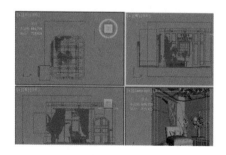

图 13-2

（2）按【F10】键，打开【渲染设置】对话框，单击【公用】选项卡，在【指定渲染器】卷展栏下单击███按钮，在弹出的【选择渲染器】对话框中选择【V-Ray Adv 2.40.03】，如图13-3所示。

（3）此时在【指定渲染器】卷展栏中的【产品级】后面显示了【V-Ray Adv 2.40.03】，【渲染设置】对话框中出现了【V-Ray】、【间接照明】、【设置】、【Render Elements】选项卡，如图13-4所示。

图 13-3　　　　　　　　　　　图 13-4

2. 材质的制作

下面讲述场景中的主要材质的调节方法，包括墙面、地毯、抱枕、背景、顶棚木纹、吊灯材质等，效果如图13-5所示。

图 13-5

（1）墙面材质的制作。

1）按【M】键，打开【材质编辑器】对话框，选择第一个材质球，单击 **Standard** （标准）按钮，在弹出的【材质/贴图浏览器】对话框中选择【VRayMtl】，如图13-6所示。

2）将其命名为【墙面】，设置【漫反射】颜色为浅黄色（红：207，绿：193，蓝：172），设置【反射】颜色为黑色（红：30，绿：30，蓝：30），选中【菲涅耳反射】复选框，设置【菲涅耳折射率】为2、【高光光泽度】为0.65，如图13-7所示。

3）制作后的材质球如图 13-8 所示。

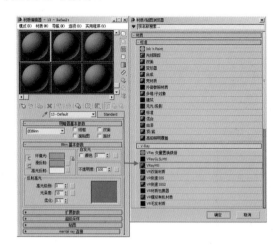

图 13-6

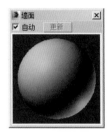

图 13-7   图 13-8

4）将制作完毕的墙面材质赋给场景中的模型，如图 13-9 所示。

图 13-9

（2）地毯材质的制作。

1）按【M】键，打开【材质编辑器】对话框，选择一个材质球，单击 Standard （标准）按钮，在弹出的【材质 / 贴图浏览器】对话框中选择【VRayMtl】，如图 13-10 所示。

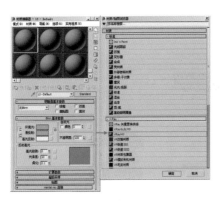

图 13-10

2）将材质命名为【地毯】，展开【贴图】卷展栏，在【漫反射】和【凹凸】后面的通道上分别加载【vol3_carpets(13).jpg】贴图文件，在【凹凸】后面的文本框中输入 30，如图 13-11 所示。

3）制作后的材质球如图 13-12 所示。

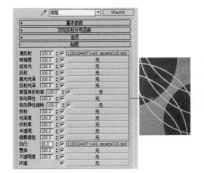 

图 13-11   图 13-12

4）将制作完毕的地毯材质赋给场景中的模型，如图 13-13 所示。

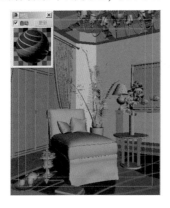

图 13-13

（3）抱枕材质的制作。

1）选择一个空白材质球，设置材质类型为【VRayMtl】材质，将材质命名为【抱枕】，在【漫反射】和【反射】后面的通道上分别加载【hhb.jpg】贴图文件，展开【坐标】卷展栏，设置【瓷砖 U/V】均为 10，如图 13-14 所示。

2）制作后的材质球如图 13-15 所示。

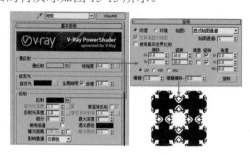

图 13-14   图 13-15

3）将制作完毕的抱枕材质赋给场景中的模型，如图 13-16 所示。

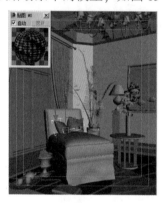

图 13-16

（4）背景材质的制作。

1）按【M】键，打开【材质编辑器】对话框，选择第一个材质球，单击 Standard （标准）按钮，在弹出的【材质 / 贴图浏览器】对话框中选择【VR 灯光材质】，如图 13-17 所示。

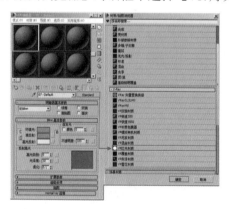

图 13-17

2）将其命名为【背景】，在【颜色】后面的通道上加载【naturewe82.jpg】贴图文件，展开【坐标】卷展栏，设置【模糊】为 0.01，设置【颜色强度】为 2.6，如图 13-18 所示。

3）制作后的材质球如图 13-19 所示。

图 13-18

图 13-19

4）将制作完毕的背景材质赋给场景中的模型，如图 13-20 所示。

图 13-20

（5）顶棚木纹材质的制作。

1）选择一个空白材质球，设置材质类型为【VRayMtl】材质，将材质命名为【顶棚木纹】，在【漫反射】后面的通道上加载【GDC6537fAC1.jpg】贴图文件，在【反射】后面的通道上加载【GDC6537f.jpg】贴图文件，选中【菲涅耳反射】复选框，设置【菲涅耳折射率】为 0.1、【高光光泽度】为 0.65、【反射光泽度】为 0.7、【细分】为 50，如图 13-21 所示。

2）制作后的材质球如图 13-22 所示。

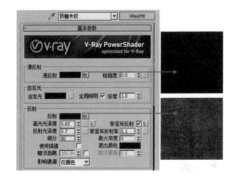
图 13-21

图 13-22

3）将制作完毕的顶棚木纹材质赋给场景中的模型，如图 13-23 所示。

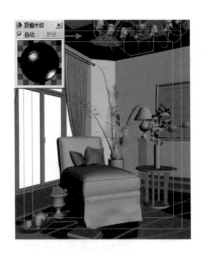

图 13-23

(6) 吊灯材质的制作。

1) 按【M】键, 打开【材质编辑器】对话框, 选择第一个材质球, 单击 Standard （标准）按钮, 在弹出的【材质／贴图浏览器】对话框中选择【多维／子对象】材质, 如图 13-24 所示。

2) 将材质命名为【吊灯】, 【设置数量】为 2, 如图 13-25 所示。

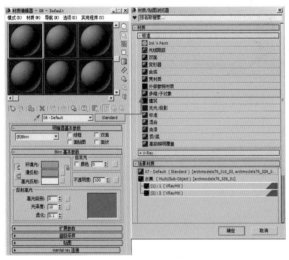

图 13-24   图 13-25

求生秘籍——技巧提示：多维子／对象材质

【多维子／对象】适合制作一个物体包含多种不同子材质的材质效果, 如吊灯材质（包含灯罩材质、金属材质）。

3) 在【ID1】后面的通道上加载【VRayMtl】材质, 在【漫反射】后面的通道上加载【2alpaca-12drd.jpg】贴图文件, 展开【坐标】卷展栏, 设置【瓷砖 U/V】分别为 2, 在【折射】后面的通道上加载【衰减】程序贴图, 设置【颜色 1】颜色为灰色 (红：60, 绿：60, 蓝：60), 【颜色 2】颜色为黑色 (红：0, 绿：0, 蓝：0), 设置【衰减类型】为 Fresnel, 设置【光泽度】为 0.7, 选中【影响阴影】复选框, 如图 13-26 所示。

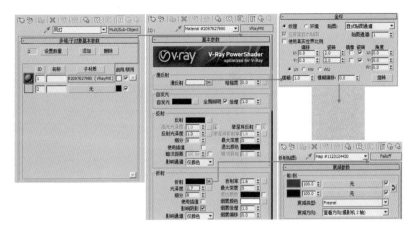

图 13-26

4）在【ID2】后面的通道上加载【VRayMtl】材质，在【漫反射】和【反射】后面的通道上分别加载【GDC6537f.jpg】贴图文件，展开【坐标】卷展栏，设置【瓷砖 U/V】分别为 2，选中【菲涅耳反射】复选框，设置【菲涅耳折射率】为 0.1、【高光光泽度】为 0.6、【反射光泽度】为 0.7、【细分】为 50，如图 13-27 所示。

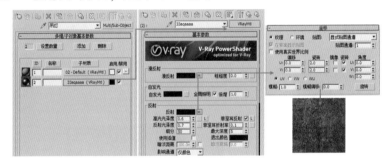

图 13-27

5）制作后的材质球如图 13-28 所示。

6）将制作完毕的吊灯材质赋给场景中的模型，如图 13-29 所示。

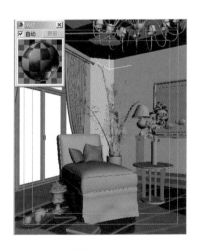

图 13-28   图 13-29

3. 设置摄影机

（1）单击 （创建）→（摄影机）→ 目标 按钮，如图 13-30 所示。单击在视图中拖曳创建摄影机，如图 13-31 所示。

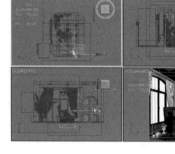

图 13-30　　　　　　　　　　　图 13-31

（2）选择刚创建的摄影机，单击进入修改面板，并设置【镜头】为 43、【视野】为 45，最后设置【目标距离】为 3033mm，如图 13-32 所示。

（3）此时选择刚创建的摄影机，并单击鼠标右键，在弹出的快捷菜单中选择【应用摄影机校正修改器】选项，如图 13-33 所示。

图 13-32　　　　　　　　　　　图 13-33

（4）此时可以看到【摄影机校正】修改器被加载到了摄影机上，最后设置【数量】为 -1.39，【角度】为 90，如图 13-34 所示。

（5）此时的摄影机视图效果，如图 13-35 所示。

图 13-34　　　　　　　　　　　图 13-35

4. 设置灯光并进行草图渲染

在这个混搭风格休息室场景中，使用两部分灯光照明来表现：一部分使用 VR 太阳制作阳光，另一部分使用 VR 灯光制作辅助灯光。

1. 使用 VR 太阳制作阳光

（1）在【创建面板】下单击 【灯光】，并设置【灯光类型】为【VRay】，最后单击 VR太阳 按钮，如图 13-36 所示。

图 13-36

（2）在前视图中拖曳并创建 1 盏 VR 太阳，如图 13-37 所示。在弹出的【VR 太阳】对话框中单击【是】按钮，如图 13-38 所示。

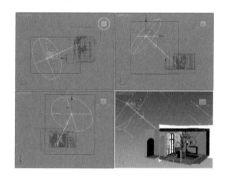

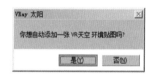

图 13-37　　　　　　　　　　　　图 13-38

（3）选择上一步创建的 VR 太阳灯光，然后在 【修改】面板下展开【VRay 太阳参数】卷展栏，设置【强度倍增】为 0.15、【大小倍增】为 10、【阴影细分】为 20，如图 13-39 所示。

图 13-39

（4）按【F10】键，打开【渲染设置】对话框。首先设置【VRay】和【间接照明】选项卡下的参数，刚开始设置的是一个草图设置，目的是进行快速渲染以观看整体的效果，参数设置如图 13-40 所示。

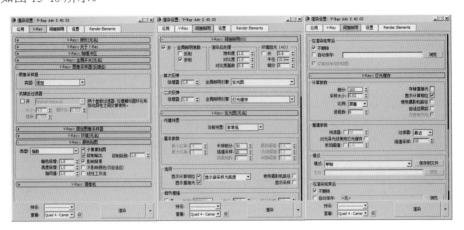

图 13-40

（5）按【Shift+Q】键，快速渲染摄影机视图，其渲染的效果如图 13-41 所示。

图 13-41

2. 使用 VR 灯光制作辅助灯光

（1）在【创建面板】下单击 【灯光】，并设置【灯光类型】为【VRay】，最后单击 VR灯光 按钮，如图 13-42 所示。

（2）在左视图中拖曳并创建 1 盏 VR 灯光，如图 13-43 所示。

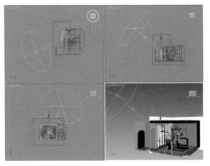

图 13-42   图 13-43

（3）选择上一步创建的 VR 灯光，设置【类型】为【平面】，设置【倍增器】为16，设置【颜色】为白色（红：255，绿：255，蓝：255），设置【1/2 长】为1800mm、【1/2 宽】为1600mm，选中【不可见】复选框，设置【细分】为16，如图 13-44 所示。

（4）继续在左视图中拖曳并创建 1 盏 VR 灯光，如图 13-45 所示。

（5）选择上一步创建的 VR 灯光，设置【类型】为【平面】，设置【倍增器】为3，设置【颜色】为白色（红：255，绿：255，蓝：255），设置【1/2 长】为1800mm、【1/2 宽】为1600mm，选中【不可见】复选框，设置【细分】为16，如图 13-46 所示。

 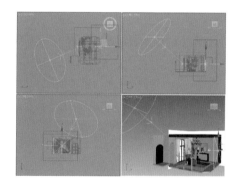 

图 13-44　　　　　　　　图 13-45　　　　　　　　图 13-46

5. 设置成图渲染参数

（1）重新设置渲染参数，按【F10】键，在打开的【渲染设置】对话框中单击【V-Ray】选项卡，展开【图形采样器（反锯齿）】卷展栏，设置【类型】为【自适应确定性蒙特卡洛】，在【抗锯齿过滤器】选项区中选中【开】复选框，并选择【Catmull-Rom】。展开【颜色贴图】卷展栏，设置【类型】为【指数】，选中【子像素贴图】和【钳制输出】复选框，如图 13-47 所示。

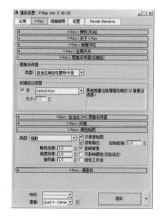

图 13-47

（2）单击【间接照明】选项卡，展开【V-Ray:: 间接照明（GI）】卷展栏，选中【开】复选框，设置【首次反弹】选项区中的【全局照明引擎】为【发光图】，设置【二次反弹】选项区中的【全局照明引擎】为灯光缓存。展开【发光图】卷展栏，设置【当前预置】为【低】，设置【半球细分】为 50、【插值采样】为 20，选中【显示计算机相位】和【显示直接光】复选框，如图 13-48 所示。

（3）展开【灯光缓存】卷展栏，设置【细分】为 1000，选中【存储直接光】和【显示计算机相位】复选框，如图 13-49 所示。

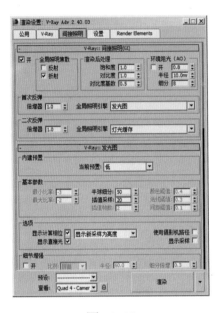

图 13-48 图 13-49

（4）单击【设置】选项卡，展开【V-Ray::DMC 采样器】，设置【噪波阈值】为 0.01，展开【系统】卷展栏，取消选中【显示窗口】复选框，如图 13-50 所示。

（5）单击【Render Elements】选项卡，单击【添加】按钮并在弹出的【渲染元素】面板中选择【VRay 线框颜色】选项，如图 13-51 所示。

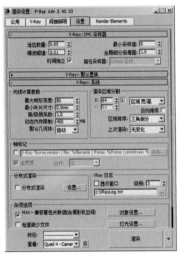
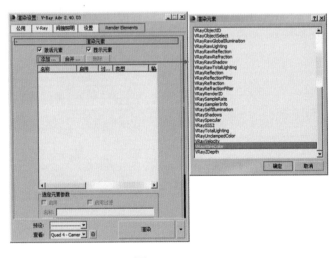

图 13-50 图 13-51

（6）单击【公用】选项卡，展开【公用参数】卷展栏，设置输出的尺寸为743×900，如图13-52所示。

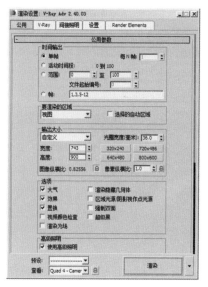

图 13-52

（7）最终的效果如图13-53所示。

图 13-53

小资情调——混搭风格休息室夜景

场景文件	14.max
案例文件	小资情调 —— 混搭风格休息室夜景 .max
视频教学	多媒体教学 /Chapter14/ 小资情调 —— 混搭风格休息室夜景 .flv
难易指数	★★★★★
灯光类型	目标灯光、目标聚光灯、VR 灯光
材质类型	VRayMtl 材质、VR 灯光材质
程序贴图	位图贴图、衰减程序贴图
技术掌握	夜景灯光的室外冷色灯光和室内丰富的暖色灯光的制作

实例介绍

本例是一个混搭风格休息室夜景场景，室内明亮的灯光表现主要使用了目标灯光、目标聚光灯和 VR 灯光来制作，使用 VRayMtl 制作本案例的主要材质，制作完毕之后渲染的效果如图 14-1 所示。

图 14-1

操作步骤

1. 设置 VRay 渲染器

（1）打开本书配套光盘中的【场景文件 /Chapter 14/14.max】文件，此时场景效果如图 14-2 所示。

（2）按【F10】键，打开【渲染设置】对话框，单击【公用】选项卡，在【指定渲染器】卷展栏下单击 ··· 按钮，在弹出的【选择渲染器】对话框中选择【V-Ray Adv 2.40.03】，如图 14-3 所示。

（3）此时在【指定渲染器】卷展栏中的【产品级】后面显示了【V-Ray Adv 2.40.03】，【渲染设置】对话框中出现了【V-Ray】、【间接照明】、【设置】、【Render Elements】选项卡，如图 14-4 所示。

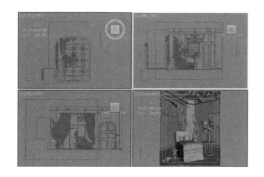

图 14-2

图 14-3

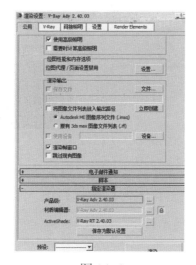

图 14-4

2. 材质的制作

下面讲述场景中的主要材质的调节方法，包括背景、地面、沙发、木纹、窗纱材质等，效果如图14-5所示。

（1）背景材质的制作。

1）按【M】键，打开【材质编辑器】对话框，选择第一个材质球，单击 Standard （标准）按钮，在弹出的【材质/贴图浏览器】对话框中选择【VR 灯光材质】，如图 14-6 所示。

2）将其命名为【背景】，在【颜色】后面的通道上加载【naturewe82.jpg】贴图文件，展开【坐标】卷展栏，设置【模糊】为 0.01，设置【颜色强度】为 0.8，如图 14-7 所示。

图 14-5

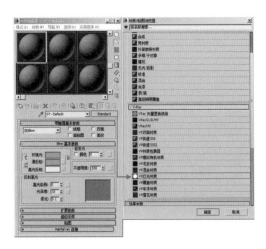

图 14-6

图 14-7

求生秘籍 —— 技巧提示: 模糊数值很有用

　　【模糊】数值越小, 图像越细致, 渲染速度就越慢。一般默认设置为 1 即可,
需要图像精细时, 可以设置为 0.01。

　　3) 制作后的材质球如图 14-8 所示。
　　4) 将制作完毕的背景材质赋给场景中的模型, 如图 14-9 所示。

图 14-8

图 14-9

（2）地面材质的制作。

1）按【M】键，打开【材质编辑器】对话框，选择第一个材质球，单击 **Standard** （标准）按钮，在弹出的【材质 / 贴图浏览器】对话框中选择【VRayMtl】，如图 14-10 所示。

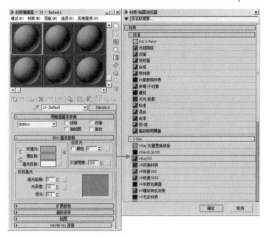

图 14-10

2）将其命名为【地面】，在【漫反射】后面的通道上加载【d2.jpg】贴图文件，展开【坐标】卷展栏，设置【瓷砖 U/V】分别为 0.5，在【反射】后面的通道上加载【衰减】程序贴图，设置【颜色 1】颜色为黑色（红：0，绿：0，蓝：0），设置【颜色 2】颜色为蓝色（红：166，绿：208，蓝：254），设置【衰减类型】为 Fresnel，设置【高光光泽度】为 0.65，如图 14-11 所示。

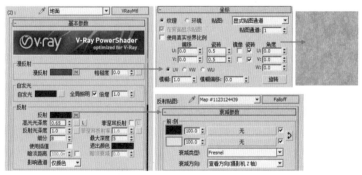

图 14-11

3）制作后的材质球如图 14-12 所示。

4）将制作完毕的地面材质赋给场景中的模型，如图 14-13 所示。

（3）沙发材质的制作。

1）选择一个空白材质球，设置材质类型为【VRayMtl】材质，将材质命名为【沙发】，展开【贴图】卷展栏，在【漫反射】后面的通道上加载【衰减】程序贴图，展开【衰减参数】卷展栏，在【颜色 1】后面的通道上加载【43887 副本 1.jpg】贴图文件，在【颜色 2】后面的通道上加载【43887 副本 .jpg】贴图文件，

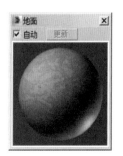

图 14-12

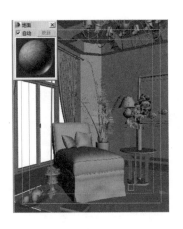

图 14-13

在【凹凸】后面的通道上加载【凹凸贴图 .jpg】贴图文件，在【凹凸】文本框中输入 60，如图 14-14 所示。

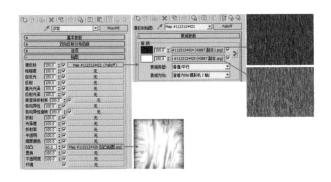

图 14-14

2）制作后的材质球如图 14-15 所示。

3）将制作完毕的沙发材质赋给场景中的模型，如图 14-16 所示。

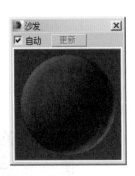

图 14-15

图 14-16

（4）木纹材质的制作。

1）选择一个空白材质球，设置材质类型为【VRayMtl】材质，将材质命名为【木纹】，在【漫反射】后面的通道上加载【衰减】程序贴图，展开【衰减参数】卷展栏，在【颜色 1】后面

的通道上加载【Archmodels59_wood_002a.jpg】贴图文件，在【颜色 2】后面的通道上加载
【Archmodels59_wood_0111.jpg】贴图文件，在【反射】后面的通道上加载【衰减】程序贴图，
展开【衰减参数】卷展栏，设置【衰减类型】为 Fresnel，设置【高光光泽度】为 0.75、【反
射光泽度】为 0.85、【细分】为 50，如图 14-17 所示。

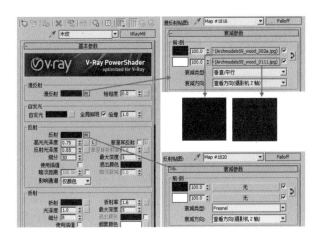

图 14-17

2）制作后的材质球如图 14-18 所示。

3）将制作完毕的木纹材质赋给场景中的模型，如图 14-19 所示。

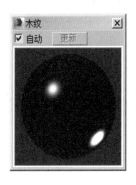

图 14-18

图 14-19

（5）窗纱材质的制作。

1）选择一个空白材质球，设置材质类型为【VRayMtl】材质，将材质命名为【窗纱】，
设置【漫反射】颜色为白色（红：255，绿：255，蓝：255），在【折射】后面的通道上加载【衰减】
程序贴图，设置【颜色 1】颜色为灰色（红：90，绿：90，蓝：90）、【颜色 2】颜色为黑色（红：
0，绿：0，蓝：0），设置【衰减类型】为 Fresnel，设置【光泽度】为 0.7、【细分】为 15，
选中【影响阴影】复选框，如图 14-20 所示。

2）制作后的材质球如图 14-21 所示。

3）将制作完毕的窗纱材质赋给场景中的模型，如图 14-22 所示。

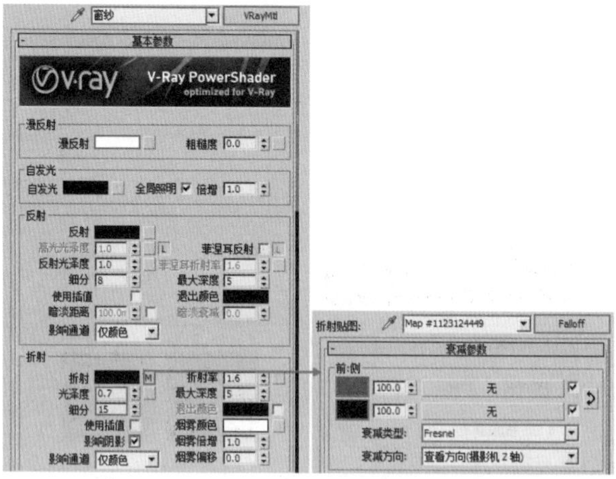

图 14-20

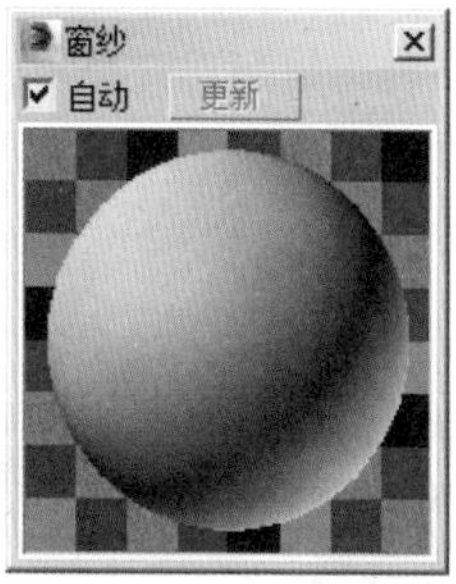

图 14-21

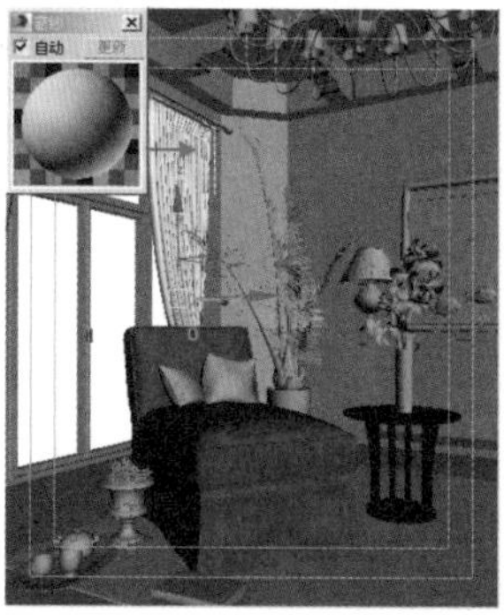

图 14-22

3. 设置摄影机

（1）单击（创建）→（摄影机）→ 目标 按钮，如图 14-23 所示。单击在视图中拖曳创建摄影机，如图 14-24 所示。

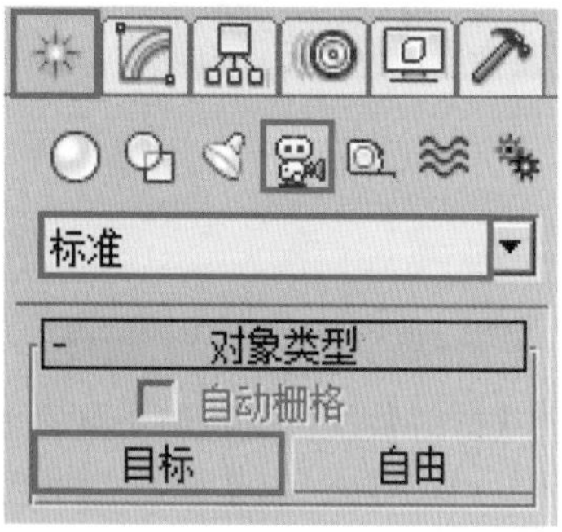

图 14-23

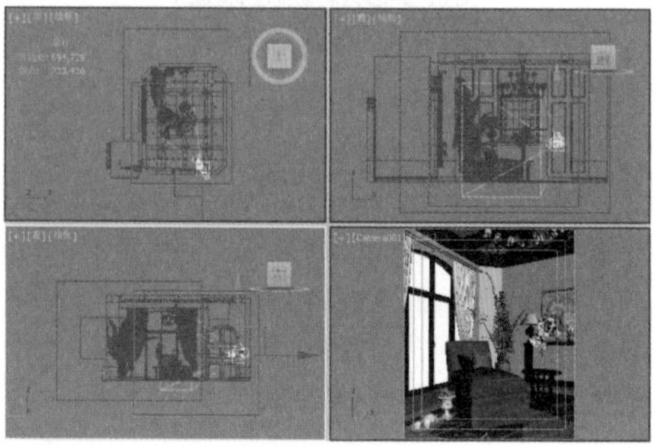

图 14-24

（2）选择刚创建的摄影机，单击进入修改面板，并设置【镜头】为 43、【视野】为 45，最后设置【目标距离】为 3033mm，如图 14-25 所示。

（3）此时选择刚创建的摄影机，并单击鼠标右键，在弹出的快捷菜单中选择【应用摄

影机校正修改器】，如图 14-26 所示。

图 14-25

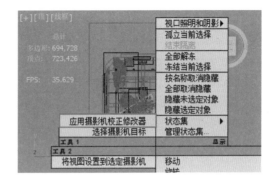

图 14-26

求生秘籍 —— 技巧提示：应用摄影机校正修改器

很多时候手动创建的【目标摄影机】由于不是特别水平和垂直，可能会导致摄影机视图的画面有一点倾斜。但是此时手动调整比较麻烦，也不准确，可以直接选择摄影机，并单击鼠标右键，在弹出的快捷菜单中选择【应用摄影机校正修改器】。

（4）此时可以看到【摄影机校正】修改器被加载到了摄影机上，最后设置【数量】为 —1.39、【角度】为 90，如图 14-27 所示。

（5）此时的摄影机视图效果，如图 14-28 所示。

图 14-27

图 14-28

4. 设置灯光并进行草图渲染

在这个混搭风格休息室夜景场景中，使用 3 部分灯光照明来表现，第一部分使用 VR 灯光制作室内和窗口灯光，第二部分使用目标灯光制作室内射灯，第三部分使用目标聚光灯制作吊灯向下照射灯光。

（1）使用 VR 灯光制作室内和窗口灯光。

1）在【创建面板】下单击 【灯光】，并设置【灯光类型】为【VRay】，最后单击 VR灯光 按钮，如图 14-29 所示。

2）在左视图中拖曳并创建 1 盏 VR 灯光，如图 14-30 所示。

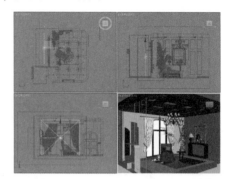

图 14-29   图 14-30

3）选择上一步创建的 VR 灯光，设置【类型】为【平面】，设置【倍增器】为 15，设置【颜色】为蓝色（红：0，绿：50，蓝：142），设置【1/2 长】为 1800mm、【1/2 宽】为 1600mm，选中【不可见】复选框，设置【细分】为 16，如图 14-31 所示。

4）继续在左视图中拖曳并创建 1 盏 VR 灯光，如图 14-32 所示。

5）选择上一步创建的 VR 灯光，设置【类型】为【平面】，设置【倍增器】为 2，调节【颜色】为蓝色（红：112，绿：145，蓝：213），设置【1/2 长】为 1800mm、【1/2 宽】为 1600mm，选中【不可见】复选框，设置【细分】为 16，如图 14-33 所示。

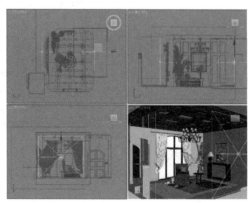

图 14-31   图 14-32   图 14-33

6）按【F10】键，打开【渲染设置】对话框。首先设置【VRay】和【间接照明】选项卡下的参数，刚开始设置的是一个草图设置，目的是进行快速渲染以观看整体的效果，参数设置如图 14-34 所示。

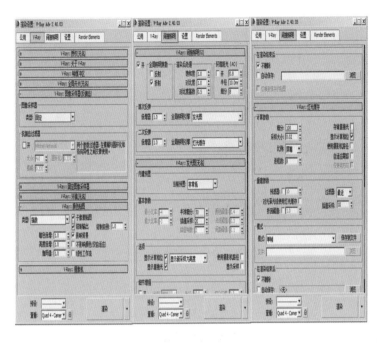

图 14-34

7）按【Shift+Q】键，快速渲染摄影机视图，其渲染的效果如图 14-35 所示。

（2）使用目标灯光制作室内射灯。

1）在【创建面板】下单击 【灯光】，并设置【灯光类型】为【光度学】，最后单击 目标灯光 按钮，如图 14-36 所示。

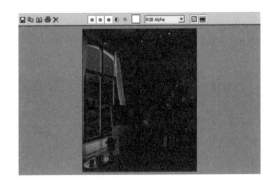

图 14-35

图 14-36

2）在前视图中拖曳并创建 12 盏【目标灯光】，如图 14-37 所示。在 【修改】面板中的【阴影】选项区中选中【启用】复选框，设置【阴影类型】为【VRay 阴影】，在【灯光分布（类型）】选项区中设置类型为【光度学 Web】，展开【分布（光度学 Web）】卷展栏，在后面的通道上加载【射灯 .ies】光域网文件，设置【过滤颜色】为黄色（红：249，绿：193，蓝：133），设置【强度】为 150000，选中【区域阴影】复选框，如图 14-38 所示。

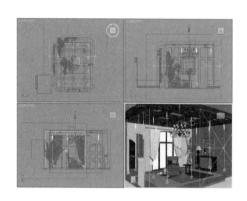

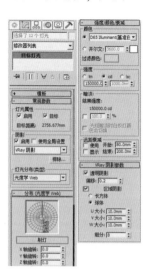

图 14-37   图 14-38

3）按【Shift+Q】键，快速渲染摄影机视图，其渲染的效果如图 14-39 所示。

图 14-39

（3）使用目标聚光灯制作吊灯向下照射灯光。

1）单击 ✳ 【创建】→ 【灯光】，设置【灯光类型】为【标准】，最后单击 **目标聚光灯** ，如图 14-40 所示。

图 14-40

2）在前视图中拖曳并创建 1 盏目标聚光灯，如图 14-41 所示。在【修改】面板中选中【阴影】选项区中的【启用】复选框，设置【阴影类型】为【VRay 阴影】，设置【倍增】为 20，设置【颜色】为黄色（红：247，绿：217，蓝：164），设置【聚光区 / 光束】为 20、【衰减区 / 区域】为 60，选中【区域阴影】复选框，如图 14-42 所示。

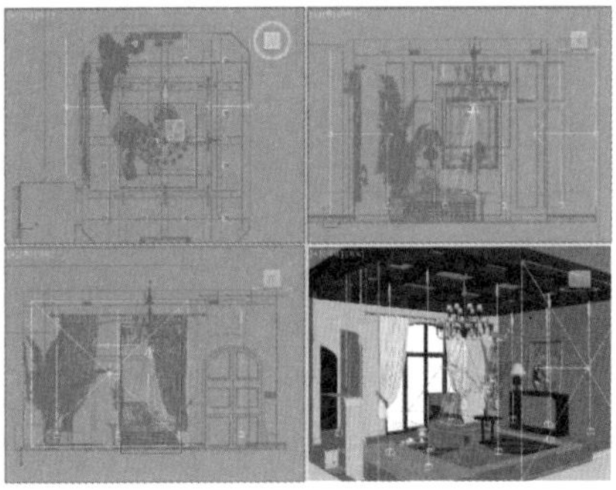

图 14-41

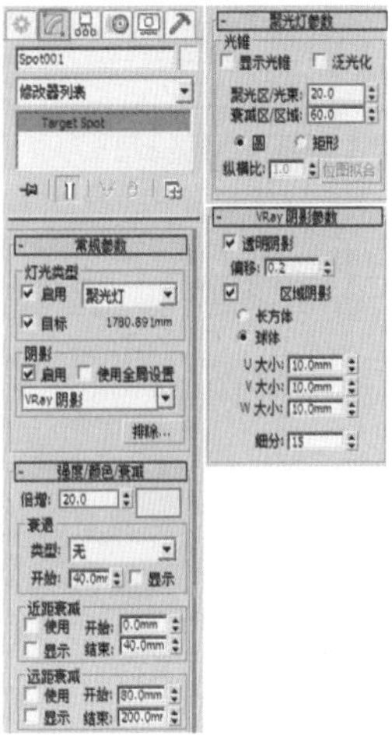

图 14-42

3）按【Shift+Q】键，快速渲染摄影机视图，其渲染的效果如图 14-43 所示。

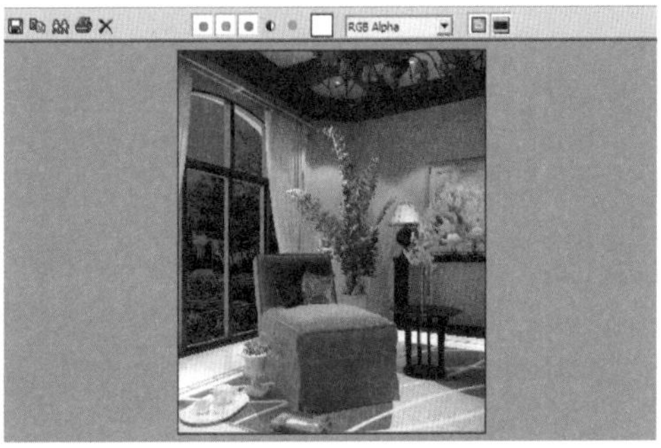

图 14-43

求生秘籍 —— 技巧提示：创建灯光要有顺序

使用 3ds Max 制作效果图时，材质部分基本的制作顺序是按照面积从大到小设置。灯光也有顺序可循，可以大致按照从主光源→次光源→辅助光源进行设置。

例如，本案例可以按照设置【使用 VR 灯光制作室内和窗口灯光】、【使用目标灯光制作室内射灯】、【使用目标聚光灯制作吊灯向下照射灯光】、【使用 VR 灯光制作吊灯光】。

（4）使用 VR 灯光制作吊灯光。

1）在【创建面板】下单击【灯光】，并设置【灯光类型】为【VRay】，最后单击 VR灯光 按钮，如图 14-44 所示。

2）在顶视图中拖曳并创建 24 盏 VR 灯光，放置到每一个灯罩内，如图 14-45 所示。

图 14-44

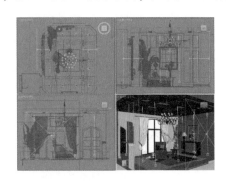

图 14-45

3）选择上一步创建的 VR 灯光，在【常规】选项区中设置【类型】为【球体】，设置【倍增器】为 40，设置【颜色】为黄色（红：245，绿：201，蓝：131），设置【半径】为 30mm，选中【不可见】复选框，设置【细分】为 16，如图 14-46 所示。

4）继续在顶视图中拖曳并创建 1 盏 VR 灯光，放置到台灯灯罩内，如图 14-47 所示。

5）选择上一步创建的 VR 灯光，在【常规】选项区中设置【类型】为【球体】，设置【倍增器】为 40，设置【颜色】为黄色（红：245，绿：201，蓝：131），设置【半径】为 100mm，选中【不可见】复选框，设置【细分】为 16，如图 14-48 所示。

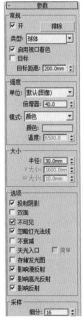

图 14-46

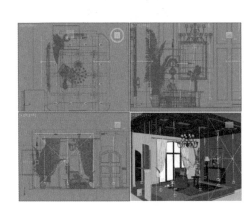

图 14-47

图 14-48

5. 设置成图渲染参数

（1）重新设置渲染参数，按【F10】键，在打开的【渲染设置】对话框中单击【V-Ray】选项卡，展开【图形采样器（反锯齿）】卷展栏，设置【类型】为【自适应确定性蒙特卡洛】，

在【抗锯齿过滤器】选项区中选中【开】复选框，并选择【Catmull-Rom】，展开【颜色贴图】卷展栏，设置【类型】为【指数】，选中【子像素贴图】和【钳制输出】复选框，如图14-49所示。

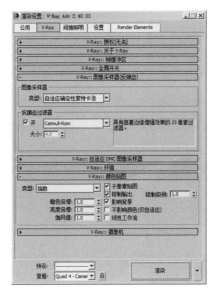

图 14-49

（2）单击【间接照明】选项卡，展开【V-Ray:: 间接照明（GI）】卷展栏，选中【开】复选框，设置【首次反弹】选项区中的【全局照明引擎】为【发光图】，设置【二次反弹】选项区中的【全局照明引擎】为灯光缓存，展开【发光图】卷展栏，设置【当前预置】为【低】，设置【半球细分】为50、【插值采样】为20，选中【显示计算机相位】和【显示直接光】复选框，如图14-50所示。

图 14-50

（3）展开【灯光缓存】卷展栏，设置【细分】为1000，选中【存储直接光】和【显示计算机相位】复选框，如图14-51所示。

（4）单击【设置】选项卡，展开【V-Ray::DMC 采样器】，设置【噪波阈值】为 0.01，展开【系统】卷展栏，取消选中【显示窗口】复选框，如图 14-52 所示。

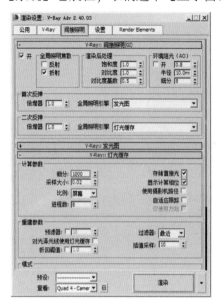

图 14-51

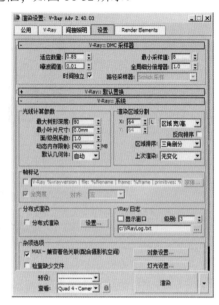

图 14-52

（5）单击【Render Elements】选项卡，单击【添加】按钮并在弹出的【渲染元素】面板中选择【VRay 线框颜色】选项，如图 14-53 所示。

（6）单击【公用】选项卡，展开【公用参数】卷展栏，设置输出的尺寸为 743×900，如图 14-54 所示。

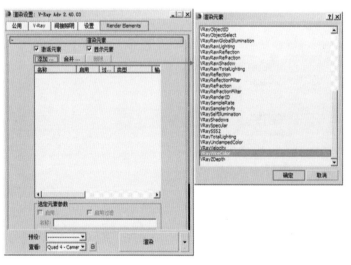

图 14-53　　　　　　　　　　　图 14-54

（7）最终的效果如图 14-1 所示。

Chapter 15
经典黑白 —— 现代风格餐厅设计

场景文件	15.max
案例文件	经典黑白 —— 现代风格餐厅设计 .max
视频教学	多媒体教学 /Chapter15/ 经典黑白 —— 现代风格餐厅设计 .flv
难易指数	★★★★★
灯光类型	VR 太阳、VR 灯光
材质类型	VRayMtl 材质、VR 灯光材质
程序贴图	位图贴图
技术掌握	明亮柔和的餐厅灯光，黑白色材质的搭配设计

实例介绍

本例是一个经典黑白餐厅设计场景，室内明亮的灯光表现主要使用了 VR 太阳和 VR 灯光来制作，使用 VRayMtl 制作本案例的主要材质，制作完毕之后渲染的效果如图 15-1 所示。

图 15-1

操作步骤

1. 设置 VRay 渲染器

（1）打开本书配套光盘中的【场景文件 /Chapter 15/15.max】文件，此时场景效果如图 15-2 所示。

（2）按【F10】键，打开【渲染设置】对话框，单击【公用】选项卡，在【指定渲染器】卷展栏下单击 按钮，在弹出的【选择渲染器】对话框中选择【V-Ray Adv 2.40.03】，如图 15-3 所示。

（3）此时在【指定渲染器】卷展栏中的【产品级】后面显示了【V-Ray Adv 2.40.03】，【渲染设置】对话框中出现了【V-Ray】、【间接照明】、【设置】、【Render Elements】选项卡，如图 15-4 所示。

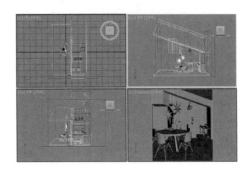

图 15-2

图 15-3

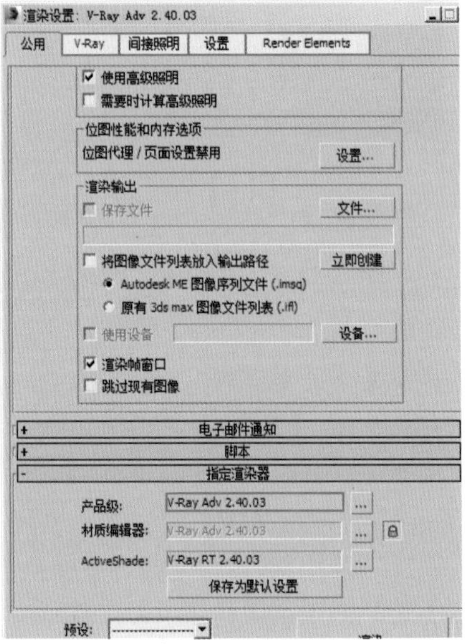

图 15-4

2. 材质的制作

下面讲述场景中的主要材质的调节方法，包括地砖、柜子、乳胶漆、桌子、玻璃、白色椅子、环境材质等，效果如图 15-5 所示。

图 15-5

（1）地砖材质的制作。

1）按【M】键，打开【材质编辑器】对话框，选择第一个材质球，单击 Standard （标准）按钮，在弹出的【材质/贴图浏览器】对话框中选择【VRayMtl】，如图 15-6 所示。

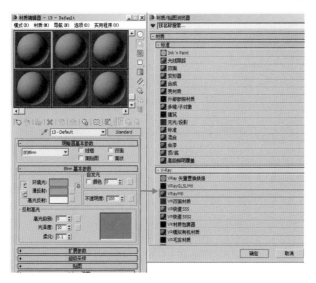

图 15-6

2）将其命名为【地砖】，在【漫反射】后面的通道上加载【111410-0312121P-embed.jpg】贴图文件，展开【坐标】卷展栏，设置【瓷砖 U/V】分别为 15，设置【反射】颜色为黑色（红：37，绿：37，蓝：37），【细分】为 20，如图 15-7 所示。

3）展开【贴图】卷展栏，在【凹凸】后面的通道上加载【111410-0312121P-embed.jpg】贴图文件，在【凹凸】后面的文本框中输入 70，如图 15-8 所示。

4）制作后的材质球如图 15-9 所示。

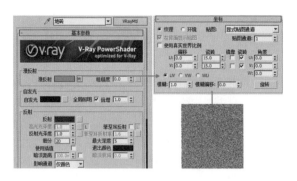

图 15-7

图 15-8

图 15-9

5）将制作完毕的地砖材质赋给场景中的模型，如图 15-10 所示。

图 15-10

（2）柜子材质的制作。

1）按【M】键，打开【材质编辑器】对话框，选择第一个材质球，单击 **Standard** （标准）按钮，在弹出的【材质 / 贴图浏览器】对话框中选择【VRayMtl】，如图 15-11 所示。

2）将其命名为【柜子】，在【漫反射】后面的通道上加载【000.jpg】贴图文件，展开【坐标】卷展栏，设置【瓷砖 U】为 4，设置【反射】颜色为黑色（红：20，绿：20，蓝：20），选中【菲

涅耳反射】复选框，设置【细分】为 20，如图 15-12 所示。

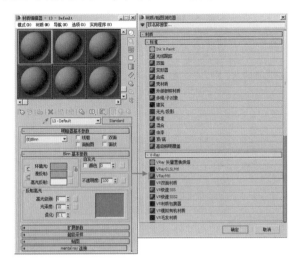

图 15-11

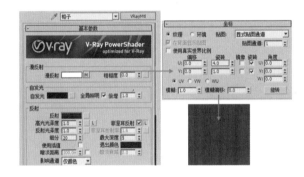

图 15-12

3）展开【贴图】卷展栏，在【凹凸】后面的通道上加载【WOOD-01-02.jpg】贴图文件，在【凹凸】后面的文本框中输入 61，如图 15-13 所示。

4）制作后的材质球如图 15-14 所示。

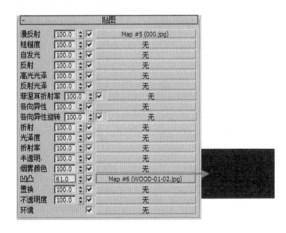

图 15-13　　　　　　　　　　　　　图 15-14

5）将制作完毕的柜子材质赋给场景中的模型，如图 15-15 所示。

图 15-15

（3）乳胶漆材质的制作。

1）选择一个空白材质球，设置材质类型为【VRayMtl】材质，将材质命名为【乳胶漆】，设置【漫反射】颜色为白色（红：255，绿：255，蓝：255），如图 15-16 所示。

2）制作后的材质球如图 15-17 所示。

图 15-16

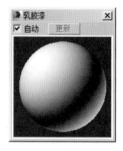

图 15-17

3）将制作完毕的乳胶漆材质赋给场景中的模型，如图 15-18 所示。

图 15-18

（4）桌子材质的制作。

1）选择一个空白材质球，设置材质类型为【VRayMtl】材质，将材质命名为【桌子】，在【漫反射】后面的通道上加载【A-D-097.jpg】贴图文件，设置【反射】颜色为黑色（红：33，绿：33，蓝：33），设置【高光光泽度】为0.95、【细分】为15，如图15-19所示。

图 15-19

2）制作后的材质球如图 15-20 所示。

3）将制作完毕的桌子材质赋给场景中的模型，如图 15-21 所示。

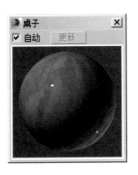 

图 15-20   图 15-21

（5）玻璃材质的制作。

1）选择一个空白材质球，设置材质类型为【VRayMtl】材质，将材质命名为【玻璃】，设置【漫反射】颜色为白色（红：255，绿：255，蓝：255），设置【反射】颜色为黑色（红：25，绿：25，蓝：25），设置【高光光泽度】为0.89，设置【折射】颜色为白色（红：255，绿：255，蓝：255），如图 15-22 所示。

2）制作后的材质球如图 15-23 所示。

3）将制作完毕的玻璃材质赋给场景中的模型，如图 15-24 所示。

（6）白色椅子材质的制作。

1）选择一个空白材质球，设置材质类型为【VRayMtl】材质，将材质命名为【白色椅子】，设置【漫反射】颜色为白色（红：250，绿：250，蓝：250），设置【反射】颜色为灰色（红：65，绿：65，蓝：65），选中【菲涅耳反射】复选框，设置【细分】为20，如图 15-25 所示。

2）制作后的材质球如图 15-26 所示。

3）将制作完毕的白色椅子材质赋给场景中的模型，如图 15-27 所示。

图 15-22

图 15-23

图 15-24

图 15-25

图 15-26

图 15-27

（7）环境材质的制作。

1）按【M】键，打开【材质编辑器】对话框，选择第一个材质球，单击 Standard （标准）按钮，在弹出的【材质/贴图浏览器】对话框中选择【VR 灯光材质】，如图 15-28 所示。

2）将其命名为【环境】，设置【颜色】为白色（红：255，绿：255，蓝：255），设置【颜色强度】为 5，如图 15-29 所示。

3）制作后的材质球如图 15-30 所示。

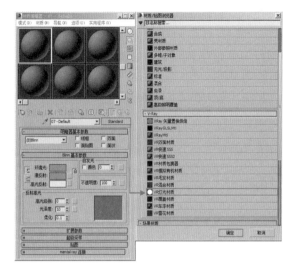

图 15-28

图 15-29

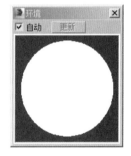

图 15-30

4）将制作完毕的环境材质赋给场景中的模型，如图 15-31 所示。

图 15-31

3. 设置摄影机

（1）单击 ⚙ （创建）→ 📹 （摄影机）→ 目标 按钮，如图 15-32 所示。单击在视图中拖曳创建摄影机，如图 15-33 所示。

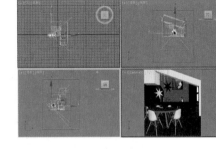

图 15-32　　　　　　　　　　　　图 15-33

（2）选择刚创建的摄影机，单击进入修改面板，并设置【镜头】为 21、【视野】为 81，最后设置【目标距离】为 8138mm，如图 15-34 所示。

（3）此时的摄影机视图效果，如图 15-35 所示。

图 15-34　　　　　　　　　　　　图 15-35

4. 设置灯光并进行草图渲染

在这个经典黑白餐厅设计场景中，使用两部分灯光照明来表现：一部分使用 VR 太阳制作阳光，另一部分使用 VR 灯光制作辅助灯光。

（1）使用 VR 太阳制作阳光。

1）在【创建面板】下单击 ◐ 【灯光】，并设置【灯光类型】为【VRay】，最后单击 VR太阳 按钮，如图 15-36 所示。

2）在前视图中拖曳并创建 1 盏 VR 太阳，如图 15-37 所示。在弹出的【VR 太阳】对话框中单击【是】按钮，如图 15-38 所示。

3）选择上一步创建的 VR 太阳，设置【强度倍增】为 0.03、【大小倍增】为 15、【阴影细分】为 20，如图 15-39 所示。

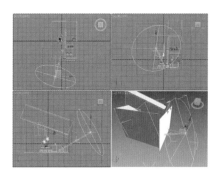

图 15-36　　　　　　　　　　　　　　　图 15-37

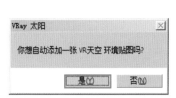

图 15-38

图 15-39

4）按【F10】键，打开【渲染设置】对话框。首先设置【VRay】和【间接照明】选项卡下的参数，刚开始设置的是一个草图设置，目的是进行快速渲染以观看整体的效果，参数设置如图 15-40 所示。

5）按【Shift+Q】键，快速渲染摄影机视图，其渲染的效果如图 15-41 所示。

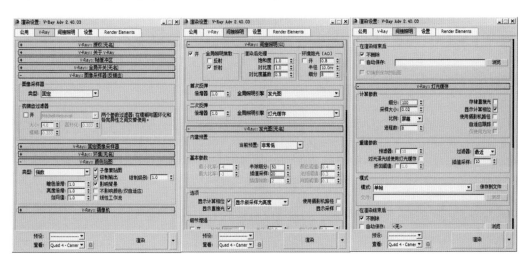

图 15-40

Chapter 15

图 15-41

（2）使用 VR 灯光制作辅助灯光。

1）在【创建面板】下单击 🖌 【灯光】，并设置【灯光类型】为【VRay】，最后单击 VR灯光 按钮，如图 15-42 所示。

2）在前视图中拖曳并创建 1 盏 VR 灯光，如图 15-43 所示。

图 15-42

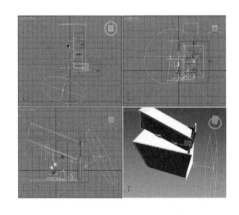

图 15-43

3）选择上一步创建的 VR 灯光，设置【类型】为【平面】，设置【倍增器】为 10，设置【颜色】为白色（红：254，绿：249，蓝：241），设置【1/2 长】为 1800mm、【1/2 宽】为 2400mm，选中【不可见】复选框，取消选中【影响高光反射】和【影响反射】复选框，设置【细分】为 15，如图 15-44 所示。

4）继续在前视图中拖曳并创建 1 盏 VR 灯光，如图 15-45 所示。

5）选择上一步创建的 VR 灯光，设置【类型】为【平面】，设置【倍增器】为 4.9，设置【颜色】为白色（红：251，绿：254，蓝：254），设置【1/2 长】为 1400mm、【1/2 宽】为 1640mm，选中【不可见】复选框，取消选中【影响高光反射】和【影响反射】复选框，设置【细分】为 15，如图 15-46 所示。

6）继续在左视图中拖曳并创建 1 盏 VR 灯光，如图 15-47 所示。

7）选择上一步创建的 VR 灯光，设置【类型】为【平面】，设置【倍增器】为 1，设置【颜色】为白色（红：251，绿：254，蓝：254），设置【1/2 长】为 3400mm、【1/2 宽】为 2000mm，选中【不可见】复选框，取消选中【影响高光反射】和【影响反射】复选框，设置【细分】为 15，如图 15-48 所示。

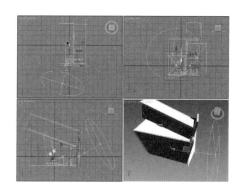

图 15-44　　　　　　　　　　　　　　　图 15-45

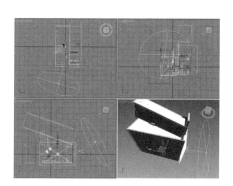

图 15-46　　　　　　　　　　图 15-47　　　　　　　　　　图 15-48

5. 设置成图渲染参数

（1）重新设置渲染参数，按【F10】键，在打开的【渲染设置】对话框中单击【V-Ray】选项卡，展开【图形采样器（反锯齿）】卷展栏，设置【类型】为【自适应细分】，在【抗锯齿过滤器】选项区中选中【开】复选框，并选择【Mitchell-Netravali】，展开【颜色贴图】卷展栏，设置【类型】为【指数】，选中【子像素贴图】和【钳制输出】复选框，如图15-49所示。

（2）单击【间接照明】选项卡，展开【V-Ray:: 间接照明（GI）】卷展栏，选中【开】复选框，设置【首次反弹】选项区中的【全局照明引擎】为【发光图】，设置【二次反弹】选项区中的【全局照明引擎】为灯光缓存，展开【发光图】卷展栏，设置【当前预置】为【低】，

Chapter 15

设置【半球细分】为 50、【插值采样】为 20，选中【显示计算机相位】复选框，如图 15-50 所示。

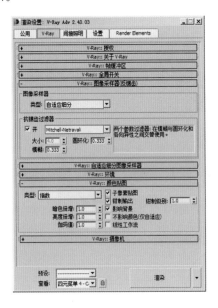

图 15-49

图 15-50

（3）展开【灯光缓存】卷展栏，设置【细分】为 1200，选中【存储直接光】和【显示计算机相位】复选框，如图 15-51 所示。

（4）单击【设置】选项卡，展开【V-Ray::DMC 采样器】，设置【噪波阈值】为 0.005，展开【系统】卷展栏，取消选中【显示窗口】复选框，如图 15-52 所示。

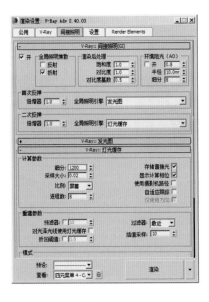

图 15-51

图 15-52

（5）单击【公用】选项卡，展开【公用参数】卷展栏，设置输出的尺寸为 1300×1500，如图 15-53 所示。

图 15-53

? FAQ 常见问题解答: 光子图是什么?

在渲染出图的时候, 可以根据不同的场景来选择不同的渲染方式。对于较大的场景, 可以先渲染尺寸稍小的光子图, 然后通过载入渲染的光子图来渲染以加快速度。本案例中的场景比较小, 所以不需要渲染光子图, 直接渲染出图即可。

(6) 最终的效果如图 15-1 所示。

Chapter 16
低调奢华——新古典风格卧室夜景

场景文件	16.max
案例文件	低调奢华——新古典风格卧室夜景 .max
视频教学	多媒体教学 /Chapter16/ 低调奢华——新古典风格卧室夜景 .flv
难易指数	★★★★★
灯光类型	目标灯光、VR 灯光
材质类型	VRayMtl 材质、多维 / 子对象材质、VR 灯光材质
程序贴图	位图贴图、衰减程序贴图
技术掌握	新古典风格的材质把握，丰富的室内灯光搭配

实例介绍

本例是一个新古典风格卧室夜景场景，室内明亮的灯光表现主要使用了目标灯光和 VR 灯光来制作，使用 VRayMtl 制作本案例的主要材质，制作完毕之后渲染的效果如图 16-1 所示。

图 16-1

操作步骤

1. 设置 VRay 渲染器

（1）打开本书配套光盘中的【场景文件 /Chapter 16/16.max】文件，此时场景效果如图 16-2 所示。

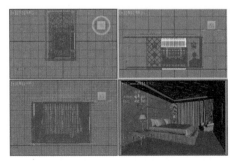

图 16-2

（2）按【F10】键，打开【渲染设置】对话框，单击【公用】选项卡，在【指定渲染器】卷展栏下单击 按钮，在弹出的【选择渲染器】对话框中选择【V-Ray Adv 2.40.03】，如图16-3所示。

图 16-3

（3）此时在【指定渲染器】卷展栏中的【产品级】后面显示了【V-Ray Adv 2.40.03】，【渲染设置】对话框中出现了【V-Ray】、【间接照明】、【设置】、【Render Elements】选项卡，如图16-4所示。

图 16-4

2. 材质的制作

下面讲述场景中的主要材质的调节方法，包括拼花地砖、皮床、床盖、镜子、电视、台灯、遮光窗帘材质等，效果如图16-5所示。

图 16-5

求生秘籍——技巧提示：室内色彩搭配原则

本案例要制作新古典风格，其特点是低调奢华，因此在制作材质之前需要先考虑一下最终作品的颜色。

室内设计遵循非常严谨的色彩搭配，不同的颜色搭配会出现不同的视觉效果。例如，蓝色会体现出冷、干净、纯洁的效果，红色会体现炽热、疯狂、刺激的效果，黑色会体现恐怖、邪恶的效果，而橙色会体现奢华、尊贵的效果。单个颜色与其他颜色进行搭配时，会产生更加丰富的色彩情感。

（1）拼花地砖材质的制作。

1）按【M】键，打开【材质编辑器】对话框，选择第一个材质球，单击 Standard （标准）按钮，在弹出的【材质 / 贴图浏览器】对话框中选择【多维 / 子对象】材质，如图 16-6 所示。

2）将材质命名为【拼花地砖】，【设置数量】为 3，如图 16-7 所示。

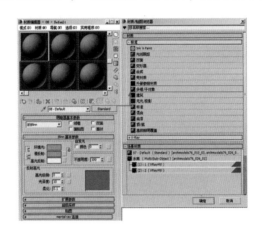

图 16-6

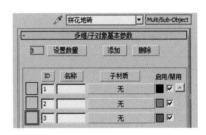

图 16-7

3）在【ID1】后面的通道上加载【VRayMtl】材质，在【漫反射】后面的通道上加载【凡尔塞金 2.jpg】贴图文件，展开【坐标】卷展栏，设置【瓷砖 U/V】分别为 0.6。在【反射】后面的通道上加载【衰减】程序贴图，展开【衰减参数】卷展栏，设置【衰减类型】为【Fresnel】，设置【折射率】为 1.4、【细分】为 15，如图 16-8 所示。

4）在【ID2】后面的通道上加载【VRayMtl】材质，在【漫反射】后面的通道上加载【200810417332729533.jpg】贴图文件，在【反射】后面的通道上加载【衰减】程序贴图，展开【衰减参数】卷展栏，设置【衰减类型】为 Fresnel，设置【折射率】为 1.4、【细分】为 15，如图 16-9 所示。

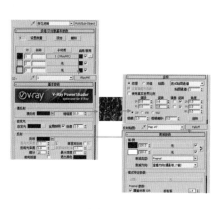
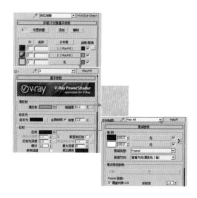

图 16-8　　　　　　　　　　　　　　图 16-9

5）在【ID3】后面的通道上加载【VRayMtl】材质，在【漫反射】后面的通道上加载
【ArchInteriors_14_06_barkbh.jpg】贴图文件，在【反射】后面的通道上加载【衰减】程序贴
图，展开【衰减参数】卷展栏，设置【衰减类型】为 Fresnel，设置【折射率】为 1.4、【细分】
为 15，如图 16-10 所示。

图 16-10

6）制作后的材质球如图 16-11 所示。
7）将制作完毕的拼花地砖材质赋给场景中的模型，如图 16-12 所示。

图 16-11　　　　　　　　　　　图 16-12

（2）皮床材质的制作。

1）按【M】键，打开【材质编辑器】对话框，选择第一个材质球，单击 Standard （标准）按钮，在弹出的【材质/贴图浏览器】对话框中选择【VRayMtl】，如图 16-13 所示。

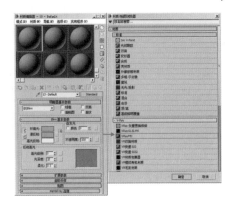

图 16-13

2）将其命名为【皮床】，设置【漫反射】颜色为黑色（红：20，绿：20，蓝：20），在【反射】后面的通道上加载【衰减】程序贴图，展开【衰减参数】卷展栏，设置【衰减类型】为 Fresnel，设置【折射率】为 2、【高光光泽度】为 0.6、【反射光泽度】为 0.65、【细分】为 20，如图 16-14 所示。

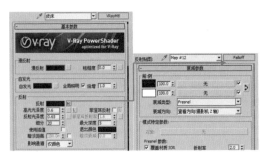

图 16-14

3）展开【贴图】卷展栏，在【凹凸】后面的通道上分别加载【ArchInteriors_12_06_leather_bump.jpg】贴图文件，展开【坐标】卷展栏，设置【瓷砖 U/V】分别为 2，在【凹凸】后面的文本框中输入 20，如图 16-15 所示。

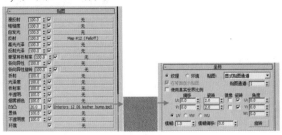

图 16-15

4）制作后的材质球如图 16-16 所示。

5）将制作完毕的皮床材质赋给场景中的模型，如图 16-17 所示。

图 16-16　　　　　　　　　　　　　图 16-17

（3）床盖材质的制作。

1）选择一个空白材质球，设置【材质类型】为【VRayMtl】材质，将材质命名为【床盖】，在【漫反射】后面的通道上加载【衰减】程序贴图，展开【衰减参数】卷展栏，在【颜色 1】后面的通道上加载【43884 副本 a.jpg】贴图文件，在【颜色 2】后面的通道上加载【43884 副本 .jpg】贴图文件，如图 16-18 所示。

图 16-18

2）制作后的材质球如图 16-19 所示。

3）将制作完毕的床盖材质赋给场景中的模型，如图 16-20 所示。

图 16-19　　　　　　　　　　　　　图 16-20

（4）镜子材质的制作。

1）选择一个空白材质球，设置材质类型为【VRayMtl】材质，将材质命名为【镜子】，设置【漫反射】颜色为黑色（红：0，绿：0，蓝：0），设置【反射】颜色为灰色（红：123，绿：123，蓝：123），设置【细分】为 16，如图 16-21 所示。

2）制作后的材质球如图 16-22 所示。

3）将制作完毕的镜子材质赋给场景中的模型，如图 16-23 所示。

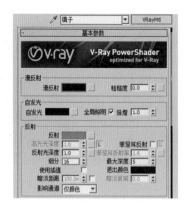

图 16-21   图 16-22

图 16-23

（5）电视材质的制作。

1）按【M】键，打开【材质编辑器】对话框，选择第一个材质球，单击 Standard （标准）按钮，在弹出的【材质 / 贴图浏览器】对话框中选择【VR 灯光材质】，如图 16-24 所示。

2）将其命名为【电视】，在【颜色】后面的通道上加载【1115912918.jpg】贴图文件，设置【颜色强度】为 2.2，如图 16-25 所示。

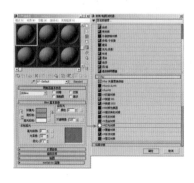 

图 16-24   图 16-25

3）制作后的材质球如图 16-26 所示。

4）将制作完毕的电视材质赋给场景中的模型，如图 16-27 所示。

图 16-26　　　　　　　　　　　　　　图 16-27

（6）台灯材质的制作。

1）选择一个空白材质球，设置材质类型为【多维/子对象】材质，将材质命名为【台灯】，设置【设置数量】为 2，如图 16-28 所示。

2）在【ID1】后面的通道上加载【VRayMtl】材质，在【漫反射】后面的通道上加载【2alpaca-15.jpg】贴图文件，如图 16-29 所示。

图 16-28　　　　　　　　　　　　　　图 16-29

3）在【折射】后面的通道上加载【衰减】程序贴图，并设置【颜色 1】颜色为灰色（红：70，绿：70，蓝：70），【颜色 2】颜色为黑色（红：0，绿：0，蓝：0），设置【衰减类型】为 Fresnel，最后设置【光泽度】为 0.7，选中【影响阴影】复选框，如图 16-30 所示。

4）在【ID2】后面的通道上加载【VRayMtl】材质，在【漫反射】后面的通道上加载【2alpaca-14.jpg】贴图文件，在【反射】后面的通道上加载【2alpaca-12drd.jpg】贴图文件，选中【菲涅耳反射】复选框，设置【菲涅耳折射率】为 0.3、【高光光泽度】为 0.55、【反射光泽度】为 0.6，如图 16-31 所示。

图 16-30　　　　　　　　　　　　　　图 16-31

5）制作后的材质球如图 16-32 所示。

6）将制作完毕的台灯材质赋给场景中的模型，如图 16-33 所示。

图 16-32

图 16-33

（7）遮光窗帘材质的制作。

1）选择一个空白材质球，设置【材质类型】为【VRayMtl】材质，将材质命名为【遮光窗帘】，在【漫反射】后面的通道上加载【衰减】程序贴图，展开【衰减参数】卷展栏，在【颜色 1】后面的通道上加载【s14.jpg】贴图文件，在【颜色 2】后面的通道上加载【s14a.jpg】贴图文件，如图 16-34 所示。

图 16-34

2）制作后的材质球如图 16-35 所示。

3）将制作完毕的遮光窗帘材质赋给场景中的模型，如图 16-36 所示。

图 16-35

图 16-36

3. 设置摄影机

（1）单击 ✳（创建）→ 📷（摄影机）→ ▭目标▭按钮，如图 16-37 所示。单击在视图中拖曳创建摄影机，如图 16-38 所示。

（2）选择刚创建的摄影机，单击进入修改面板，并设置【镜头】为 22、【视野】为 79，最后设置【目标距离】为 7234mm，如图 16-39 所示。

（3）此时的摄影机视图效果，如图 16-40 所示。

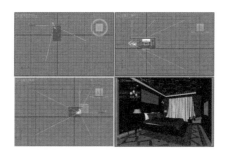

图 16-37   图 16-38

图 16-39   图 16-40

4. 设置灯光并进行草图渲染

在这个新古典风格卧室场景中，使用 4 部分灯光照明来表现：第一部分使用目标灯光制作射灯，第二部分使用 VR 灯光制作顶棚灯带，第三部分使用 VR 灯光制作窗口处灯光，第四部分使用 VR 灯光制作电视灯光、壁灯灯光、台灯灯光。

（1）使用目标灯光制作射灯。

1）在【创建面板】下单击  【灯光】，并设置【灯光类型】为【光度学】，最后单击 **目标灯光** 按钮，如图 16-41 所示。

2）在前视图中拖曳并创建 13 盏目标灯光，如图 16-42 所示。在 【修改】面板中选中【阴影】选项区中的【启用】复选框，设置【阴影类型】为【VRay 阴影】，在【灯光分布(类型)】选项区中设置类型为【光度学 Web】，展开【分布（光度学 Web）】卷展栏，在后面的通道上加载【TD-035.ies】光域网文件，设置【过滤颜色】为黄色（红：237，绿：154，蓝：87），设置【强度】为 4000、【细分】为 16，如图 16-43 所示。

图 16-41

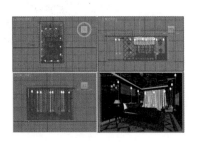

图 16-42   图 16-43

3）按【F10】键，打开【渲染设置】对话框。首先设置【VRay】和【间接照明】选项卡下的参数，刚开始设置的是一个草图设置，目的是进行快速渲染以观看整体的效果，参数设置如图 16-44 所示。

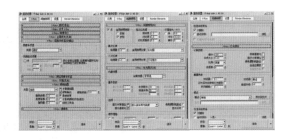

图 16-44

4）按【Shift+Q】键，快速渲染摄影机视图，其渲染的效果如图 16-45 所示。

图 16-45

（2）使用 VR 灯光制作顶棚灯带。

1）在【创建面板】下单击 【灯光】，并设置【灯光类型】为【VRay】，最后单击 VR灯光 按钮，如图 16-46 所示。

2）在顶视图中拖曳并创建 2 盏 VR 灯光，如图 16-47 所示。

3）选择上一步创建的 VR 灯光，设置【类型】为【平面】，设置【倍增器】为 10，设置【颜色】

为黄色（红：255，绿：205，蓝：107），在【大小】选项区中设置【1/2 长】为 92mm、【1/2 宽】为 1833mm，设置【细分】为 16，如图 16-48 所示。

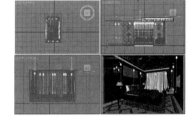

图 16-46　　　　　　　　　　图 16-47　　　　　　　　　　图 16-48

4）继续在顶视图中拖曳并创建 1 盏 VR 灯光，如图 16-49 所示。

5）选择上一步创建的 VR 灯光，设置【类型】为【平面】，设置【倍增器】为 10，设置【颜色】为黄色（红：255，绿：203，蓝：103），在【大小】选项区中设置【1/2 长】为 62mm、【1/2 宽】为 1567mm，设置【细分】为 16，如图 16-50 所示。

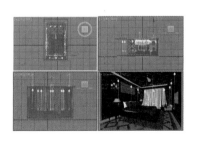

图 16-49　　　　　　　　　　图 16-50

（3）使用 VR 灯光制作窗口处灯光。

1）继续在左视图中拖曳并创建 1 盏 VR 灯光，如图 16-51 所示。

2）选择上一步创建的 VR 灯光，设置【类型】为【平面】，在【强度】选项区中设置

【倍增器】为3，设置【颜色】为深蓝色（红：38，绿：34，蓝：69），设置【1/2 长】为1669mm、【1/2 宽】为1215mm，选中【不可见】复选框，设置【细分】为16，如图 16-52 所示。

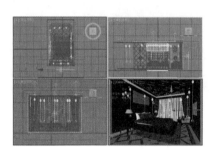

图 16-51　　　　　　　　　　　　图 16-52

（4）使用 VR 灯光制作电视灯光、壁灯灯光、台灯灯光。

1）继续在前视图中拖曳并创建 1 盏 VR 灯光，放置到电视的前方，如图 16-53 所示。

2）选择上一步创建的 VR 灯光，设置【类型】为【平面】，设置【倍增器】为20，设置【颜色】为蓝色（红：121，绿：143，蓝：216），设置【1/2 长】为511mm、【1/2 宽】为299mm，选中【不可见】复选框，设置【细分】为16，如图 16-54 所示。

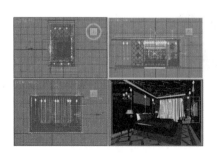

图 16-53　　　　　　　　　　　　图 16-54

求生秘籍——技巧提示：辅助光源

在制作完成室内主要的灯光后，需要尽可能制作丰富的辅助灯光，如电视灯光、壁灯灯光、台灯灯光等。这些灯光一定不要对整体的灯光效果产生太大的影响，它们的目的是为了起到"画龙点睛"的作用。

3）继续在前视图中拖曳并创建 6 盏 VR 灯光，分别放置到壁灯的每一个灯罩内，如图 16-55 所示。

4）选择上一步创建的 VR 灯光，设置【类型】为【球体】，设置【倍增器】为 50，设置【颜色】为黄色 (红：251，绿：191，蓝：138)，设置【半径】为 30mm，选中【不可见】复选框，设置【细分】为 15，如图 16-56 所示。

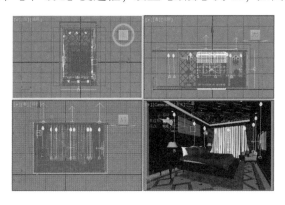

图 16-55

图 16-56

5）继续在前视图中拖曳并创建两盏 VR 灯光，分别放置到每一个台灯灯罩内，如图 16-57 所示。

6）选择上一步创建的 VR 灯光，设置【类型】为【球体】，设置【倍增器】为 100，设置【颜色】为黄色 (红：251，绿：191，蓝：138)，设置【半径】为 70mm，选中【不可见】复选框，设置【细分】为 15，如图 16-58 所示。

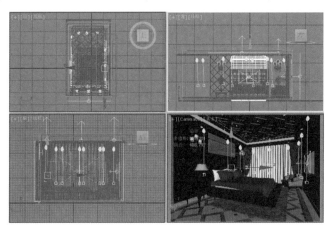

图 16-57

图 16-58

5. 设置成图渲染参数

（1）重新设置渲染参数，按【F10】键，在打开的【渲染设置】对话框中单击【V-Ray】选项卡，展开【图形采样器（反锯齿）】卷展栏，设置【类型】为【自适应细分】，在【抗锯齿过滤器】选项区中选中【开】复选框，并选择【Catmull-Rom】。展开【V-Ray∷自适应细分图像采样器】卷展栏，设置【最小比率】为－1、【最大比率】为2。展开【颜色贴图】卷展栏，设置【类型】为【指数】，选中【子像素贴图】和【钳制输出】复选框，如图16-59所示。

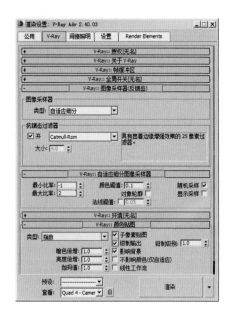

图 16-59

（2）单击【间接照明】选项卡，展开【V-Ray∷间接照明（GI）】卷展栏，选中【开】复选框，设置【首次反弹】选项区中的【全局照明引擎】为【发光图】，设置【二次反弹】选项区中的【全局照明引擎】为灯光缓存。展开【发光图】卷展栏，设置【当前预置】为【低】，设置【半球细分】为50、【插值采样】为20，选中【显示计算机相位】和【显示直接光】复选框，如图16-60所示。

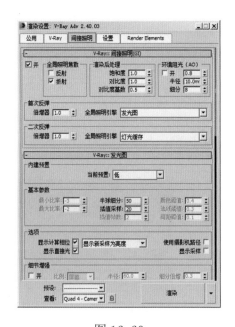

图 16-60

（3）展开【灯光缓存】卷展栏，设置【细分】为1000，选中【存储直接光】和【显示计算机相位】复选框，如图16-61所示。

（4）单击【设置】选项卡，展开【V-Ray::DMC采样器】，设置【噪波阈值】为0.005，展开【系统】卷展栏，取消选中【显示窗口】复选框，如图16-62所示。

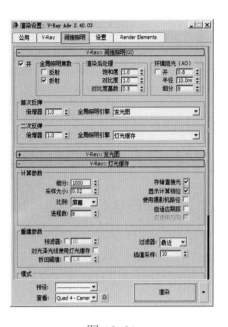

图 16-61

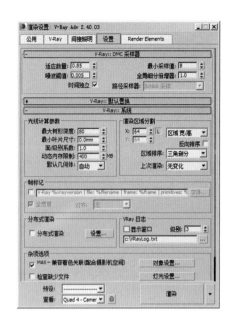

图 16-62

（5）单击【公用】选项卡，展开【公用参数】卷展栏，设置输出的尺寸为 1200×840，如图 16-63 所示。

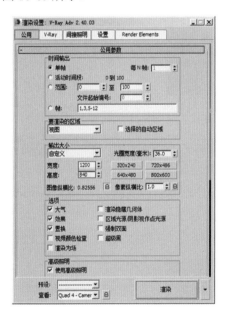

图 16-63

（6）最终的效果如图 16-1 所示。

场景文件	17.max
案例文件	高贵典雅 —— 简约欧式风格客厅日景 .max
视频教学	多媒体教学 /Chapter17/ 高贵典雅 —— 简约欧式风格客厅日景 .flv
难易指数	★★★★★
灯光类型	目标灯光、VR 太阳、VR 灯光
材质类型	VRayMtl 材质、VR 灯光材质
程序贴图	位图贴图、衰减贴图
技术掌握	多种灯光的综合搭配使用，带有平滑、凹凸、反射、折射属性材质的制作

实例介绍

本例是一个简约欧式风格客厅场景，室内明亮的灯光表现主要使用了目标灯光、VR 太阳和 VR 灯光来制作，使用 VRayMtl 制作本案例的主要材质，制作完毕之后渲染的效果如图 17-1 所示。

图 17-1

操作步骤

1. 设置 VRay 渲染器

（1）打开本书配套光盘中的【场景文件 /Chapter 17/17.max】文件，此时场景效果如图 17-2 所示。

图 17-2

（2）按【F10】键，打开【渲染设置】对话框，单击【公用】选项卡，在【指定渲染器】卷展栏下单击━按钮，在弹出的【选择渲染器】对话框中选择【V-Ray Adv 2.40.03】，如图17-3所示。

（3）此时在【指定渲染器】卷展栏中的【产品级】后面显示了【V-Ray Adv 2.40.03】，【渲染设置】对话框中出现了【V-Ray】、【间接照明】、【设置】、【Render Elements】选项卡，如图17-4所示。

图 17-3　　　　　　　　　　　　　　　图 17-4

2. 材质的制作

下面讲述场景中的主要材质的调节方法，包括木地板、地毯、沙发、砖墙、木纹、背景、窗帘材质等，效果如图17-5所示。

（1）木地板材质的制作。

1）按【M】键，打开【材质编辑器】对话框，选择第一个材质球，单击 **Standard** （标准）按钮，在弹出的【材质/贴图浏览器】对话框中选择【VRayMtl】，如图17-6所示。

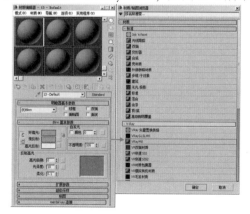

图 17-5　　　　　　　　　　　　　　　图 17-6

2）将其命名为【木地板】，在【漫反射】后面的通道上加载【木地板.jpg】贴图文件，展开【坐标】卷展栏，设置【瓷砖U】为1.5，在【反射】后面的通道上加载【衰减】程序贴图，展开【衰减参数】卷展栏，设置【颜色1】颜色为黑色（红：35，绿：35，蓝=35），设置【衰减类型】为 Fresnel，选中【菲涅耳反射】复选框，设置【高光光泽度】为 0.8、【反射光泽度】为 0.8、【细分】为 20，如图 17-7 所示。

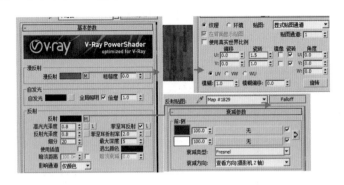

图 17-7

3）制作后的材质球如图 17-8 所示。

4）将制作完毕的木地板材质赋给场景中的模型，如图 17-9 所示。

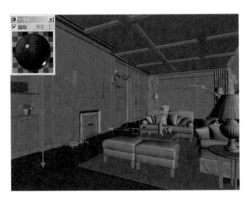

图 17-8　　　　　　　　　　　图 17-9

（2）地毯材质的制作。

1）选择一个空白材质球，将【材质类型】设置为【VRayMtl】，将材质命名为【地毯】，在【漫反射】后面的通道上加载【d1.jpg】贴图文件，展开【坐标】卷展栏，设置【瓷砖 U/V】分别为 1.01，如图 17-10 所示。

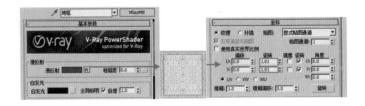

图 17-10

2）制作后的材质球如图 17-11 所示。

3）将制作完毕的地毯材质赋给场景中的模型，如图 17-12 所示。

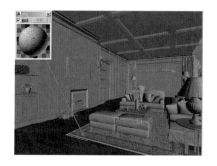

图 17-11　　　　　　　　　　　　图 17-12

（3）沙发材质的制作。

1）选择一个空白材质球，设置【材质类型】为【VRayMtl】材质，将材质命名为【沙发】，在【漫反射】后面的通道上加载【衰减】程序贴图，在【颜色1】后面的通道上加载【2alpaca-15a.jpg】贴图文件，在【颜色2】后面的通道上加载【2alpaca-15awa.jpg】贴图文件。设置【反射】颜色为灰色（红：50，绿：50，蓝：50），选中【菲涅耳反射】复选框，设置【高光光泽度】为0.45、【反射光泽度】为0.6，如图17-13所示。

图 17-13

2）制作后的材质球如图17-14所示。

3）将制作完毕的沙发材质赋给场景中的模型，如图17-15所示。

图 17-14　　　　　　　　　　图 17-15

（4）砖墙材质的制作。

1）选择一个空白材质球，设置【材质类型】为【VRayMtl】材质，将材质命名为【砖墙】。展开【贴图】卷展栏，在【漫反射】和【凹凸】后面的通道上分别加载【317毛石.jpg】贴图文件，展开【坐标】卷展栏，设置【瓷砖U/V】分别为3，在【凹凸】文本框中输入80，如图17-16所示。

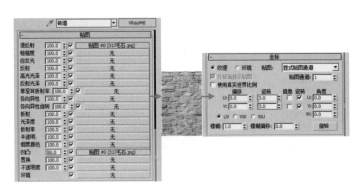

图 17-16

2）制作后的材质球如图 17-17 所示。

3）将制作完毕的砖墙材质赋给场景中的模型，如图 17-18 所示。

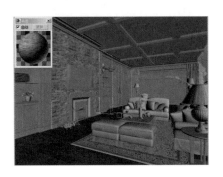

图 17-17　　　　　　　　　图 17-18

（5）木纹材质的制作。

1）选择一个空白材质球，设置【材质类型】为【VRayMtl】材质，将材质命名为【木纹】，在【漫反射】后面的通道上加载【20081013_0ec6cb21b36e17488e72QV34GUKeFEQdq.jpg】贴图文件，展开【坐标】卷展栏，设置【瓷砖 U/V】分别为 0.3。在【反射】后面的通道上加载【衰减】程序贴图，设置【衰减类型】为 Fresnel，选中【菲涅耳反射】复选框，设置【菲涅耳折射率】为 2.5、【反射光泽度】为 0.8、【细分】为 20，如图 17-19 所示。

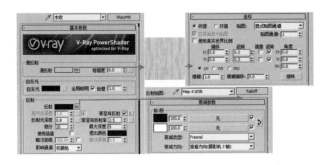

图 17-19

2）制作后的材质球如图 17-20 所示。

3）将制作完毕的木纹材质赋给场景中的模型，如图 17-21 所示。

图 17-20　　　　　　　　　　图 17-21

（6）背景材质的制作。

1）按【M】键，打开【材质编辑器】对话框，选择第一个材质球，单击 Standard （标准）按钮，在弹出的【材质/贴图浏览器】对话框中选择【VR 灯光材质】，如图 17-22 所示。

2）将其命名为【背景】，在【颜色】后面的通道上加载【环境.jpg】贴图文件，设置【颜色强度】为 4，如图 17-23 所示。

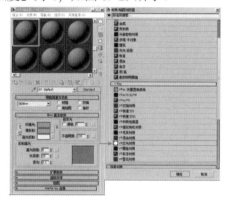

图 17-22　　　　　　　　　　图 17-23

3）制作后的材质球如图 17-24 所示。

4）将制作完毕的背景材质赋给场景中的模型，如图 17-25 所示。

图 17-24　　　　　　　　　　图 17-25

（7）窗帘材质的制作。

1）选择一个空白材质球，设置【材质类型】为【VRayMtl】材质，将材质命名为【窗帘】，在【漫反射】后面的通道上加载【2alpaca-12ab.jpg】贴图文件，如图 17-26 所示。

图 17-26

2）在【折射】后面的通道上加载【衰减】程序贴图，设置【颜色 1】颜色为深灰色（红：30，绿：30，蓝：30）、【颜色 2】颜色为黑色（红：0，绿：0，蓝：0），设置【衰减类型】为 Fresnel，设置【光泽度】为 0.7，选中【影响阴影】复选框，如图 17-27 所示。

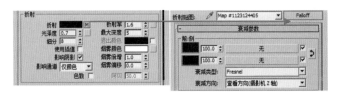

图 17-27

3）制作后的材质球如图 17-28 所示。

4）将制作完毕的窗帘材质赋给场景中的模型，如图 17-29 所示。

图 17-28　　　　　　　图 17-29

3. 设置摄影机

（1）单击 ✳ （创建）→ 📷 （摄影机）→ ▭目标▭ 按钮，如图 17-30 所示。单击在视图中拖曳创建摄影机，如图 17-31 所示。

（2）选择刚创建的摄影机，单击进入修改面板，设置【镜头】为 24、【视野】为 74，最后设置【目标距离】为 897mm，如图 17-32 所示。

（3）此时的摄影机视图效果，如图 17-33 所示。

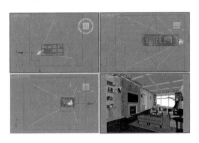

图 17-30　　　　　　　　　　　图 17-31

图 17-32　　　　　　　　　　　图 17-33

4. 设置灯光并进行草图渲染

在这个简约欧式风格客厅场景中，使用部分灯光照明来表现：第一部分使用 VR 太阳制作阳光，第二部分使用目标灯光制作射灯，第三部分使用 VR 灯光制作辅助灯光，第四部分使用 VR 灯光制作台灯和壁灯灯光，第五部分使用 VR 灯光制作壁炉灯光。

（1）使用 VR 太阳制作阳光。

1）在【创建面板】下单击 【灯光】，并设置【灯光类型】为【VRay】，最后单击　VR太阳　按钮，如图 17-34 所示。

2）在前视图中拖曳并创建 1 盏 VR 太阳，如图 17-35 所示。在弹出的【VR 太阳】对话框中单击【是】按钮，如图 17-36 所示。

3）选择上一步创建的 VR 太阳灯光，设置【强度倍增】为 0.04、【大小倍增】为 10、【阴影细分】为 20，如图 17-37 所示。

4）按【F10】键，打开【渲染设置】对话框。首先设置【VRay】和【间接照明】选项卡下的参数，刚开始设置的是一个草图设置，

图 17-34

目的是进行快速渲染以观看整体的效果，参数设置如图 17-38 所示。

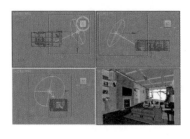

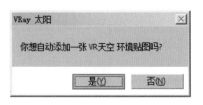

图 17-35　　　　　　　　　　图 17-36　　　　　　　　　图 17-37

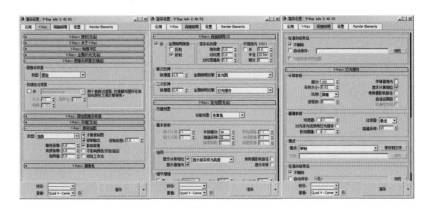

图 17-38

5）按【Shift+Q】键，快速渲染摄影机视图，其渲染的效果如图 17-39 所示。

图 17-39

（2）使用目标灯光制作射灯。

1）在【创建面板】下单击 【灯光】，并设置【灯光类型】为【光度学】，最后单击 目标灯光 按钮，如图 17-40 所示。

2）在前视图中拖曳并创建 13 盏目标灯光，如图 17-41 所示。在 【修改】面板中选中【阴影】选项区中的【启用】复选框，设置【阴影类型】为【VRay 阴影】，在【灯光分布（类型）】选项区设置类型为【光度学 Web】，展开【分布（光度学 Web）】卷展栏，在后面的通道上加载【小射灯 .ies】光域网文件，设置【过滤颜色】为黄色（红：254，绿：224，蓝：87191），设置【强度】为 60000，选中【区域阴影】和【透明阴影】复选框，设置【UVW 大小】为 30mm、【细分】为 20，如图 17-42 所示。

图 17-40

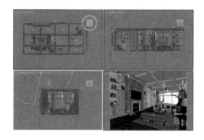

图 17-41

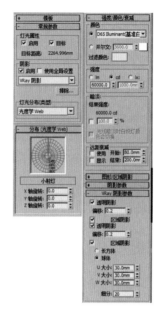

图 17-42

求生秘籍——软件技能：复制灯光时的【复制】和【实例】

在这里首先创建 1 盏目标灯光，然后按住【Shift】键复制出 12 盏。在复制时一定要考虑好要选择哪种方式。若选中【实例】单选按钮，则选择复制后的任意一盏灯光修改参数时，所有被复制的灯光的参数都会跟着变化，如图 17-43 所示。

若选中【复制】单选按钮，则选择复制后的任意一盏灯光修改参数时，所有被复制的灯光的参数都不会跟着变化，如图 17-44 所示。

图 17-43　　　　　　　　　　图 17-44

在本例中建议选择【实例】，因为创建的目标灯光是作为场景四周的射灯，这些灯光的参数应该是一致的。若需要调整射灯的整体明暗、颜色，只需要修改其中一盏，则所有被复制的目标灯光参数都会跟着变化，非常方便。

3）按【Shift+Q】键，快速渲染摄影机视图，其渲染的效果如图 17-45 所示。

（3）使用 VR 灯光制作辅助灯光。

1）在【创建面板】下单击 【灯光】，并设置【灯光类型】为【VRay】，最后单击

图 17-45

VR灯光 按钮，如图 17-46 所示。

2) 在左视图中拖曳并创建 1 盏 VR 灯光，如图 17-47 所示。

3) 选择上一步创建的 VR 灯光，设置【类型】为【平面】，设置【倍增器】为 8，设置【1/2 长】为 2200mm、【1/2 宽】为 1500mm，选中【不可见】复选框，设置【细分】为 20，如图 17-48 所示。

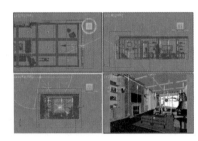

图 17-46　　　　　　　　图 17-47　　　　　　　　图 17-48

(4) 使用 VR 灯光制作台灯和壁灯灯光。

1) 继续在顶视图中拖曳并创建 3 盏 VR 灯光，放置到每一个台灯灯罩内。如图 17-49 所示。

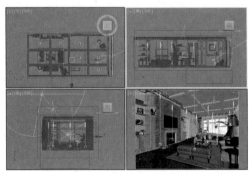

图 17-49

2）选择上一步创建的 VR 灯光，设置【类型】为【球体】，设置【倍增器】为 100，设置【颜色】为黄色（红：253，绿：179，蓝：114），设置【半径】为 70mm，选中【不可见】复选框，设置【细分】为 20，如图 17-50 所示。

3）继续在顶视图中拖曳并创建两盏 VR 灯光，放置到每一个壁灯灯罩内，如图 17-51 所示。

4）选择上一步创建的 VR 灯光，设置【类型】为【球体】，设置【倍增器】为 100，设置【颜色】为黄色（红：253，绿：179，蓝：114），设置【半径】为 30mm，选中【不可见】复选框，设置【细分】为 20，如图 17-52 所示。

图 17-50　　　　　　图 17-51　　　　　　图 17-52

（5）使用 VR 灯光制作壁炉灯光。

1）继续在顶视图中拖曳并创建 1 盏 VR 灯光，放置到壁炉内，如图 17-53 所示。

2）选择上一步创建的 VR 灯光，放置到壁炉内，设置【类型】为【球体】，设置【倍增器】为 100，设置【颜色】为黄色（红：252，绿：146，蓝：114），设置【半径】为 50mm，选中【不可见】复选框，设置【细分】为 20，如图 17-54 所示。

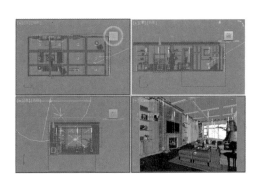

图 17-53　　　　　　　　图 17-54

3）继续在前视图中拖曳并创建 1 盏 VR 灯光，，放置到壁炉内，如图 17-55 所示。

4）选择上一步创建的 VR 灯光，设置【类型】为【平面】，设置【倍增器】为 3，设置【颜色】为黄色（红：252，绿：146，蓝：114），设置【1/2 长】为 300mm、【1/2 宽】为 200mm，选中【不可见】复选框，设置【细分】为 20，如图 17-56 所示。

图 17-55　　　　　　　　　　　　　　　　图 17-56

5. 设置成图渲染参数

（1）重新设置渲染参数，按【F10】键，在打开的【渲染设置】对话框中单击【V-Ray】选项卡，展开【图形采样器（反锯齿）】卷展栏，设置【类型】为【自适应确定性蒙特卡洛】，在【抗锯齿过滤器】选项区中选中【开】复选框，并选择【Mitchell-Netravali】。展开【V-Ray∷自适应细分图像采样器】卷展栏，设置【最小比率】为 1、【最大比率】为 4。展开【颜色贴图】卷展栏，设置【类型】为【指数】，选中【子像素贴图】和【钳制输出】复选框，如图 17-57 所示。

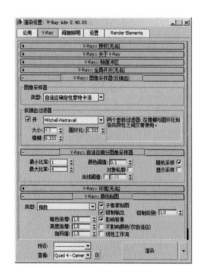

图 17-57

（2）单击【间接照明】选项卡，展开【V-Ray:: 间接照明（GI）】卷展栏，选中【开】复选框，设置【首次反弹】选项区中的【全局照明引擎】为【发光图】，设置【二次反弹】选项区中的【全局照明引擎】为灯光缓存。展开【发光图】卷展栏，设置【当前预置】为【高】，设置【半球细分】为 50、【插值采样】为 20，选中【显示计算机相位】和【显示直接光】复选框，如图 17-58 所示。

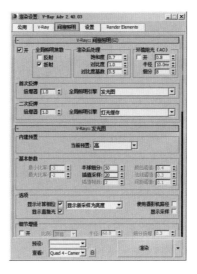

图 17-58

（3）展开【灯光缓存】卷展栏，设置【细分】为 2000，选中【存储直接光】和【显示计算机相位】复选框，如图 17-59 所示。

（4）单击【设置】选项卡，展开【V-Ray::DMC 采样器】，设置【噪波阈值】为 0.005，展开【系统】卷展栏，取消选中【显示窗口】复选框，如图 17-60 所示。

图 17-59

图 17-60

（5）单击【Render Elements】选项卡，单击【添加】按钮并在弹出的【渲染元素】面板中选择【VRay 线框颜色】选项，如图 17-61 所示。

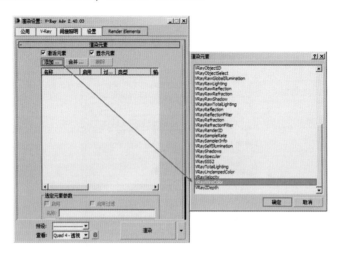

图 17-61

（6）单击【公用】选项卡，展开【公用参数】卷展栏，设置输出的尺寸为 1200×900，如图 17-62 所示。

图 17-62

（7）最终的效果如图 17-1 所示。

Chapter 18
简约明亮 —— 中型封闭会议室

场景文件	18.max
案例文件	Chapter 18 简约明亮 —— 中型封闭会议室 .max
视频教学	多媒体教学 /Chapter18/ 简约明亮 —— 中型封闭会议室 .flv
难易指数	★★★★★
灯光类型	目标灯光、VR 灯光
材质类型	VRayMtl 材质、标准材质、多维 / 子对象材质
程序贴图	位图贴图、衰减程序贴图
技术掌握	干净整洁的材质和贴图制作方法，明亮有层次的封闭空间灯光的制作

实例介绍

本例是一个封闭会议室场景，室内明亮的灯光表现主要使用目标灯光和 VR 灯光来制作，使用 VRayMtl 制作本案例的主要材质，制作完毕之后渲染的效果如图 18-1 所示。

图 18-1

操作步骤

1. 设置 VRay 渲染器

（1）打开本书配套光盘中的【场景文件 /Chapter 13/23.max】文件，此时场景效果如图 18-2 所示。

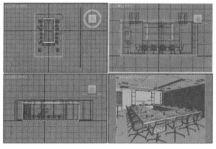

图 18-2

（2）按【F10】键，打开【渲染设置】对话框，单击【公用】选项卡，在【指定渲染器】卷展栏下单击 ··· 按钮，在弹出的【选择渲染器】对话框中选择【V-Ray Adv 2.40.03】，如图 18-3 所示。

图 18-3

（3）此时在【指定渲染器】卷展栏中的【产品级】后面显示了【V-Ray Adv 2.40.03】，【渲染设置】对话框中出现了【V-Ray】、【间接照明】、【设置】、【Render Elements】选项卡，如图 18-4 所示。

图 18-4

2. 材质的制作

下面讲述场景中的主要材质的调节方法，包括地毯、黑镜、墙面、桌子、椅子、金属材质等，效果如图 18-5 所示。

图 18-5

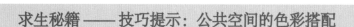
求生秘籍——技巧提示：公共空间的色彩搭配

公共空间色彩搭配要求和谐、统一。本案例为中型封闭的会议室空间，从其功能来看，该空间是用来开会的，因此要求安静，在色彩搭配上要采用尽量少的颜色、并且颜色尽量避免冲突。图 18-6 所示为和谐、统一的色彩搭配设计。

图 18-6

图 18-7 所示为冲突、跳跃的色彩搭配设计。

图 18-7

（1）地毯材质的制作。

1）按【M】键，打开【材质编辑器】对话框，选择第一个材质球，单击 Standard （标准）按钮，在弹出的【材质 / 贴图浏览器】对话框中选择【VRayMtl】，如图 18-8 所示。

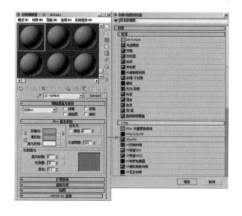

图 18-8

Chapter 18

2）将其命名为【地毯】，展开【贴图】卷展栏，在【漫反射】和【凹凸】后面的通道上分别加载【dt0a01000057.jpg】贴图文件，展开【坐标】卷展栏，设置【瓷砖 U】为 6、【瓷砖 V】为 10，在【凹凸】文本框中输入 80，如图 18-9 所示。

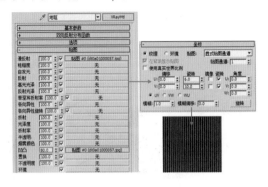

图 18-9

3）制作后的材质球如图 18-10 所示。

4）将制作完毕的地毯材质赋给场景中的模型，如图 18-11 所示。

图 18-10　　　　　　　　　　图 18-11

（2）黑镜材质的制作。

1）按【M】键，打开【材质编辑器】对话框，选择一个材质球，单击 Standard （标准）按钮，在弹出的【材质／贴图浏览器】对话框中选择【VRayMtl】，如图 18-12 所示。

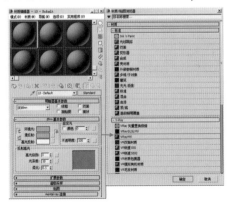

图 18-12

2）将材质命名为【黑镜】，设置【漫反射】颜色为灰色（红：5，绿：5，蓝：5），设置【反射】颜色为白色（红：255，绿：255，蓝：255），选中【菲涅耳反射】复选框，设置【折射】颜色为白色（红：250，绿：250，蓝：250），如图 18-13 所示。

3）制作后的材质球如图 18-14 所示。

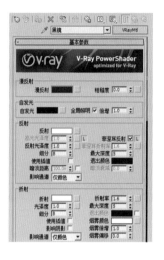 

图 18-13　　　　　　　　图 18-14

4）将制作完毕的黑镜材质赋给场景中的模型，如图 18-15 所示。

图 18-15

（3）墙面材质的制作。

1）选择一个空白材质球，将材质命名为【墙面】，设置【漫反射】颜色为白色（红：245，绿：213，蓝：171），如图 18-16 所示。

图 18-16

2）制作后的材质球如图 18-17 所示。

3）将制作完毕的黑镜材质赋给场景中的模型，如图 18-18 所示。

图 18-17   图 18-18

（4）桌子材质的制作。

1）按【M】键，打开【材质编辑器】对话框，选择第一个材质球，单击 （标准）
按钮，在弹出的【材质 / 贴图浏览器】对话框中选择【多维 / 子对象】材质，如图 18-19 所示。

2）将材质命名为【桌子】，设置【设置数量】为 2，如图 18-20 所示。

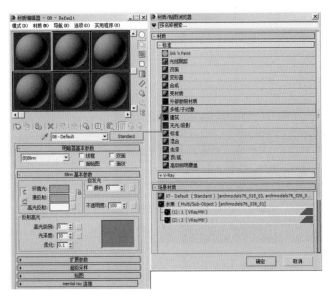

图 18-19   图 18-20

3）在【ID1】后面的通道上加载【VRayMtl】材质，设置【漫反射】颜色为白色（红：
255，绿：255，蓝：255），设置【反射】颜色为灰色（红：65，绿：65，蓝：65），选中【菲
涅耳反射】复选框，设置【反射光泽度】为 0.85、【细分】为 15，如图 18-21 所示。

4）在【ID2】后面的通道上加载【VRayMtl】材质，在【漫反射】后面的通道上加载【淋
风田园 -2 木纹原色 1.jpg】贴图文件，在【反射】后面的通道上加载【衰减】程序贴图，设置【衰
减类型】为 Fresnel，设置【高光光泽度】为 0.65、【反射光泽度】为 0.8、【细分】为 20，
如图 18-22 所示。

5）制作后的材质球如图 18-23 所示。

6）将制作完毕的桌子材质赋给场景中的模型，如图 18-24 所示。

图 18-21

图 18-22

图 18-23   图 18-24

（5）椅子材质的制作。

1）选择一个空白材质球，设置【材质类型】为【VRayMtl】材质，并命名为【椅子】，设置【漫反射】颜色为黑色（红：3，绿：3，蓝：3），设置【反射】颜色为灰色（红：55，绿：55，蓝：55），选中【菲涅耳反射】复选框，设置【反射光泽度】为 0.85、【细分】为 15，如图 18-25 所示。

2）制作后的材质球如图 18-26 所示。

3）将制作完毕的椅子材质赋给场景中的模型，如图 18-27 所示。

图 18-25

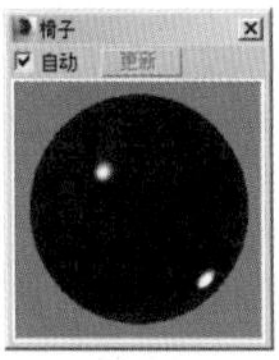

图 18-26

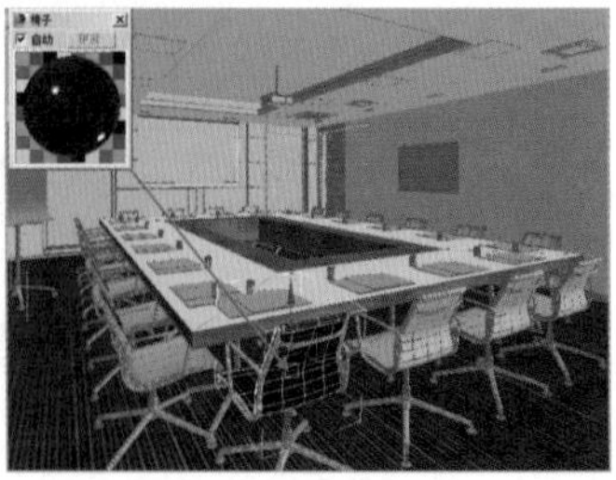

图 18-27

（6）金属材质的制作。

1）选择一个空白材质球，设置【材质类型】为【VRayMtl】材质，并命名为【金属】。设置【漫反射】颜色为灰色（红：60，绿：60，蓝：60），设置【反射】颜色为白色（红：180，绿：180，蓝：180），设置【高光光泽度】为 0.65、【反射光泽度】为 1 、【细分】为 8 ，如图 18-28 所示。

2）制作后的材质球如图 18-29 所示。

3）将制作完毕的金属材质赋给场景中的模型，如图 18-30 所示。

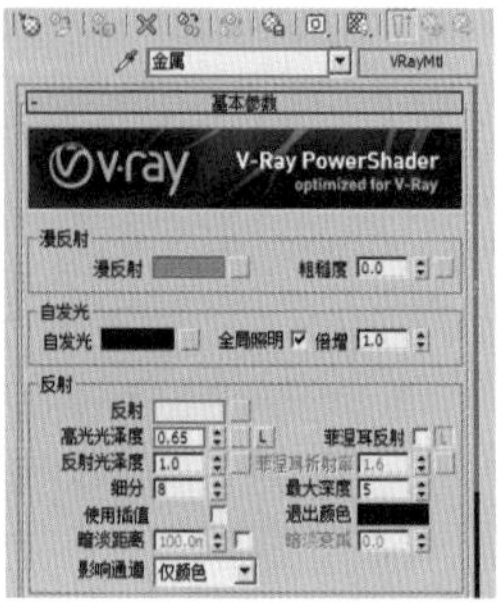

图 18-28

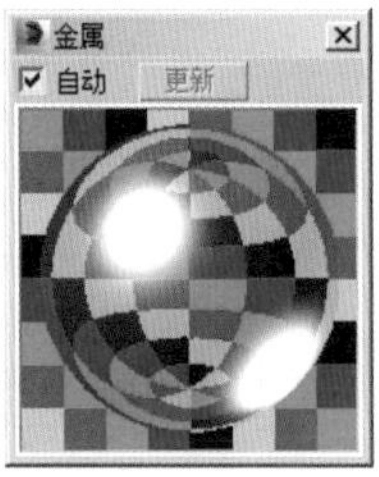

图 18-29

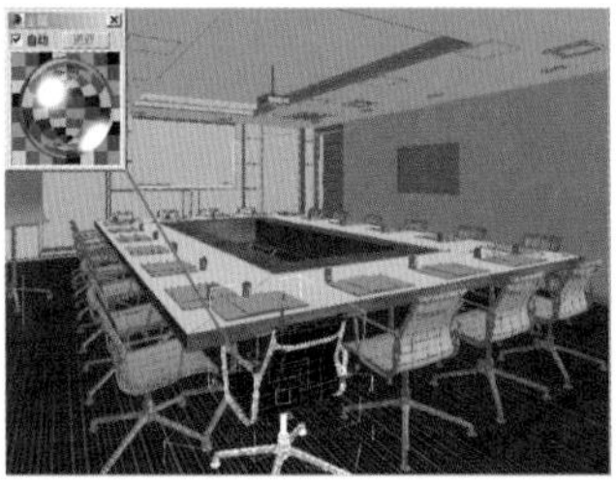

图 18-30

3. 设置摄影机

（1）单击（创建）→（摄影机）→ 目标 按钮，如图 18-31 所示。单击在视图中拖曳创建摄影机，如图 18-32 所示。

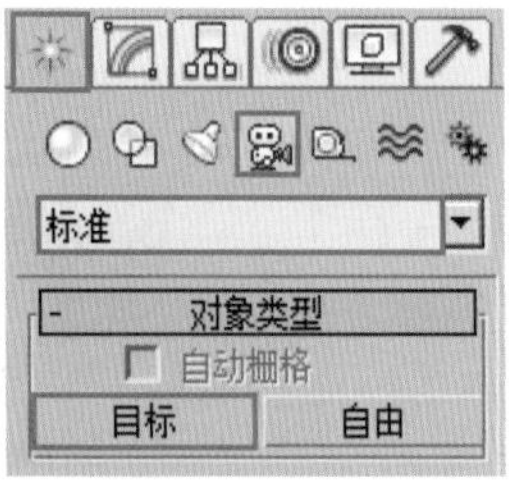

图 18-31

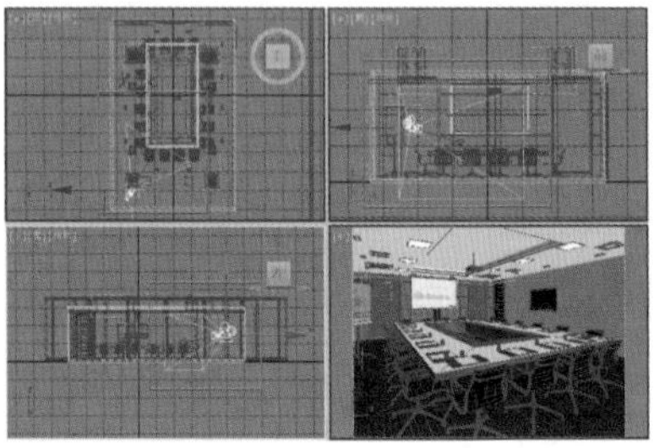

图 18-32

（2）选择刚创建的摄影机，单击进入修改面板，并设置【镜头】为 25、【视野】为 73，最后设置【目标距离】为 2833mm，如图 18-33 所示。

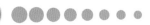

（3）此时选择刚创建的摄影机，并单击鼠标右键，在弹出的快捷菜单中选择【应用摄影机校正修改器】，如图 18-34 所示。

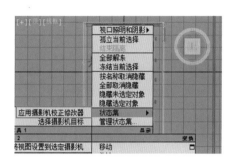

图 18-33　　　　　　　　　　　　　图 18-34

（4）此时可以看到【摄影机校正】修改器被加载到了摄影机上，最后设置【数量】为 5.948、【方向】为 90，如图 18-35 所示。

（5）此时的摄影机视图效果，如图 18-36 所示。

图 18-35　　　　　　　　　　　　图 18-36

4. 设置灯光并进行草图渲染

在这个封闭会议室场景中，使用两部分灯光照明来表现：第一部分使用目标灯光制作射灯，第二部分使用 VR 灯光制作顶棚灯带。

（1）使用目标灯光制作射灯。

1）在【创建面板】下单击 【灯光】，并设置【灯光类型】为【光度学】，最后单击 **目标灯光** 按钮，如图 18-37 所示。

图 18-37

2）在前视图中拖曳并创建 12 盏目标灯光，从上向下进行照射，如图 18-38 所示。选中【阴影】选项区中的【启用】复

选框，设置【阴影类型】为【VRay 阴影】，在【灯光分布（类型）】选项区中设置类型为【光度学 Web】，展开【分布（光度学 Web）】卷展栏，在后面的通道上加载【小射灯 .ies】光域网文件，设置【过滤颜色】为白色（红：255，绿：255，蓝：255），设置【强度】为 34000，如图 18-39 所示。

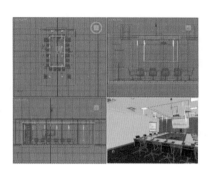

图 18-38 　　　　　　　　　　　图 18-39

3）继续在前视图中拖曳并创建 10 盏目标灯光，如图 18-40 所示。选中【阴影】选项区中的【启用】复选框，设置【阴影类型】为【VRay 阴影】，在【灯光分布（类型）】选项区中设置类型为【光度学 Web】，展开【分布（光度学 Web）】卷展栏，在后面的通道上加载【小射灯 .ies】光域网文件，设置【过滤颜色】为白色（红：255，绿：255，蓝：255），设置【强度】为 40000，选中【区域阴影】复选框，设置【细分】为 15，如图 18-41 所示。

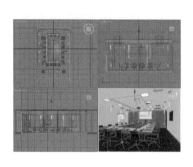

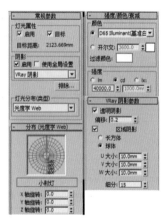

图 18-40 　　　　　　　　　　　图 18-41

4）继续在前视图中拖曳并创建两盏目标灯光，如图 18-42 所示。选中【阴影】选项区中的【启用】复选框，设置【阴影类型】为【VRay 阴影】，在【灯光分布（类型）】选项区中设置类型为【光度学 Web】，展开【分布（光度学 Web）】卷展栏，在后面的通道上加载【2.ies】光域网文件，设置【过滤颜色】为白色（红：255，绿：255，蓝：255），设置【强度】为 2147，选中【区域阴影】复选框，设置【细分】为 15，如图 18-43 所示。

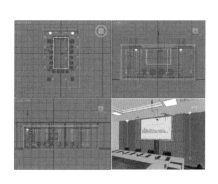 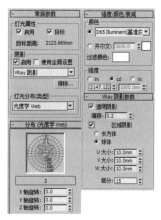

图 18-42　　　　　　　　　　　　图 18-43

求生秘籍——技巧提示：可以使用不同的 .ies 文件增加层次

　　本案例使用了【目标灯光】制作射灯，为了使灯光的照射效果更加丰富，分别使用了两种不同的光域网类型（.ies 文件）：第一种用来照射室内四周起到射灯作用，第二种用来照射屏幕两侧。

　　5）按【F10】键，打开【渲染设置】对话框。首先设置【VRay】和【间接照明】选项卡下的参数，刚开始设置的是一个草图设置，目的是进行快速渲染以观看整体的效果，参数设置如图 18-44 所示。

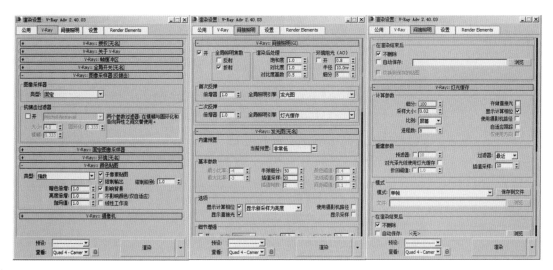

图 18-44

　　6）按【Shift+Q】键，快速渲染摄影机视图，其渲染的效果如图 18-45 所示。

（2）使用 VR 灯光制作顶棚灯带。

　　1）在【创建面板】下单击 【灯光】，并设置【灯光类型】为【VRay】，最后单击 **VR灯光** 按钮，如图 18-46 所示。

图 18-45   图 18-46

2) 在前视图中拖曳并创建两盏 VR 灯光，放置到灯槽内，如图 18-47 所示。

3) 选择上一步创建的 VR 灯光，在【修改面板】下设置【类型】为【平面】，设置【倍增器】为 10，设置【颜色】为白色（红：255，绿：226，蓝：206），设置【1/2 长】为 1300mm、【1/2 宽】为 70mm，选中【不可见】复选框，设置【细分】为 15，如图 18-48 所示。

4) 继续在前视图中拖曳并创建两盏 VR 灯光，放置到灯槽内，如图 18-49 所示。

5) 选择上一步创建的 VR 灯光，在【修改面板】下设置【类型】为【平面】，设置【倍增器】为 10，设置【颜色】为白色（红：255，绿：226，蓝：206），设置【1/2 长】为 2700mm、【1/2 宽】为 70mm，选中【不可见】复选框，设置【细分】为 15，如图 18-50 所示。

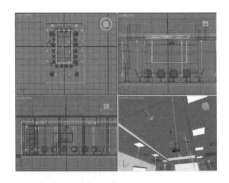

图 18-47

图 18-48

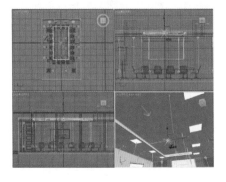

图 18-49

图 18-50

5. 设置成图渲染参数

（1）重新设置渲染参数，按【F10】键，在打开的【渲染设置】对话框中，单击【V-Ray】选项卡，展开【图形采样器（反锯齿）】卷展栏，设置【类型】为【自适应确定性蒙特卡洛】，在【抗锯齿过滤器】选项区中选中【开】复选框，并选择【Catmull-Rom】。展开【V-Ray∷自适应细分图像采样器】卷展栏，设置【最小比率】为1、【最大比率】为4，展开【颜色贴图】卷展栏，设置【类型】为【指数】，选中【子像素贴图】和【钳制输出】复选框，如图18-51所示。

（2）单击【间接照明】选项卡，展开【发光图】卷展栏，设置【当前预置】为【低】，设置【半球细分】为50、【插值采样】为20，选中【显示计算机相位】和【显示直接光】复选框，展开【灯光缓存】卷展栏，设置【细分】为1000，选中【存储直接光】和【显示计算相位】复选框，如图18-52所示。

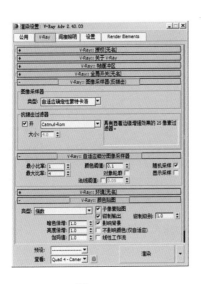

图 18-51

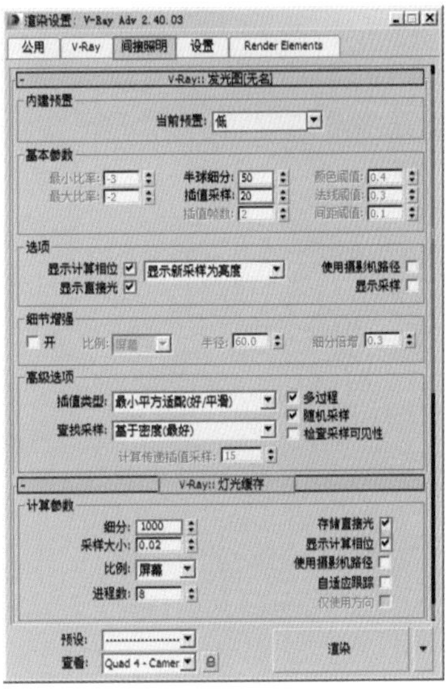

图 18-52

（3）单击【设置】选项卡，展开【系统】卷展栏，设置【区域排序】为【三角剖分】，最后取消选中【显示窗口】复选框，如图18-53所示。

（4）单击【公用】选项卡，展开【公用参数】卷展栏，设置输出的尺寸为1200×900，如图18-54所示。

图 18-53

图 18-54

（5）单击【Render Elements】选项卡，单击【添加】按钮并在弹出的【渲染元素】面板中选择【VRay 线框颜色】选项，如图 18-55 所示。

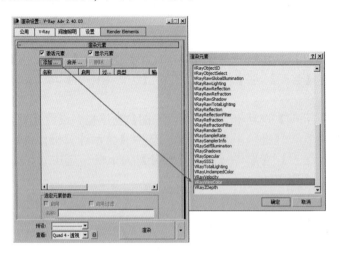

图 18-55

（6）最终的效果如图 18-1 所示。

Chapter 19
恬静优雅 —— 浪漫的咖啡馆

场景文件	19.max
案例文件	恬静优雅 —— 浪漫的咖啡馆 .max
视频教学	多媒体教学 /Chapter19/ 恬静优雅 —— 浪漫的咖啡馆 .flv
难易指数	★★★★★
灯光类型	VRayIES、VR 灯光
材质类型	VRayMtl 材质、多维 / 子对象材质
程序贴图	位图贴图、衰减程序贴图、渐变程序贴图
技术掌握	浪漫咖啡厅灯光的营造方法，和谐的色彩搭配

实例介绍

本例是一个咖啡馆场景，室内明亮的灯光表现主要使用了 VrayIES 和 VR 灯光来制作，使用 VRayMtl 制作本案例的主要材质，制作完毕之后渲染的效果如图 19-1 所示。

图 19-1

操作步骤

1. 设置 VRay 渲染器

（1）打开本书配套光盘中的【场景文件 /Chapter 19/19.max】文件，此时场景效果如图 19-2 所示。

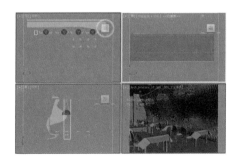

图 19-2

（2）按【F10】键，打开【渲染设置】对话框，单击【公用】选项卡，在【指定渲染器】卷展栏下单击 ⋯ 按钮，在弹出的【选择渲染器】对话框中选择【V-Ray Adv 2.40.03】，如图19-3所示。

图 19-3

（3）此时在【指定渲染器】卷展栏中的【产品级】后面显示了【V-Ray Adv 2.40.03】，【渲染设置】对话框中出现了【V-Ray】、【间接照明】、【设置】、【Render Elements】选项卡，如图19-4所示。

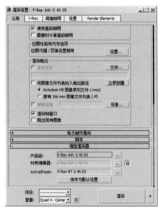

图 19-4

2. 材质的制作

下面讲述场景中的主要材质的调节方法，包括木地板、弯曲木墙、桌布、壁纸、柱子、卡片、壁灯材质等，效果如图19-5所示。

（1）木地板材质的制作。

1）按【M】键，打开【材质编辑器】对话框，选择第一个材质球，单击 Standard （标准）按钮，在弹出的【材质/贴图浏览器】对话框中选择【VRayMtl】，如图19-6所示。

图 19-5

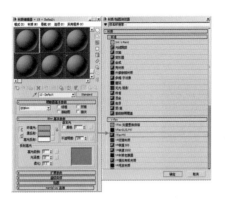

图 19-6

2）将其命名为【木地板】，展开【贴图】卷展栏，在【漫反射】后面的通道上加载【Arch_Interiors_18_009_Floor.jpg】贴图文件，展开【坐标】卷展栏，设置【模糊】为 0.1。在【反射】和【反射光泽】后面的通道上分别加载【Arch_Interiors_18_009_Floor refl.jpg】贴图文件，展开【坐标】卷展栏，设置【模糊】为 0.5。设置【反射】数量为 20、【反射光泽】数量为 30，在【凹凸】后面的通道上加载【Arch_Interiors_18_009_Floor bump.jpg】贴图文件，展开【坐标】卷展栏，设置【模糊】为 0.8，设置【凹凸】数量为 10，如图 19-7 所示。

3）展开【基本参数】卷展栏，选中【菲涅耳反射】复选框，设置【菲涅耳折射率】为 2、【反射光泽度】为 0.8、【细分】为 25，如图 19-8 所示。

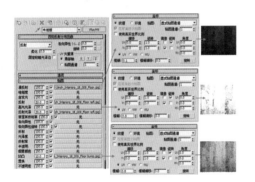

图 19-7

图 19-8

求生秘籍 —— 技巧提示：【菲涅耳反射】的作用

　　选中【菲涅耳反射】复选框后，反射的效果会大大减弱，在渲染时会出现柔和的反射过渡效果。

4）制作后的材质球如图 19-9 所示。

5）将制作完毕的木地板材质赋给场景中的模型，如图 19-10 所示。

（2）弯曲木墙材质的制作。

1）选择一个空白材质球，设置【材质类型】为【VRayMtl】材质，将材质命名为【弯曲木墙】。在【漫反射】后面的通道上加载【037.jpg】

图 19-9

贴图文件，展开【坐标】卷展栏，设置【瓷砖 U】为 10、【瓷砖 V】为 4，设置【反射】颜色为灰色（红：138，绿：138，蓝：138），选中【菲涅耳反射】复选框，设置【反射光泽度】为 0.85、【细分】为 15，如图 19-11 所示。

图 19-10 图 19-11

2）制作后的材质球如图 19-12 所示。

3）将制作完毕的弯曲木墙材质赋给场景中的模型，如图 19-13 所示。

图 19-12 图 19-13

（3）桌布材质的制作。

1）选择一个空白材质球，设置材质类型为【VRayMtl】材质，将材质命名为【桌布】。展开【贴图】卷展栏，在【漫反射】后面的通道上加载【Arch_Interiors_18_009_fabric01.jpg】贴图文件，展开【坐标】卷展栏，设置【模糊】为 0.1，在【凹凸】后面的通道上加载【Arch_Interiors_18_009_fabric01.jpg】贴图文件，展开【坐标】卷展栏，设置【瓷砖 U/V】分别为 4、设置【模糊】为 0.01、【凹凸】数量为 5，如图 19-14 所示。

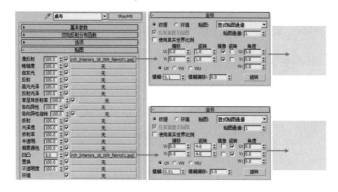

图 19-14

2）制作后的材质球如图 19-15 所示。

3）将制作完毕的桌布材质赋给场景中的模型，如图 19-16 所示。

图 19-15　　　　　　　　　　　图 19-16

（4）壁纸材质的制作。

1）选择一个空白材质球，设置材质类型为【VRayMtl】材质，将材质命名为【壁纸】。展开【贴图】卷展栏，在【漫反射】后面的通道上加载【Arch_Interiors_18_009_wallpaper.jpg】贴图文件，展开【坐标】卷展栏，设置【瓷砖 U/V】分别为 12、设置【模糊】为 0.1、【漫反射】数量为 40，在【凹凸】后面的通道上加载【Arch_Interiors_18_009_wallpaper bump.jpg】贴图文件，展开【坐标】卷展栏，设置【瓷砖 U/V】分别为 12，设置【模糊】为 0.5，如图 19-17 所示。

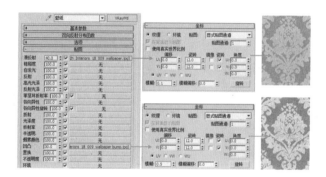

图 19-17

2）制作后的材质球如图 19-18 所示。

3）将制作完毕的壁纸材质赋给场景中的模型，如图 19-19 所示。

图 19-18　　　　　　　　　　　图 19-19

（5）柱子材质的制作。

1）选择一个空白材质球，设置材质类型为【VRayMtl】材质，将材质命名为【柱子】。展开【贴图】卷展栏，在【漫反射】后面的通道上加载【archexteriors13_006_concrete_wall.jpg】贴图文件，在【反射】后面的通道上加载【archexteriors13_006_concrete_wall_bump.jpg】贴图文件，设置【反射】数量为20，如图19-20所示。

2）展开【基本参数】卷展栏，设置【反射光泽度】为0.7、【细分】为15，如图19-21所示。

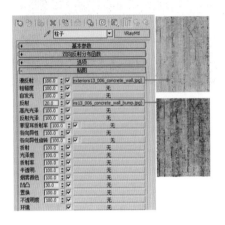

图 19-20　　　　　　　　　　　　　　　图 19-21

3）制作后的材质球如图19-22所示。

4）将制作完毕的柱子材质赋给场景中的模型，如图19-23所示。

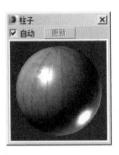

图 19-22　　　　　　　　　　　　图 19-23

（6）卡片材质的制作。

1）选择一个空白材质球，设置材质类型为【VRayMtl】材质，将材质命名为【卡片】。在【漫反射】后面的通道上加载【Arch_Interiors_18_009_Menu card.jpg】贴图文件，展开【坐标】卷展栏，设置【模糊】为0.3。设置【反射】颜色为灰色（红：141，绿：141，蓝：141），选中【菲涅耳反射】复选框，设置【菲涅耳折射率】为4、【反射光泽度】为0.8、【细分】为15，如图19-24所示。

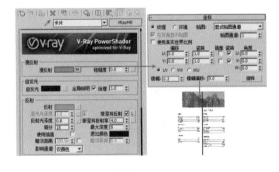

图 19-24

2) 制作后的材质球如图 19-25 所示。

3) 将制作完毕的卡片材质赋给场景中的模型，如图 19-26 所示。

图 19-25　　　　　　　　　　　　图 19-26

（7）壁灯材质的制作。

1) 按【M】键，打开【材质编辑器】对话框，选择第一个材质球，单击 Standard （标准）按钮，在弹出的【材质/贴图浏览器】对话框中选择【多维/子对象】材质，如图 19-27 所示。

2) 将材质命名为【壁灯】，设置【设置数量】为 2，如图 19-28 所示。

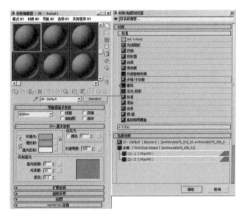

图 19-27　　　　　　　　　　　　图 19-28

3) 在【ID1】后面的通道上加载【VRayMtl】材质。设置【漫反射】颜色为黑色（红: 20，绿: 20，蓝: 20），设置【反射】颜色为棕色（红: 113，绿: 58，蓝: 18），选中【菲涅耳反射】复选框，设置【菲涅耳折射率】为 25、【反射光泽度】为 0.8、【细分】为 15，如图 19-29 所示。

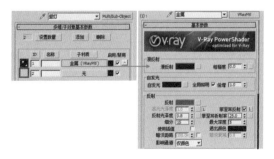

图 19-29

4）在【ID2】后面的通道上加载【VR 灯光材质】，在【颜色】后面的通道上加载【渐变】程序贴图，展开【渐变参数】卷展栏，设置【颜色 1】颜色为黄色（红：236，绿：172，蓝：72），设置【颜色 2】颜色为浅黄色（红：255，绿：236，蓝：178），设置【颜色 3】颜色为黄色（红：236，绿：172，蓝：72），最后设置【颜色强度】为 55，如图 19-30 所示。

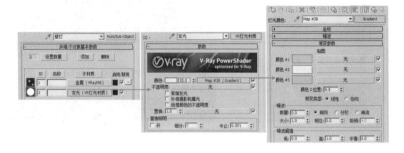

图 19-30

5）制作后的材质球如图 19-31 所示。

6）将制作完毕的壁灯材质赋给场景中的模型，如图 19-32 所示。

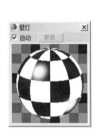 

图 19-31 　　　　　　　　图 19-32

3. 设置摄影机

（1）单击 （创建）→ （摄影机）→ VRay → VR物理摄影机 按钮，如图 19-33 所示。单击在视图中拖曳创建摄影机，如图 19-34 所示。

 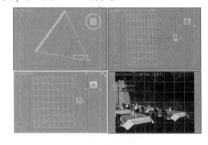

图 19-33 　　　　　　　　图 19-34

（2）选择刚创建的摄影机，单击进入修改面板，设置【胶片规格（mm）】为 36、【焦距（mm）】为 35.2、【光晕】为 1.2、【快门速度（s^-1）】为 85、【胶片速度（ISO）】为 185，如图 19-35 所示。

（3）此时的摄影机视图效果，如图 19-36 所示。

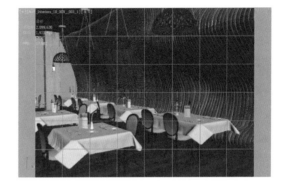

图 19-35　　　　　　　　　　　　　　　图 19-36

求生秘籍——技巧提示：目标摄影机和 VR 物理摄影机的区别

　　目标摄影机和 VR 物理摄影机都可以为场景固定角度，但是相对来说 VR 物理摄影机的功能更加强大一些，它可以控制最终渲染的亮度、光晕、白平衡等效果。所以不仅需要掌握 3ds Max 自带的目标摄影机，而且要完全掌握 VR 物理摄影机的参数及使用方法。

　　4. 设置灯光并进行草图渲染

　　在这个咖啡馆场景中，使用 4 部分灯光照明来表现：第一部分使用 VR 灯光制作顶棚灯光，第二部分使用 VRayIES 灯光制作射灯，第三部分使用 VR 灯光制作吊灯灯光，第四部分使用 VR 灯光制作辅助灯光。

　　（1）使用 VR 灯光制作顶棚灯光。

　　1）在【创建面板】下单击 【灯光】，并设置【灯光类型】为【VRay】，最后单击 VR灯光 按钮，如图 19-37 所示。

　　2）在顶视图中拖曳并创建 5 盏 VR 灯光，放置到顶棚相应的位置，如图 19-38 所示。

图 19-37

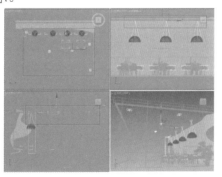

图 19-38

3）选择上一步创建的 VR 灯光，设置【类型】为【平面】，设置【倍增器】为 400，设置【颜色】为蓝色（红：153，绿：191，蓝：234），设置【1/2 长】为 200mm、【1/2 宽】为 200mm，选中【不可见】复选框，取消选中【影响反射】复选框，如图 19-39 所示。

4）继续在顶视图中拖曳并创建 7 盏 VR 灯光，如图 19-40 所示。

5）选择上一步创建的 VR 灯光，设置【类型】为【平面】，设置【倍增器】为 450，设置【颜色】为黄色（红：255，绿：201，蓝：107），设置【1/2 长】为 250mm、【1/2 宽】为 250mm，选中【不可见】复选框，取消选中【影响反射】复选框，设置【细分】为 15，如图 19-41 所示。

 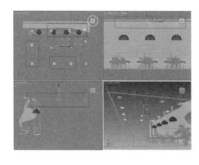 

图 19-39 图 19-40 图 19-41

6）按【F10】键，打开【渲染设置】对话框。首先设置【VRay】和【间接照明】选项卡下的参数，刚开始设置的是一个草图设置，目的是进行快速渲染以观看整体的效果，参数设置如图 19-42 所示。

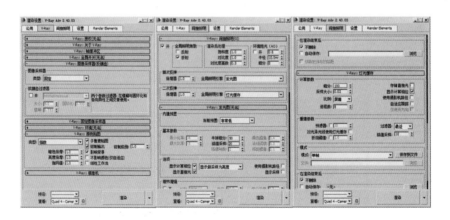

图 19-42

7）按【Shift+Q】键，快速渲染摄影机视图，其渲染的效果如图 19-43 所示。

图 19-43

（2）使用 VRayIES 灯光制作射灯。

1）在【创建面板】下单击 【灯光】，并设置【灯光类型】为【VRay】，最后单击 VRayIES 按钮，如图 19-44 所示。

2）在前视图中拖曳并创建 6 盏 VRayIES 灯光，如图 19-45 所示。

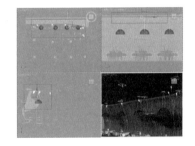

图 19-44   图 19-45

3）选择上一步创建的 VRayIES 灯光，在【目标】下面的通道上加载【01.ies】文件，设置【颜色】为浅黄色（红：255，绿：237，蓝：189），设置【功率】为 853，如图 19-46 所示。

4）按【Shift+Q】键，快速渲染摄影机视图，其渲染的效果如图 19-47 所示。

图 19-46   图 19-47

（3）使用 VR 灯光制作吊灯灯光。

1）在顶视图中拖曳并创建 4 盏 VR 灯光，放置到每一个吊灯灯罩内，如图 19-48 所示。

2）选择上一步创建的 VR 灯光，设置【类型】为【球体】，设置【倍增器】为 1000，设置【颜色】为黄色（红：232，绿：139，蓝：64），设置【半径】为 150mm，选中【不可见】复选框，设置【细分】为 15，如图 19-49 所示。

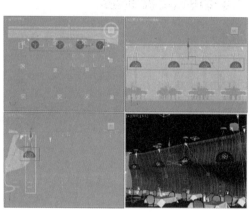

图 19-48 图 19-49

（4）使用 VR 灯光制作辅助灯光。

1）继续在顶视图中拖曳并创建 3 盏 VR 灯光，如图 19-50 所示。

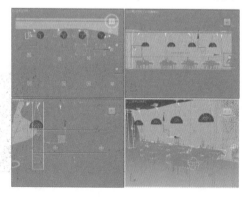

图 19-50

2）选择上一步创建的 VR 灯光，设置【类型】为【球体】，设置【倍增器】为 200，设置【颜色】为黄色（红：255，绿：198，蓝：107），设置【半径】为 146mm，选中【不可见】复选框，如图 19-51 所示。

3）继续在顶视图中拖曳并创建 7 盏 VR 灯光，如图 19-52 所示。

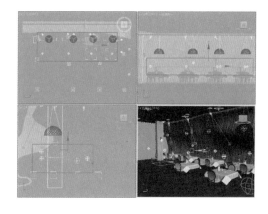

图 19-51　　　　　　　　　　　　　图 19-52

4）选择上一步创建的 VR 灯光，设置【类型】为【球体】，设置【倍增器】为 450，设置【颜色】为黄色（红：232，绿：139，蓝：64），设置【半径】为 109mm，选中【不可见】复选框，设置【细分】为 15，如图 19-53 所示。

5）继续在顶视图中拖曳并创建 12 盏 VR 灯光，如图 19-54 所示。

6）选择上一步创建的 VR 灯光，设置【类型】为【球体】，设置【倍增器】为 300，设置【颜色】为黄色（红：255，绿：186，蓝：76），设置【半径】为 36mm，选中【不可见】复选框，设置【细分】为 15，如图 19-55 所示。

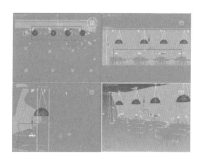

图 19-53　　　　　　　　图 19-54　　　　　　　　图 19-55

5. 设置成图渲染参数

（1）重新设置渲染参数，按【F10】键，在打开的【渲染设置】对话框中单击【V-Ray】选项卡，展开【图形采样器（反锯齿）】卷展栏，设置【类型】为【自适应确定性蒙特卡洛】，在【抗锯齿过滤器】选项区中选中【开】复选框，并选择【区域】。展开【颜色贴图】卷展栏，设置【类型】为【指数】，选中【子像素贴图】和【钳制输出】复选框，如图 19-56 所示。

（2）单击【间接照明】选项卡，展开【V-Ray∷间接照明（GI）】卷展栏，选中【开】复选框，设置【饱和度】0.7，设置【首次反弹】选项区中的【全局照明引擎】为【发光图】，设置【二次反弹】选项区中的【全局照明引擎】为灯光缓存。展开【发光图】卷展栏，设置【当前预置】为【低】，设置【半球细分】为 50、【插值采样】为 20，选中【显示计算相位】和【显示直接光】复选框，如图 19-57 所示。

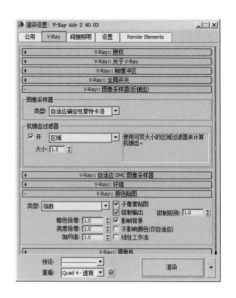

图 19-56

（3）展开【灯光缓存】卷展栏，设置【细分】为 1000，选中【存储直接光】和【显示计算相位】复选框，如图 19-58 所示。

图 19-57

图 19-58

（4）单击【设置】选项卡，展开【V-Ray∷DMC 采样器】，设置【适应数量】为 0.85、【噪波阈值】为 0.01；展开【系统】卷展栏，取消选中【显示窗口】复选框，如图 19-59 所示。

（5）单击【公用】选项卡，展开【公用参数】卷展栏，设置输出的尺寸为 1200×900，如图 19-60 所示。

（6）最终的效果如图 19-1 所示。

图 19-59

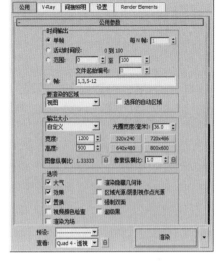

图 19-60

场景文件	20.max
案例文件	水韵雅墅 —— 夜晚别墅之美 .max
视频教学	多媒体教学 /Chapter20/ 水韵雅墅 —— 夜晚别墅之美 .flv
难易指数	★★★★★
灯光类型	目标灯光、VR 灯光
材质类型	VRayMtl 材质、VR 灯光材质
程序贴图	位图贴图、法线凹凸程序贴图、噪波程序贴图
技术掌握	夜晚室内和室外灯光的制作，环境、水、地面等材质的制作

实例介绍

　　本例是一个夜景别墅场景，室外明亮的灯光表现主要使用目标灯光和 VR 灯光来制作，使用 VRayMtl 制作本案例的主要材质，制作完毕之后渲染的效果如图 20-1 所示。

图 20-1

操作步骤

　　1. 设置 VRay 渲染器

　　（1）打开本书配套光盘中的【场景文件 /Chapter 20/20.max】文件，此时场景效果如图 20-2 所示。

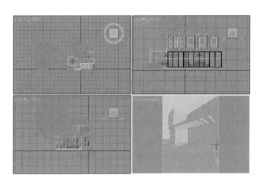

图 20-2

（2）按【F10】键，打开【渲染设置】对话框，单击【公用】选项卡，在【指定渲染器】卷展栏下单击 ⋯ 按钮，在弹出的【选择渲染器】对话框中选择【V-Ray Adv 2.40.03】，如图 20-3 所示。

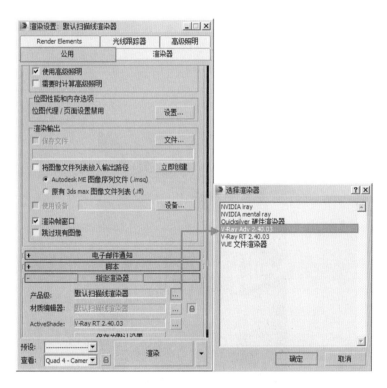

图 20-3

（3）此时在【指定渲染器】卷展栏中的【产品级】后面显示了【V-Ray Adv 2.40.03】，【渲染设置】对话框中出现了【V-Ray】、【间接照明】、【设置】、【Render Elements】选项卡，如图 20-4 所示。

2. 材质的制作

下面讲述场景中的主要材质的调节方法，包括地砖、墙面、背景、水面、玻璃、木地板、窗框材质等，效果如图 20-5 所示。

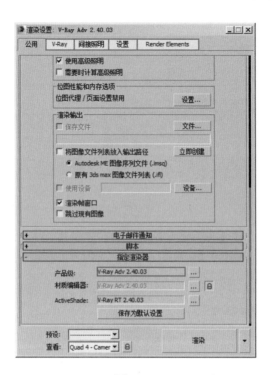

图 20-4

图 20-5

（1）地砖材质的制作。

1）按【M】键，打开【材质编辑器】对话框，选择第一个材质球，单击 `Standard` （标准）按钮，在弹出的【材质/贴图浏览器】对话框中选择【VRayMtl】，如图 20-6 所示。

2）将其命名为【地砖】，在【漫反射】后面的通道上加载【archexteriors13_008_tiles.jpg】贴图文件，展开【坐标】卷展栏，设置【模糊】为 0.4，如图 20-7 所示。

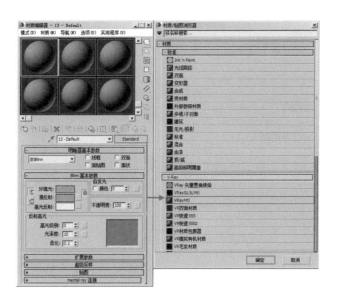

图 20-6

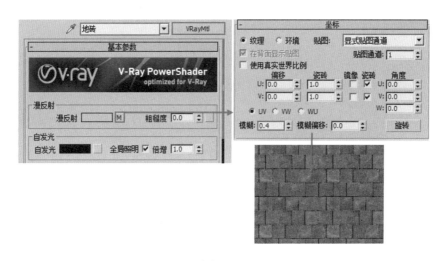

图 20-7

3) 在【反射】后面的通道上加载【archexteriors13_008_tiles_specular.jpg】贴图文件，展开【坐标】卷展栏，设置【模糊】为 0.5、【反射光泽度】为 0.95、【细分】为 20，如图 20-8 所示。

4) 展开【贴图】卷展栏，设置【反射】数量为 10，在【凹凸】后面的通道上加载【法线凹凸】程序贴图。展开【参数】卷展栏，在【法线】后面的通道上加载【archexteriors13_008_tiles_normal.jpg】贴图文件，设置【数量】为 1.5。展开【坐标】卷展栏，设置【模糊】为 0.4，最后设置【凹凸】数量为 100，如图 20-9 所示。

求生秘籍——技巧提示：【法线凹凸】的作用

【法线凹凸】程序贴图适合制作超级真实的凹凸纹理，相对来说比直接在凹凸通道上加载位图的效果更逼真，当然渲染的速度也会更慢。

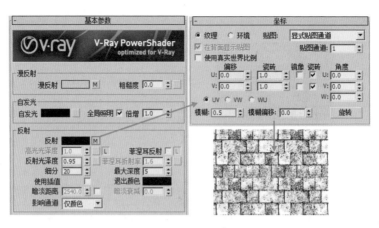

图 20-8

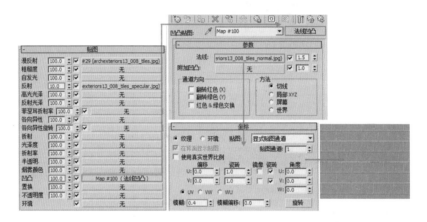

图 20-9

5）制作后的材质球如图 20-10 所示。

6）将制作完毕的地砖材质赋给场景中的模型，如图 20-11 所示。

图 20-10 图 20-11

（2）墙面材质的制作。

1）按【M】键，打开【材质编辑器】对话框，选择一个材质球，单击 Standard （标准）按钮，在弹出的【材质 / 贴图浏览器】对话框中选择【VRayMtl】，如图 20-12 所示。

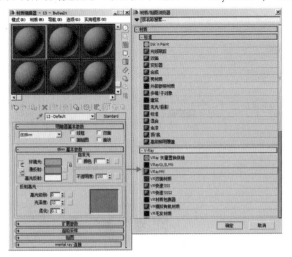

图 20-12

2）将材质命名为【墙面】，展开【贴图】卷展栏，在【漫反射】和【凹凸】后面的通道上分别加载【archexteriors13_004_wood_planks.jpg】贴图文件。展开【坐标】卷展栏，设置【瓷砖 V】为 4、【角度 W】为 90，设置【凹凸】数量为 30，如图 20-13 所示。

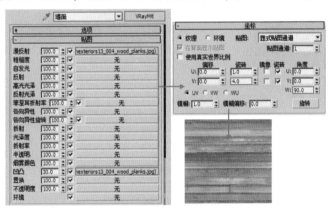

图 20-13

3）设置【反射】颜色为灰色（红：27，绿：27，蓝：27），设置【反射光泽度】为 0.8、【细分】为 20，如图 20-14 所示。

4）制作后的材质球如图 20-15 所示。

5）将制作完毕的墙面材质赋给场景中的模型，如图 20-16 所示。

（3）背景材质的制作。

1）按【M】键，打开【材质编辑器】对话框，选择第一个材质球，单击 Standard （标准）按钮，在弹出的【材质 / 贴图浏览器】对话框中选择【VR 灯光材质】，如图 20-17 所示。

图 20-14 　　　　　　　　　　　　　　图 20-15

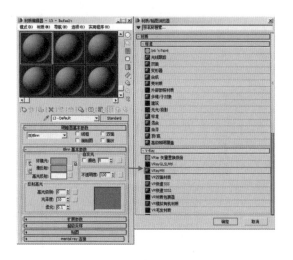

图 20-16 　　　　　　　　　　　　　　图 20-17

2）将其命名为【背景】，在【颜色】后面的通道上加载【archexteriors13_008_background.jpg】贴图文件，如图 20-18 所示。

图 20-18

3）制作后的材质球如图 20-19 所示。

4）将制作完毕的背景材质赋给场景中的模型，如图 20-20 所示。

图 20-19   图 20-20

（4）水面材质的制作。

1）选择一个空白材质球，设置材质类型为【VRayMtl】材质，将材质命名为【水面】。设置【漫反射】颜色为蓝色（红：30，绿：69，蓝：147），设置【反射】颜色为灰色（红：44，绿：44，蓝：44），设置【折射】颜色为浅灰色（红：151，绿：151，蓝：151），设置【烟雾颜色】为蓝色（红：60，绿：94，蓝：162），如图 20-21 所示。

图 20-21

求生秘籍——技巧提示：设置带有颜色的液体材质

首先需要设置材质为无色的液体材质，然后设置【烟雾颜色】，该参数直接控制液体的颜色效果，并且适当的设置【烟雾倍增】即可。

2）展开【贴图】卷展栏，在【凹凸】后面的通道上加载【噪波】程序贴图，展开【噪波参数】卷展栏，设置【大小】为 10，如图 20-22 所示。

3）制作后的材质球如图 20-23 所示。

4）将制作完毕的水面材质赋给场景中的模型，如图 20-24 所示。

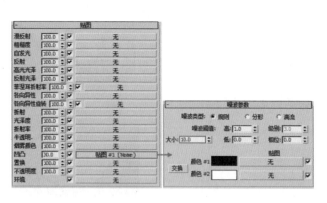

图 20-22

图 20-23

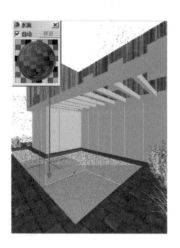

图 20-24

（5）玻璃材质的制作。

1）选择一个空白材质球，设置材质类型为【VRayMtl】材质，将材质命名为【玻璃】。设置【漫反射】颜色为白色（红：255，绿：255，蓝：255），设置【反射】颜色为灰色（红：20，绿：20，蓝：20），设置【细分】为15，设置【折射】颜色为白色（红：255，绿：255，蓝：255），设置【细分】为15，如图 20-25 所示。

2）制作后的材质球如图 20-26 所示。

3）将制作完毕的玻璃材质赋给场景中的模型，如图 20-27 所示。

图 20-26

图 20-27

图 20-25

（6）木地板材质的制作。

1）选择一个空白材质球，设置材质类型为【VRayMtl】材质，将材质命名为【木地板】。在【漫反射】后面的通道上加载【archexteriors13_009_wooden_planks02.jpg】贴图文件，展开【坐标】卷展栏，设置【瓷砖 U】为 3、【瓷砖 V】为 2，设置【反射】颜色为灰色（红：30，绿：30，蓝：30）、【反射光泽度】为 0.8、【细分】为 20，如图 20-28 所示。

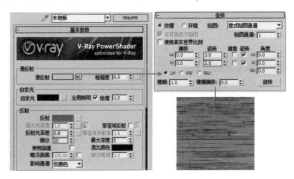

图 20-28

2）展开【贴图】卷展栏，在【凹凸】后面的通道上加载【archexteriors13_009_wooden_planks_specular.jpg】贴图文件，展开【坐标】卷展栏，设置【瓷砖 U】为 3、【瓷砖 V】为 2，如图 20-29 所示。

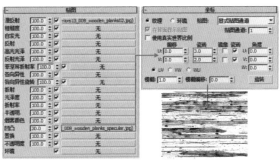

图 20-29

3）制作后的材质球如图 20-30 所示。

4）将制作完毕的木地板材质赋给场景中的模型，如图 20-31 所示。

图 20-30

图 20-31

(7) 窗框材质的制作。

1) 选择一个空白材质球, 设置材质类型为【VRayMtl】材质, 将材质命名为【窗框】。设置【漫反射】颜色为深灰色 (红: 5, 绿: 5, 蓝: 5), 设置【反射】颜色为深灰色 (红: 15, 绿: 15, 蓝: 15), 设置【反射光泽度】为 0.9、【细分】为 20, 如图 20-32 所示。

2) 制作后的材质球如图 20-33 所示。

图 20-32   图 20-33

3) 将制作完毕的窗框材质赋给场景中的模型, 如图 20-34 所示。

图 20-34

3. 设置摄影机

(1) 单击 ✳ (创建) → 🎥 (摄影机) → [目标] 按钮, 如图 20-35 所示。单击在视图中拖曳创建摄影机, 如图 20-36 所示。

(2) 选择刚创建的摄影机, 单击进入修改面板, 并设置【镜头】为 23、【视野】为 76, 最后设置【目标距离】为 425mm, 如图 20-37 所示。

（3）此时的摄影机视图效果，如图 20-38 所示。

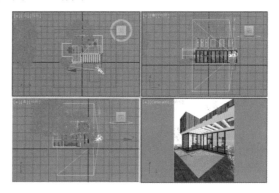

图 20-35　　　　　　　　　　　图 20-36

图 20-37　　　　　　　　　　　图 20-38

4. 设置灯光并进行草图渲染

在这个夜景别墅场景中，使用两部分灯光照明来表现：第一部分使用 VR 灯光制作室外灯光，第二部分使用目标灯光和 VR 灯光制作室内射灯。

（1）使用 VR 灯光制作室外灯光。

1）在【创建面板】下单击 🔦【灯光】，并设置【灯光类型】为【VRay】，最后单击 VR灯光 按钮，如图 20-39 所示。

2）在前视图中拖曳并创建一盏 VR 灯光，如图 20-40 所示。

图 20-39

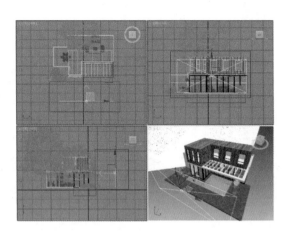

图 20-40

求生秘籍——技巧提示：室外建筑灯光的设置流程

室外设计和室内设计灯光略有区别，室外设计中灯光的创建顺序应该先设置室外灯光，然后设置室内灯光。需要特别注意室外的冷色调和室内的暖色调的对比效果。

3) 选择上一步创建的 VR 灯光，设置【类型】为平面，设置【倍增器】为 4，设置【颜色】为蓝色 (红: 35，绿: 71，蓝: 251)，设置【1/2 长】为 314mm、【1/2 宽】为 147mm，选中【不可见】复选框，设置【细分】为 20，如图 20-41 所示。

4) 继续在前视图中拖曳并创建 1 盏 VR 灯光，如图 20-42 所示。

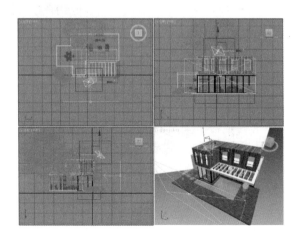

图 20-41   图 20-42

5) 选择上一步创建的 VR 灯光，设置【类型】为【平面】，设置【倍增器】为 10，设置【颜色】为黄色（红：251，绿：112，蓝：35），设置【1/2 长】为 50mm、【1/2 宽】为 50mm，选中【不可见】复选框，设置【细分】为 20，如图 20-43 所示。

6) 继续在顶视图中拖曳并创建 11 盏 VR 灯光，如图 20-44 所示。

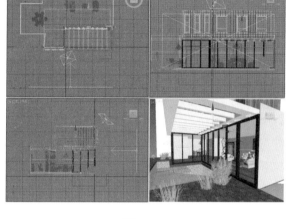

图 20-43　　　　　　　　　　　图 20-44

7) 选择上一步创建的 VR 灯光，设置【类型】为平面，设置【倍增器】为 6，设置【颜色】为黄色（红：255，绿：190，蓝：35），设置【1/2 长】为 6mm、【1/2 宽】为 6mm，选中【不可见】复选框，设置【细分】为 20，如图 20-45 所示。

8) 继续在顶视图中拖曳并创建 3 盏 VR 灯光，如图 20-46 所示。

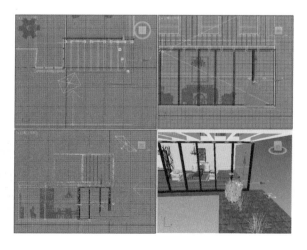

图 20-45　　　　　　　　　　　图 20-46

9) 选择上一步创建的 VR 灯光, 设置【类型】为【平面】, 设置【倍增器】为150, 设置【颜色】为黄色 (红: 248, 绿: 134, 蓝: 57), 设置【1/2 长】为 6mm、【1/2 宽】为 6mm, 选中【不可见】复选框, 设置【细分】为 20, 如图 20-47 所示。

10) 按【F10】键, 打开【渲染设置】对话框。首先设置【VRay】和【间接照明】选项卡下的参数, 刚开始设置的是一个草图设置, 目的是进行快速渲染以观看整体的效果, 参数设置如图 20-48 所示。

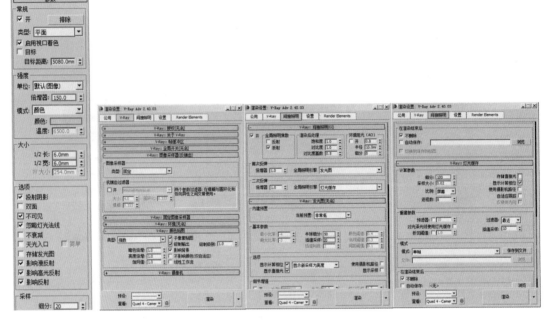

图 20-47   图 20-48

11) 按【Shift+Q】键, 快速渲染摄影机视图, 其渲染的效果如图 20-49 所示。

图 20-49

（2）使用目标灯光和 VR 灯光制作室内射灯。

1）在【创建面板】下单击 【灯光】，并设置【灯光类型】为【光度学】，最后单击

目标灯光 按钮，如图 20-50 所示。

图 20-50

2）在前视图中拖曳并创建19盏目标灯光,如图 20-51 所示。在【阴影】选项区中选中【启用】
复选框，设置【阴影类型】为 VRay 阴影，在【灯光分布（类型）】选项区中设置类型为光
度学 Web，展开【分布（光度学 Web）】卷展栏，在后面的通道上加载【射灯 .ies】光域网
文件，设置【过滤颜色】为黄色（红：254，绿：196，蓝：148），设置【强度】为 340，选
中【区域阴影】复选框，设置【U/V/W 大小】分别为 10mm、【细分】为 20，如图 20-52 所示。

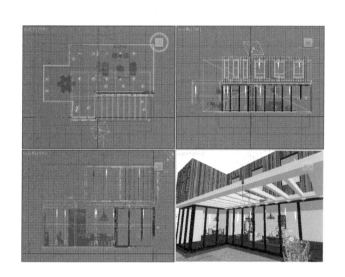

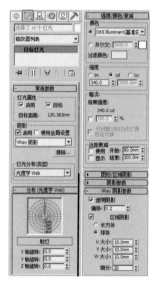

图 20-51 　　　　　　　　　　　　　　　图 20-52

3）在左视图中拖曳并创建 1 盏 VR 灯光，如图 20-53 所示。

4）选择上一步创建的 VR 灯光，设置【类型】为【平面】，设置【倍增器】为 10，设
置【颜色】为浅黄色（红：253，绿：200，蓝：158），设置【1/2 长】为 120mm、【1/2 宽】
为 60mm，选中【不可见】复选框，设置【细分】为 20，如图 20-54 所示。

5）继续在顶视图中拖曳并创建 1 盏 VR 灯光，如图 20-55 所示。

6）选择上一步创建的 VR 灯光，设置【类型】为【平面】，设置【倍增器】为 2，设
置【颜色】为浅黄色（红：253，绿：200，蓝：158），设置【1/2 长】为 248mm、【1/2 宽】
为 60mm，选中【不可见】复选框，如图 20-56 所示。

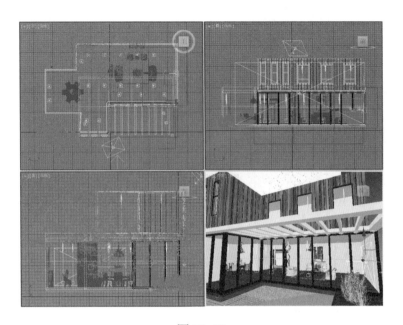

图 20-53

图 20-54

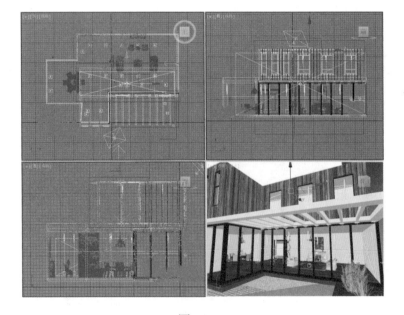

图 20-55

图 20-56

7）继续在顶视图中拖曳并创建 1 盏 VR 灯光，如图 20-57 所示。

8）选择上一步创建的 VR 灯光，设置【类型】为【平面】，设置【倍增器】为 2，设置【颜色】为浅黄色（红：253，绿：200，蓝：158），设置【1/2 长】为 140mm、【1/2 宽】为 60mm，选中【不可见】复选框，如图 20-58 所示。

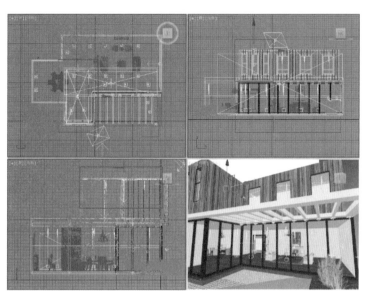

图 20-57　　　　　　　　　　　　　图 20-58

5. 设置成图渲染参数

（1）重新设置渲染参数，按【F10】键，在打开的【渲染设置】对话框中单击【V-Ray】选项卡，展开【图形采样器（反锯齿）】卷展栏，设置【类型】为自适应确定性蒙特卡洛，在【抗锯齿过滤器】选项区中选中【开】复选框，选择 Catmull-Rom。展开【颜色贴图】卷展栏，设置【类型】为指数，选中【子像素贴图】和【钳制输出】复选框，如图 20-59 所示。

（2）单击【间接照明】选项卡，展开【V-Ray:: 间接照明（GI）】卷展栏，选中【开】复选框，设置【首次反弹】选项区中的【全局照明引擎】为发光图，设置【二次反弹】选项区中的【全局照明引擎】为灯光缓存，展开【发光图】卷展栏，设置【当前预置】为低，设置【半球细分】为 50、【插值采样】为 20，选中【显示计算相位】和【显示直接光】复选框，如图 20-60所示。

（3）展开【灯光缓存】卷展栏，设置【细分】

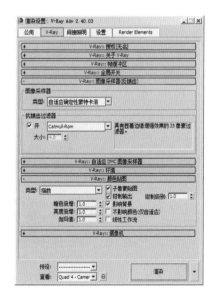

图 20-59

为 1000，选中【存储直接光】和【显示计算相位】复选框，如图 20-61 所示。

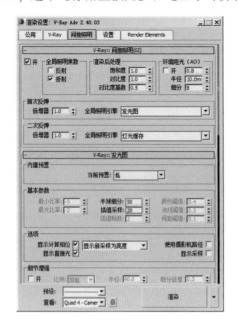

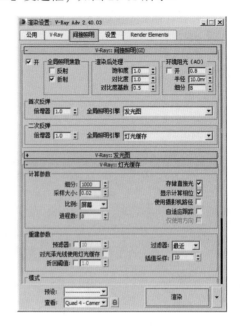

图 20-60　　　　　　　　　　　　　　　　图 20-61

　　（4）单击【设置】选项卡，展开【V-Ray::DMC 采样器】，设置【噪波阈值】为 0.005，展开【系统】卷展栏，取消选中【显示窗口】复选框，如图 20-62 所示。

　　（5）单击【公用】选项卡，展开【公用参数】卷展栏，设置输出的尺寸为 1000×1333，如图 20-63 所示。

图 20-62　　　　　　　　　　　　　　　　图 20-63

　　（6）最终的效果如图 20-1 所示。

附录 1 快捷键索引

1. 主界面快捷键

操作	快捷键
显示降级适配 (开关)	O
适应透视图格点	Shift+Ctrl+A
排列	Alt+A
角度捕捉 (开关)	A
动画模式 (开关)	N
改变到后视图	K
背景锁定 (开关)	Alt+Ctrl+B
前一时间单位	.
下一时间单位	,
改变到顶视图	T
改变到底视图	B
改变到摄影机视图	C
改变到前视图	F
改变到用户视图	U
改变到右视图	R
改变到透视图	P
循环改变选择方式	Ctrl+F
默认灯光 (开关)	Ctrl+L
删除物体	Delete
当前视图暂时失效	D
是否显示几何体内框 (开关)	Ctrl+E
显示第一个工具条	Alt+1
专家模式，全屏 (开关)	Ctrl+X
暂存场景	Alt+Ctrl+H
取回场景	Alt+Ctrl+F
冻结所选物体	6
跳到最后一帧	End
跳到第一帧	Home
显示 / 隐藏摄影机	Shift+C
显示 / 隐藏几何体	Shift+O
显示 / 隐藏网格	G
显示 / 隐藏帮助物体	Shift+H
显示 / 隐藏光源	Shift+L
显示 / 隐藏粒子系统	Shift+P
显示 / 隐藏空间扭曲物体	Shift+W
锁定用户界面 (开关)	Alt+0
匹配到摄影机视图	Ctrl+C
材质编辑器	M

（续）

操作	快捷键
最大化当前视图（开关）	W
脚本编辑器	F11
新建场景	Ctrl+N
法线对齐	Alt+N
向下轻推网格	－（小键盘）
向上轻推网格	＋（小键盘）
NURBS 表面显示方式	Alt+L 或 Ctrl+4
NURBS 调整方格 1	Ctrl+1
NURBS 调整方格 2	Ctrl+2
NURBS 调整方格 3	Ctrl+3
偏移捕捉	Alt+Ctrl+Space（Space 键即空格键）
打开一个 max 文件	Ctrl+O
平移视图	Ctrl+P
交互式平移视图	I
放置高光	Ctrl+H
播放 / 停止动画	/
快速渲染	Shift+Q
回到上一场景操作	Ctrl+A
回到上一视图操作	Shift+A
撤销场景操作	Ctrl+Z
撤销视图操作	Shift+Z
刷新所有视图	1
用前一次的参数进行渲染	Shift+E 或 F9
渲染配置	Shift+R 或 F10
在 XY/YZ/ZX 锁定中循环改变	F8
约束到 X 轴	F5
约束到 Y 轴	F6
约束到 Z 轴	F7
旋转视图模式	Ctrl+R 或 V
保存文件	Ctrl+S
透明显示所选物体（开关）	Alt+X
选择父物体	PageUp
选择子物体	PageDown
根据名称选择物体	H
选择锁定（开关）	Space（Space 键即空格键）
减淡所选物体的面（开关）	F2
显示所有视图网格（开关）	Shift+G
显示 / 隐藏命令面板	3
显示 / 隐藏浮动工具条	4
显示最后一次渲染的图像	Ctrl+I
显示 / 隐藏主要工具栏	Alt+6

（续）

操作	快捷键
显示 / 隐藏安全框	Shift+F
显示 / 隐藏所选物体的支架	J
百分比捕捉（开关）	Shift+Ctrl+P
打开 / 关闭捕捉	S
循环通过捕捉点	Alt+Space（Space 键即空格键）
间隔放置物体	Shift+I
改变到光线视图	Shift+4
循环改变子物体层级	Ins
子物体选择（开关）	Ctrl+B
贴图材质修正	Ctrl+T
加大动态坐标	+
减小动态坐标	—
激活动态坐标（开关）	X
精确输入转变量	F12
全部解冻	7
根据名字显示隐藏的物体	5
刷新背景图像	Alt+Shift+Ctrl+B
显示几何体外框（开关）	F4
视图背景	Alt+B
用方框快显几何体（开关）	Shift+B
打开虚拟现实	1（数字键盘）
虚拟视图向下移动	2（数字键盘）
虚拟视图向左移动	4（数字键盘）
虚拟视图向右移动	6（数字键盘）
虚拟视图向中移动	8（数字键盘）
虚拟视图放大	7（数字键盘）
虚拟视图缩小	9（数字键盘）
实色显示场景中的几何体（开关）	F3
全部视图显示所有物体	Shift+Ctrl+Z
视窗缩放到选择物体范围	E
缩放范围	Alt+Ctrl+Z
视窗放大至两倍	Shift + +（数字键盘）
放大镜工具	Z
视窗缩小至 1/2	Shift + —（数字键盘）
根据框选进行放大	Ctrl+W
视窗交互式放大	[
视窗交互式缩小	]

2. 轨迹视图快捷键

操作	快捷键
加入关键帧	A
前一时间单位	<
下一时间单位	>
编辑关键帧模式	E
编辑区域模式	F3
编辑时间模式	F2
展开对象切换	O
展开轨迹切换	T
函数曲线模式	F5 或 F
锁定所选物体	Space（Space 键即空格键）
向上移动高亮显示	↓
向下移动高亮显示	↑
向左轻移关键帧	←
向右轻移关键帧	→
位置区域模式	F4
回到上一场景操作	Ctrl+A
向下收拢	Ctrl+↓
向上收拢	Ctrl+↑

3. 渲染器设置快捷键

操作	快捷键
用前一次的配置进行渲染	F9
渲染配置	F10

4. 示意视图快捷键

操作	快捷键
下一时间单位	>
前一时间单位	<
回到上一场景操作	Ctrl+A

5. Active Shade 快捷键

操作	快捷键
绘制区域	D
渲染	R
锁定工具栏	Space（Space 键即空格键）

6. 视频编辑快捷键

操作	快捷键
加入过滤器项目	Ctrl+F
加入输入项目	Ctrl+I
加入图层项目	Ctrl+L
加入输出项目	Ctrl+O
加入新的项目	Ctrl+A
加入场景事件	Ctrl+S
编辑当前事件	Ctrl+E
执行序列	Ctrl+R
新建序列	Ctrl+N

7. NURBS 编辑快捷键

操作	快捷键
CV 约束法线移动	Alt+N
CV 约束到 U 向移动	Alt+U
CV 约束到 V 向移动	Alt+V
显示曲线	Shift+Ctrl+C
显示控制点	Ctrl+D
显示格子	Ctrl+L
NURBS 面显示方式切换	Alt+L
显示表面	Shift+Ctrl+S
显示工具箱	Ctrl+T
显示表面整齐	Shift+Ctrl+T
根据名字选择本物体的子层级	Ctrl+H
锁定 2D 所选物体	Space（Space 键即空格键）
选择 U 向的下一点	Ctrl+ →
选择 V 向的下一点	Ctrl+ ↑
选择 U 向的前一点	Ctrl+ ←
选择 V 向的前一点	Ctrl+ ↓
根据名字选择子物体	H
柔软所选物体	Ctrl+S
转换到 CV 曲线层级	Alt+Shift+Z
转换到曲线层级	Alt+Shift+C
转换到点层级	Alt+Shift+P
转换到 CV 曲面层级	Alt+Shift+V
转换到曲面层级	Alt+Shift+S
转换到上一层级	Alt+Shift+T
转换降级	Ctrl+X

操作	快捷键
转换到控制点层级	Alt+Shift+C

附录 2 常用物体折射率表

1. 材质折射率

物体	折射率	物体	折射率	物体	折射率
空气	1.0003	液体二氧化碳	1.200	冰	1.309
水（20°）	1.333	丙酮	1.360	30% 的糖溶液	1.380
普通酒精	1.360	酒精	1.329	面粉	1.434
溶化的石英	1.460			80% 的糖溶液	1.490
玻璃	1.500	氯化钠	1.530	聚苯乙烯	1.550
翡翠	1.570	天青石	1.610	黄晶	1.610
二硫化碳	1.630	石英	1.540	二碘甲烷	1.740
红宝石	1.770	蓝宝石	1.770	水晶	2.000
钻石	2.417	氧化铬	2.705	氧化铜	2.705
非晶硒	2.920	碘晶体	3.340		

2. 液体折射率

物体	分子式	密度	温度	折射率
甲醇	CH_3OH	0.794	20	1.3290
乙醇	C_2H_5OH	0.800	20	1.3618
丙醇	CH_3COCH_3	0.791	20	1.3593
苯醇	C_6H_6	1.880	20	1.5012
二硫化碳	CS_2	1.263	20	1.6276
四氯化碳	CCl_4	1.591	20	1.4607
三氯甲烷	$CHCl_3$	1.489	20	1.4467
乙醚	$C_2H_5 \cdot O \cdot C_2H_5$	0.715	20	1.3538
甘油	$C_3H_8O_3$	1.260	20	1.4730
松节油		0.87	20.7	1.4721
橄榄油		0.92	0	1.4763
水	H_2O	1.00	20	1.3330

3. 晶体折射率

物体	分子式	最小折射率	最大折射率
冰	H_2O	1.313	1.309
氟化镁	MgF_2	1.378	1.390
石英	SiO_2	1.544	1.553
氯化镁	$MgO \cdot H_2O$	1.559	1.580
锆石	$ZrO_2 \cdot SiO_2$	1.923	1.968

（续）

物体	分子式	最小折射率	最大折射率
硫化锌	ZnS	2.356	2.378
方解石	$CaO \cdot CO_2$	1.658	1.486
钙黄长石	$2CaO \cdot Al_2O_3 \cdot SiO_2$	1.669	1.658
菱镁矿	$ZnO \cdot CO_2$	1.700	1.509
刚石	Al_2O_3	1.768	1.760
淡红银矿	$3Ag_2S \cdot AS_2S_3$	2.979	2.711

附录3 效果图常用尺寸附表

一、常用家具尺寸附表

（单位：mm）

家具	长度	宽度	高度	深度	直径
衣橱		700（推拉门）	400~650（衣橱门）	600~650	
推拉门		750~1500	1900~2400		
矮柜		300~600（柜门）		350~450	
电视柜			600~700	450~600	
单人床	1800、1806、2000、2100	900、1050、1200			
双人床	1800、1806、2000、210	1350、1500、1800			
圆床					1860、2125、2424
室内门		800~950、1200(医院)	1900、2000、2100、2200、2400		
厕所、厨房门		800、900	1900、2000、2100		
窗帘盒			120~180	120（单层布），160~180（双层布）	
单人式沙发	800~950		350~420（坐垫），700~900（背高）	850~900	
双人式沙发	1260~1500			800~900	
三人式沙发	1750~1960			800~900	
四人式沙发	2320~2520			800~900	
小型长方形茶几	600~750	450~600	380~500(380最佳)		
中型长方形茶几	1200~1350	380~500 或 600~750			
正方形茶几	750~900	430~500			
大型长方形茶几	1500~1800	600~800	330~420（330最佳）		
圆形茶几			330~420		750、900、1050、1200

（续）

家具	长度	宽度	高度	深度	直径
方形茶几		900、1050、1200、1350、1500	330~420		
固定式书桌			750	450~700（600 最佳）	
活动式书桌			750~780	650~800	
餐桌		1200、900、750(方桌)	75~780（中式），680~720（西式）		
长方桌宽度	1500、1650、1800、2100、2400	800、900、1050、1200			
圆桌					900、1200、1350、1500、1800
书架	600~1200	800~900		250~400（每一格）	

二、室内常用尺寸附表

1. 墙面尺寸
（单位：mm）

物体	高度
踢脚板	80~200
墙裙	800~1500
挂镜线	1600~1800

2. 餐厅
（单位：mm）

物体	高度	宽度	直径	间距
餐桌	750~790			>500（其中座椅占 500）
餐椅	450~500			
二人圆桌			500 或 800	
四人圆桌			900	
五人圆桌			1100	
六人圆桌			1100~1250	
八人圆桌			1300	
十人圆桌			1500	
十二人圆桌			1800	
二人方餐桌		700×850		
四人方餐桌		1350×850		
八人方餐桌		2250×850		
餐桌转盘			700~800	
主通道		1200~1300		

（续）

物体	高度	宽度	直径	间距
内部工作通道		600~900		
酒吧台	900~1050	500		
酒吧凳	600~750			

3. 商场营业厅
（单位：mm）

物体	长度	宽度	高度	厚度	直径
单边双人走道		1600			
双边双人走道		2000			
双边三人走道		2300			
双边四人走道		3000			
营业员柜台走道		800			
营业员货柜台			800~1000	600	
单靠背立货架			1800~2300	300~500	
双靠背立货架			1800~2300	600~800	
小商品橱窗			400~1200	500~800	
陈列地台			400~800		
敞开式货架			400~600		
放射式售货架					2000
收款台	1600	600			

4. 饭店客房
（单位：mm）

物体	长度	宽度	高度	面积 / m²	深度
标准间				25（大）、16~18（中）、16（小）	
床			400~450, 850~950（床靠）		
床头柜		500~800	500~700		
写字台	1100~1500	450~600	700~750		
行李台	910~1070	500	400		
衣柜		800~1200	1600~2000		500
沙发		600~800	350~400, 1000（靠背）		
衣架			1700~1900		

5. 卫生间
（单位：mm）

物体	长度	宽度	高度	面积 / m²
卫生间				3~5
浴缸	1220、1520、1680	720	450	
坐便器	750	350		
冲洗器	690	350		
盥洗盆	550	410		

（续）

物体	长度	宽度	高度	面积 / m²
淋浴器		2100		
化妆台	1350	450		

6. 交通空间
（单位：mm）

物体	宽度	高度
楼梯间休息平台净空	≥ 2100	
楼梯跑道净空	≥ 2300	
客房走廊高		≥ 2400
两侧设座的综合式走廊	≥ 2500	
楼梯扶手高		850~1100
门	850~1000	≥ 1900
窗（不包含组合式窗子）	400~1800	
窗台		800~1200

7. 灯具
（单位 mm）

物体	高度	直径
大吊灯	≥ 2400	
壁灯	1500~1800	
反光灯槽		≥ 2 倍灯管直径
壁式床头灯	1200~1400	
照明开关	1000	

8. 办公家具
（单位 mm）

物体	长度	宽度	高度	深度
办公桌	1200~1600	500~650	700~800	
办公椅	450	450	400~450	
沙发		600~800	350~450	
前置型茶几	900	400	400	
中心型茶几	900	900	400	
左右型茶几	600	400	400	
书柜		1200~1500	1800	450~500
书架		1000~1300	1800	350~450